JN121698

目　　　次

法 令 試 験 問 題

保 安 管 理 技 術 試 験 問 題

講 習 検 定 問 題

本書で用いた略称

　「法」は高圧ガス保安法、「政令」は高圧ガス保安法施行令、「一般則」は一般高圧ガス保安規則、「容器則」は容器保安規則及び「例示基準」は例示基準資料である。また、これらを総称して「法令等」という。

　また、「テキスト」は第一種販売講習テキスト、「協会」は高圧ガス保安協会のことである。

用語の意味

　本書において使用する用語は、法令等において使用する用語の例によるものとする。

法 令 試 験 問 題

（国 家 試 験 問 題）

お断り：記載しております法項等は、それぞれ実施年末時点の
ものに基づいております。

平成30年度

法 令 試 験 問 題

（平成30年11月11日実施）

　次の各問について、高圧ガス保安法に係る法令上正しいと思われる最も適切な答え
をその問の下に掲げてある(1)、(2)、(3)、(4)、(5)の選択肢の中から1個選びなさい。

　なお、経済産業大臣が危険のおそれのないと認めた場合等における規定は適用しな
い。

　(注)試験問題中、「都道府県知事等」とは、都道府県知事又は高圧ガス保安法に関
する事務を処理する指定都市の長をいう。

問1　次のイ、ロ、ハの記述のうち、正しいものはどれか。

イ．販売業者は、高圧ガスを容器により授受した場合、販売所ごとに、所定の事項を
　記載した帳簿を備え、記載の日から2年間保存しなければならない。

ロ．高圧ガスが充塡された容器を盗まれたときは、その容器の所有者又は占有者は、
　その旨を都道府県知事等又は警察官に届け出なければならないが、高圧ガスが充塡
　されていない容器を喪失したときは、その必要はない。

ハ．第一種貯蔵所の所有者が、その貯蔵する液化石油ガスをその貯蔵する場所におい
　て溶接又は熱切断用として販売するときは、いかなる場合であっても、その旨を都
　道府県知事等に届け出なくてよい。

　　(1) イ　　　(2) ロ　　　(3) イ、ハ　　　(4) ロ、ハ　　　(5) イ、ロ、ハ

［正解］(1) イ

［解説］

イ…〇　法第60条第1項に基づく一般高圧ガス保安規則（以下「一般則」という）第
　95条第3項に、「記載した日から保存期間を2年間保存しなければならない」と設
　問のとおり定められているので、正しい。

　　所定の事項とは、一般則第95条第3項表1号下欄に、記載すべき事項として「充
　塡容器の記号及び番号、高圧ガスの種類及び圧力、授受先、授受年月日など」が定
　められている。

ロ…×　法第63条第1項第2号に、「その所有し、又は占有する容器を喪失し、又は
　盗まれたときは、遅滞なく、その旨を都道府県知事又は警察官に届け出なければな
　らない」と定められている。

　　また「容器」とは、法第41条第1項で「高圧ガスを充塡するための容器」と定め
　られており、高圧ガスがすでに充塡されたことのある充塡容器や残ガス容器、そし
　て容器検査を終え高圧ガスが充塡できる状態となったばかりの新しい容器などをい
　い、高圧ガスを充塡できる状態のものを指す。

　　したがって、高圧ガスが充塡されていない容器であっても、高圧ガスを充塡でき

る状態にあるものは<u>容器として適用を受ける</u>ので、設問の「高圧ガスが充塡されていない容器を喪失したときは、届け出る<u>必要はない</u>」は、誤り。

ハ…× 法第20条の4の本文ただし書きに、販売事業の届出を免除される高圧ガスの販売の事業を営もうとする者が定められている。同条第1号に「高圧ガスの充塡所のような高圧ガスの製造の許可を受けた者（第一種製造者）がその製造をした高圧ガスをその事業所において販売するとき」、さらに同条第2号で「医療用の圧縮酸素その他の政令第6条で定める高圧ガスの販売を営む者が、貯蔵数量が常時容積5立方メートル未満の販売所において販売するとき」で、これらの者は、都道府県知事への販売事業の届出が不要である。

　設問の液化石油ガスを貯蔵する第一種貯蔵所の所有者は、販売事業の届出が免除される同条第一号の第一種製造者及び第二号の高圧ガスの販売を営もうとする者のいずれにも該当しないため、この除外規定は適用されず<u>販売事業の届出が必要となる</u>ので、誤り。

問2　次のイ、ロ、ハの記述のうち、正しいものはどれか。

イ．高圧ガスの貯蔵所が危険な状態となったときに、直ちに、災害の発生の防止のための応急の措置を講じなければならない者は、第一種貯蔵所又は第二種貯蔵所の所有者又は占有者に限られている。

ロ．販売業者（特に定められた者を除く。）がその販売所において指定した場所では、何人も火気を取り扱ってはならない。

ハ．販売業者がその販売事業の全部を譲り渡したとき、その事業の全部を譲り受けた者はその販売業者の地位を承継する。

　　　⑴ イ　　⑵ ロ　　⑶ イ、ハ　　⑷ ロ、ハ　　⑸ イ、ロ、ハ

［正解］⑷ ロ、ハ
［解説］

イ…× 法第36条第1項に、「高圧ガスの製造のための施設、<u>貯蔵所</u>、販売のための施設、特定高圧ガスの消費のための施設又は高圧ガスを充塡した容器が危険な状態になったときは、高圧ガスの製造のための施設、貯蔵所、販売のための施設、特定高圧ガスの消費のための施設又は高圧ガスを充塡した容器の所有者又は占有者は、直ちに、災害の発生の防止のための応急の措置を講じなければならない」と定められており、<u>貯蔵を含む高圧ガスを取り扱う施設</u>や高圧ガスを充塡した容器の所有者又は占有者は適用を受ける。

　したがって、高圧ガスを貯蔵する者は、その貯蔵量の大小に関係なく適用されるので、設問の「第一種貯蔵所の所有者又は第二種貯蔵所の所有者又は占有者に<u>限られている</u>」は、誤り。

ロ…〇 法第37条第1項に、「何人も、販売所において販売業者が指定する場所で火気を取り扱ってはならない」と設問のとおり定められているので、正しい。

　なお、「何人」には例外とされる人はいない。

　また、設問中の特に定められた者とは、法20条の4第2号の医療用の圧縮酸素そ

の他の政令第6条で定める高圧ガスの販売を営む者が、貯蔵数量が常時容積5立方メートル未満の販売所において販売するときをいい、これらの者は、都道府県知事への販売事業の届出が不要である。

ハ…〇　法第20条の4の2第1項に、「販売事業の届出を行った者が当該届出に係る事業の全部を譲渡し、又は・・・・・その事業の全部を承継した法人は、販売事業の地位を承継する」と設問のとおり定められているので、正しい。

問3　次のイ、ロ、ハの記述のうち、正しいものはどれか。

イ．高圧ガス保安法は、高圧ガスによる災害を防止して公共の安全を確保する目的のために、高圧ガスの製造、貯蔵、販売、移動その他の取扱及び消費並びに容器の製造及び取扱について規制するとともに、民間事業者及び高圧ガス保安協会による高圧ガスの保安に関する自主的な活動を促進することを定めている。

ロ．販売業者は、その販売所の従業者のうち、販売主任者免状の交付を受けている者に対しては保安教育を施す必要はない。

ハ．圧力が0.2メガパスカルとなる場合の温度が35度以下である液化ガスであっても、現在の圧力が0.1メガパスカルであるものは高圧ガスではない。

　　⑴　イ　　　　⑵　イ、ロ　　　　⑶　イ、ハ　　　　⑷　ロ、ハ　　　　⑸　イ、ロ、ハ

［正解］⑴　イ
［解説］

イ…〇　法第1条に、「高圧ガス保安法は、高圧ガスによる災害を防止するため、高圧ガスの製造、貯蔵、販売、移動その他の取扱い及び消費等の規制をするとともに、民間事業者及び高圧ガス保安協会による高圧ガスの保安に関する自主的な活動を促進し、もって公共の安全を確保する目的とする」と設問のとおり定められているので、正しい。

ロ…×　法第27条第4項に、「販売業者は、その従業者に保安教育を施さなければならない」と定められており、その従業者のうち特に保安教育を施さなくてもよい者は定められていないので、誤り。

ハ…×　法第2条第3号に、高圧ガスとしてこの法律の適用を受ける液化ガスが定義されている。同号の前段（又はの前までの定義）においては、「常用の温度（容器の場合はその容器が置かれている環境の温度、設備の場合はその設備が正常な状態で運転されているときの温度）において圧力が0.2メガパスカル以上となる液化ガスであって、現に（現在の温度における）その圧力が0.2メガパスカル以上であるものは高圧ガスである」と定義し、また、同号の後段（又は以降の定義）においては、「圧力（飽和蒸気圧力）が0.2メガパスカル以上となる場合の温度が35度以下である液化ガスは高圧ガスである」と定義している。液化ガスについては、この2つの定義のどちらか1つに該当すれば高圧ガスとなる。

　　設問の液化ガスは、現在の圧力が0.1メガパスカルであっても圧力が0.2メガパスカルとなる温度が35度以下であるので、後段の定義に該当し、高圧ガスになるので、誤り。

なお、高圧ガスの定義における圧力はゲージ圧力をいう。

問4　次のイ、ロ、ハの記述のうち、正しいものはどれか。
イ．現在の圧力が0.1メガパスカルの圧縮ガス（圧縮アセチレンガスを除く。）であっ
　　て、温度35度において圧力が0.2メガパスカルとなるものは、高圧ガスである。
ロ．密閉しないで用いられる容器に充塡されている高圧ガスは、いかなる場合であっ
　　ても、高圧ガス保安法の適用を受けない。
ハ．貯蔵設備の貯蔵能力が質量1000キログラムである液化塩素を貯蔵して消費する者
　　は、特定高圧ガス消費者である。
　　　⑴　ロ　　　⑵　ハ　　　⑶　イ、ハ　　　⑷　ロ、ハ　　　⑸　イ、ロ、ハ

　［正解］⑵　ハ
　［解説］
イ…×　法第2条第1号に、高圧ガスとしてこの法の適用を受ける圧縮ガス（圧縮
　　アセチレンガスを除く。）が定義されている。同号の前段（又はの前までの定義）
　　においては、常用の温度（容器の場合はその容器が置かれている環境の温度、設備
　　の場合はその設備が正常な状態で運転されているときの温度）において圧力が1メ
　　ガパスカル以上となる圧縮ガスであって、現に（現在の温度において）その圧力が
　　1メガパスカル以上であるものが高圧ガスであると定義しており、また、同号の後
　　段（又は以降の定義）においては、温度35度において圧力が1メガパスカル以上と
　　なる圧縮ガスは高圧ガスであると定義している。圧縮ガス（圧縮アセチレンガスを
　　除く。）については、この2つの定義のどちらか1つに該当すれば高圧ガスとなる。
　　　設問の圧縮ガスは、現在の圧力が0.1メガパスカルであり、前段の定義には該当
　　しない、また温度35度において圧力が0.2メガパスカルなので、後段の定義にも該
　　当しないので高圧ガスにはならない。
　　　したがって、設問の「高圧ガスである」は、誤り。
　　　なお、高圧ガスの定義における圧力はゲージ圧力をいう。
ロ…×　密閉されていない容器に充塡された高圧ガスが、法第2条第3号の後段定
　　義に該当する圧力（飽和蒸気圧力）が0.2メガパスカル以上となる場合の温度が35
　　度以下である液化ガス（例えば、デュワー瓶の液化窒素ように）場合は、高圧ガス
　　に該当する。したがって、設問の「密閉しないで用いられる容器に充塡されている
　　高圧ガスは、いかなる場合であっても、高圧ガス保安法の適用を受けない」は、誤
　　り。
　　　なお、法第3条第2項に、内容積が1デシリットル以下の容器及び密閉しない容
　　器は法第40条から第56条の2の2まで（第四章　第一節の容器及び容器の付属品）
　　の容器に関する規定を適用としないと定められている。
ハ…○　法第24条の2第1項に、政令第7条第2項表で定められている特定高圧ガス
　　を定められた以上に貯蔵して消費する者を「特定高圧ガス消費者」と定めている。
　　　設問の質量1000キログラムの液化塩素を貯蔵して消費する者は、政令第7条第2項
　　表下欄に定められた液化塩素の質量1000キログラム以上の特定高圧ガスを貯蔵して

消費する者「特定高圧ガス消費者」に該当するので、正しい。

問5　次のイ、ロ、ハのうち、販売業者が、第一種貯蔵所において貯蔵しなければならない高圧ガスはどれか。
イ．貯蔵しようとするガスの容積が2800立方メートルの酸素
ロ．貯蔵しようとするガスの容積が800立方メートルの酸素及び貯蔵しようとするガスの容積が600立方メートルの窒素
ハ．貯蔵しようとするガスの容積が2800立方メートルの窒素
　　⑴ イ　　　⑵ ロ　　　⑶ イ、ロ　　　⑷ イ、ハ　　　⑸ イ、ロ、ハ

［正解］⑶ イ、ロ
［解説］
第一種貯蔵所とは、法第16条第1項に定める「容積300立方メートル（当該政令で定めるガスの種類ごとに300立方メートルを超える政令第5条で定める値）以上の高圧ガスを貯蔵する貯蔵所のことをいう。
ガスの種類のとして第一種ガスは、ヘリウム、ネオン、アルゴン、クリプトン、キセノン、ラドン、窒素、二酸化炭素、フルオロカーボン（可燃性のものを除く）、又は空気が指定されている。また、第二種ガスは、第三種ガスを除いた第一種ガス以外のガスのことをいい、第三種ガスに指定されているガスはない。
イ…〇　第二種ガスの酸素を貯蔵する場合の政令第5条で定める値（容積）は、同条の表の2番目の枠（政令第5条表第2号）の下欄で、値が1000立方メートルと定められている。設問の2800立方メートルの酸素は政令第5条で定める値の1000立方メートル以上なので、第一種貯蔵所において貯蔵しなければならない高圧ガスになるので、正しい。
ロ …〇　第一種ガスの窒素と第二種ガスの酸素の双方を貯蔵する場合の政令第5条で定める値（容積）は、同条の表の3番目の枠（政令第5条表第3号）の下欄に、「1000立方メートルを超え3000立方メートル以下の範囲内において一般則第103条で定める値」と定められている。
　一般則第103条では、次式により値（N）を求めると規定されている。
N＝1000＋（2／3）×M
　（Nは、政令第5条で定める値（容積）（m³））
　（Mは、当該貯蔵所における第一種ガスの貯蔵設備に貯蔵することができるガスの容積（m³））
　そこで、設問の窒素600立方メートルをMに代入して、N（値）を算出すると、N（値）＝1000＋（2／3）×600＝1400立方メートルとなる。
一方、設問の貯蔵しようとするガスの容積の合計は
800立方メートル（酸素）＋600立方メートル（窒素）＝ 1400立方メートルで政令第5条で定める値（N＝1400立方メートル）以上になり、第一種貯蔵所において貯蔵しなければならない高圧ガスに該当するので、正しい。

ハ…×　第一種ガスの窒素を貯蔵する場合の政令第5条で定める値（容積）は、同
　　　条の表の1番目の枠（政令第5条表第1号）の下欄で、値が3000立方メートルと定
　　　められており、設問の窒素の2800立方メートルは3000立方メートルに満たないため、
　　　第一種貯蔵所には該当しないので、誤り。

問6　次のイ、ロ、ハの記述のうち、高圧ガスを充塡するための容器（国際相互承認
　　　に係る容器保安規則の適用を受ける容器及び再充塡禁止容器を除く。）及びその附
　　　属品について正しいものはどれか。
イ．容器に所定の刻印等がされていることは、その容器に高圧ガスを充塡する場合の
　　条件の一つであるが、その容器に所定の表示をしてあることは、その条件にはされ
　　ていない。
ロ．液化アンモニアを充塡する容器の外面には、その容器に充塡することができる液
　　化アンモニアの最高充塡質量の数値を明示しなければならない。
ハ．容器の附属品の廃棄をする者は、その附属品をくず化し、その他附属品として使
　　用することができないように処分しなければならない。
　　　⑴　イ　　　⑵　ロ　　　⑶　ハ　　　⑷　イ、ロ　　　⑸　ロ、ハ

　　［正解］⑶　ハ
　　［解説］
イ…×　法第48条第1項第2号に、容器に高圧ガス（液化アンモニア）を充塡する
　　　ことができる条件の一つとして「法第46条第1項の表示をしてあること」と定めら
　　　れており、設問の「所定の表示をしてあることは、充塡する場合の条件にはされて
　　　いない」は、誤り。
　　　　なお、所定の表示とは、法第46条第1項に基づく容器保安規則（以下「容器則」
　　　という）第10条に定められており、容器外面の塗色、充塡できる高圧ガスの名称、
　　　高圧ガスの性質（「燃」、毒）、容器所有者の名称、住所、電話番号などである。
ロ…×　法第48条第4項第1号に「・・・液化ガス（液化アンモニア）を充塡する
　　　ときは、刻印等又は自主検査刻印等において示された容器の内容積（V）に応じて
　　　計算した質量以下のものでなければならない」と定められている。液化ガスである
　　　液化アンモニアの場合は、その容器の内容積（V）に応じて計算した質量が最高充
　　　塡量となるので、同充塡量の数値を容器の外面に明示しなければならないとの定め
　　　はない。
　　　　したがって、設問の「容器に充塡することができる液化アンモニアの最高充塡質
　　　量の数値を明示しなければならない」は、誤り。
ハ…○　法第56条第5項に、「容器又は附属品の廃棄をする者は、くず化し、その他
　　　容器又は附属品として使用することができないように処分しなければならない」と
　　　設問のとおり定められているので、正しい。

問7　次のイ、ロ、ハの記述のうち、高圧ガスを充塡するための容器（再充塡禁止容
　　　器を除く。）及びその附属品について容器保安規則上正しいものはどれか。

イ．圧縮ガスを充塡する容器にあっては、最高充塡圧力（記号 ＦＰ、単位 メガパスカル）及びＭは、容器検査に合格した容器に刻印をすべき事項の一つである。

ロ．バルブには、特に定めるものを除き、そのバルブが装置されるべき容器の種類ごとに定められた刻印がされていなければならない。

ハ．溶接容器、超低温容器及びろう付け容器の容器再検査の期間は、容器の製造後の経過年数にかかわらず、５年である。

  (1) イ　 (2) ロ　 (3) イ、ロ　 (4) イ、ハ　 (5) イ、ロ、ハ

［正解］(3) イ、ロ

［解説］

イ…〇　法第45条第１項に基づく容器則第８条第１項第12号に、容器検査に合格した容器に刻印をすべき事項の一つとして「圧縮ガスを充塡する容器の最高圧充塡力は、記号ＦＰ単位メガパスカル及びＭを刻印しなければならない」と設問のとおり定められているので、正しい。

ロ…〇　法第49条の３第１項に基づく容規則第18条第１項第７号に、付属品（バルブ）に刻印すべき事項として「付属品が装着されるべき容器の種類」が設問のとおり定められているので、正しい。

 なお、付属品は、法第49条の２第１項に基づく容器則第13条に、バルブ、安全弁、緊急遮断弁、逆止弁が指定されている。

 特に定められた場合とは、容規則第18条本文ただし書に定義された刻印することが適当でない付属品については、薄版に刻印し、見やすい箇所に溶接等によりしたものを指す。

ハ…×　法第48条第１項第５号に基づく容器則第24条第１項第１号に、「溶接容器、超低温容器及びろう付け容器の容器再検査の期間は、その製造後の経過年数が20年未満のものは５年、経過年数20年以上のものは２年」と製造後の経過年数に応じて定められているので、設問の「・・・<u>経過年数にかかわらず、５年</u>である」は、誤り。

問８　次のイ、ロ、ハの記述のうち、特定高圧ガス消費者に係る技術上の基準について一般高圧ガス保安規則上正しいものはどれか。

イ．液化塩素の消費施設には、その施設から漏えいするガスが滞留するおそれのある場所に、そのガスの漏えいを検知し、かつ、警報するための設備を設けなければならない。

ロ．液化アンモニアの消費施設の減圧設備は、その外面から第一種保安物件及び第二種保安物件に対し、それぞれ所定の距離以上の距離を有しなければならない。

ハ．特殊高圧ガス、液化アンモニア又は液化塩素の消費設備には、そのガスが漏えいしたときに安全に、かつ、速やかに除害するための措置を講じなければならない。

  (1) イ　 (2) ロ　 (3) イ、ロ　 (4) イ、ハ　 (5) イ、ロ、ハ

［正解］(5) イ、ロ、ハ

［解説］

法第24条の３第１項及び第２項に基づく一般則第55条に、特定高圧ガスの消費者に係る技術上の基準が定められている。

イ…○　一般則第55条第１項第26号に、「消費施設には、（その消費をする特定高圧ガスの種類にかかわらず）その施設からの施設から漏えいするガスが滞留するおそれのある場所に、そのガスの漏えいを<u>検知し、かつ、警報するための設備を設けること</u>」と設問のとおり定められているので、正しい。

ロ…○　一般則第55条第１項第２号に、「消費施設は、（その消費をする特定高圧ガスの種類にかかわらず）その貯蔵設備及び減圧設備の<u>外面</u>から第一種保安物件に対し第一種設備距離以上、第二種保安物件に対し第二種設備距離以上の距離を有すること」と設問のとおり定められているので、正しい。

ハ…○　一般則第55条第１項第22号に、「特殊高圧ガス、液化アンモニア又は液化塩素の消費設備には、そのガスが漏えいしたときに安全に、かつ、<u>速やかに除害するための措置</u>を講じなければならない」と設問のとおり定められているので、正しい。

問9　次のイ、ロ、ハの記述のうち、特定高圧ガス消費者が消費する特定高圧ガス以外の高圧ガスの消費に係る技術上の基準について一般高圧ガス保安規則上正しいものはどれか。

イ．消費に係る技術上の基準に従うべき高圧ガスは、可燃性ガス（高圧ガスを燃料として使用する車両において、その車両の燃料の用のみに消費される高圧ガスを除く。）、毒性ガス及び酸素に限られている。

ロ．アセチレンガスを消費した後は、容器の転倒及びバルブの損傷を防止する措置を講じ、かつ、他の充塡容器と区別するためにその容器のバルブは全開しておかなければならない。

ハ．溶接又は熱切断用のアセチレンガスの消費は、消費する場所の付近にガスの漏えいを検知する設備及び消火設備を備えた場合であっても、アセチレンガスの逆火、漏えい、爆発等による災害を防止するための措置を講じなければならない。

　　(1) イ　　(2) ロ　　(3) ハ　　(4) イ、ロ　　(5) イ、ハ

［正解］(3) ハ

［解説］

イ…×　法第24条の５に基づく一般則第59条に、「特定高圧ガス以外の高圧ガスの消費に係る技術上の基準に従うべき高圧ガスは、可燃性ガス、毒性ガス、酸素及び<u>空気</u>とする」と定められており、設問の「可燃性ガス、毒性ガス及び酸素に限られている」は<u>空気が除かれている</u>ので、誤り。

ロ…×　法第24条の５に基づく一般則第60条第１項第16号に、「消費した後は、<u>バルブを閉じ</u>、容器の転倒及びバルブの損傷を防止する措置を講ずること」と定められている。また、この基準の適用を受ける高圧ガスとして一般則第59条に<u>可燃性ガス</u>が指定されている。

　　設問の可燃性ガスのアセチレンは適用を受けるので、「<u>バルブを全開にしておかなければならない</u>」は、誤り。

－ 8 －

ハ…〇　法第24条の5に基づく一般則第60条第1項第13号に、「溶接又は熱切断用の
　　アセチレンガスの消費は、当該ガスの逆火、漏えい、爆発等による災害を防止する
　　ための措置を講じて行うこと」と定められている。この基準には除外される規定が
　　なく、いかなる措置を講じても適用されるので、正しい。

問10　次のイ、ロ、ハの記述のうち、特定高圧ガス消費者が消費する特定高圧ガス以
　　外の高圧ガスの消費に係る技術上の基準について一般高圧ガス保安規則上正しいも
　　のはどれか。
イ．充填容器及び残ガス容器のバルブは、静かに開閉しなければならない。
ロ．アセチレンガスの消費設備を開放して修理又は清掃をするときは、その消費設備
　　のうち開放する部分に他の部分からガスが漏えいすることを防止するための措置を
　　講じなければならないが、酸素の消費設備については、その定めはない。
ハ．酸素又は三フッ化窒素の消費は、バルブ及び消費に使用する器具の石油類、油脂
　　類その他可燃の物を除去した後に行わなければならない。
　　　⑴　イ　　　⑵　ハ　　　⑶　イ、ロ　　　⑷　イ、ハ　　　⑸　イ、ロ、ハ

［正解］⑷　イ、ハ
［解説］
法第24条の5に基づく一般則第60条に、特定高圧ガス消費者が消費する特定高圧ガス
以外の高圧ガス（可燃性ガス、毒性ガス、酸素及び空気）の消費に係る技術上の基準
が定められている。
イ…〇　一般則第60条第1項第1号に、「充填容器等（充填容器及び残ガス容器）の
　　バルブは、静かに開閉すること」と設問のとおり定められているので、正しい。
ロ…×　一般則第60条第1項第17号ニに、「消費設備を開放して修理又は清掃をする
　　ときは、当該消費設備のうち開放する部分に他の部分からガスが漏えいすることを
　　防止するための措置を講ずること」と定められている。また、この基準の適用を受
　　ける高圧ガスとして一般則第59条に酸素が指定されている。
　　　したがって、酸素はこの基準の適用を受けるので、設問の「酸素の消費設備につ
　　いては、その定めはない」は、誤り。
ハ…〇　一般則第60条第1項第15号に、「酸素又は三フッ化窒素の消費は、バルブ及
　　び消費に使用する器具の石油類、油脂類その他可燃性の物を除去した後にすること」
　　と設問のとおり定められているので、正しい。

問11　次のイ、ロ、ハの記述のうち、販売業者が容積0.15立方メートルを超える高圧
　　ガスを容器（高圧ガスを燃料として使用する車両に固定した燃料装置用容器を除
　　く。）により貯蔵する場合の技術上の基準について一般高圧ガス保安規則上正しい
　　ものはどれか。
イ．不活性ガスであっても充填容器及び残ガス容器を車両に積載して貯蔵することは、
　　特に定められた場合を除き禁じられている。

ロ．液化アンモニアの充填容器と液化塩素の充填容器は、それぞれ区分して容器置場に置くべき定めはない。

ハ．可燃性ガスの容器置場は、特に定められた措置を講じた場合を除き、その周囲2メートル以内においては、火気の使用を禁じ、かつ、引火性又は発火性の物を置いてはならないが、毒性ガスの容器置場についてはその定めはない。

⑴ イ　　⑵ イ、ロ　　⑶ イ、ハ　　⑷ ロ、ハ　　⑸ イ、ロ、ハ

［正解］⑴ イ

［解説］

法第15条第1項に基づく一般則第18条第2号に、容積0.15立方メートルを超える高圧ガスを容器（高圧ガスを燃料として使用する車両に固定した燃料装置用容器を除く。）により貯蔵する場合の技術上の基準が定められている。

イ…○　一般則第18条第2号ホに、貯蔵する高圧ガスの種類にかかわらず「貯蔵は、船、車両若しくは鉄道車両に固定し、又は積載した容器によりしないこと」と設問のとおり定められているので、正しい。

　なお、特に定める場合とは、緊急時に使用する高圧ガスを充填してある容器を消防緊急時に使用する車両に搭載した場合、及び第一種貯蔵所又は第二種貯蔵所において貯蔵される場合をいいます。

ロ…×　一般則第18条第2号ロで準用する一般則第6条第2項第8号ロに「可燃性ガス、毒性ガス、特定不活性ガス及び酸素の充填容器等（充填容器及び残ガス容器）は、それぞれ区分して容器置場に置くこと」と定められており、可燃性ガスでもある液化アンモニアは毒性ガスの液化塩素とは、区分して容器置場に置かなければならないので、設問の「それぞれを区分して置くべき定めはない」は、誤り。

ハ…×　一般則第18条第2号ロで準用する一般則第6条第2項第8号ニに「容器置場（不活性ガス（特定不活性ガスを除く）及び空気のものを除く）の周囲2メートル以内においては、火気の使用を禁じ、かつ引火性又は発火性の物を置かないこと」と定められている。

　毒性ガスは適用を受けるので、設問の「毒性ガスの容器置場には、その定めはない」は、誤り。

　特に定める場合とは、一般則第6条第2項第8号ニのただし書きの「容器と火気又は引火性若しくは発火性の物の間を有効に遮る措置を講じた場合」のことをいう。

問12　次のイ、ロ、ハの記述のうち、販売業者が容積0.15立方メートルを超える高圧ガスを容器（高圧ガスを燃料として使用する車両に固定した燃料装置用容器を除く。）により貯蔵する場合の技術上の基準について一般高圧ガス保安規則上正しいものはどれか。

イ．可燃性ガスの容器置場には、作業に必要な計量器を置くことができるが、携帯電燈以外の燈火は持ち込んではならない。

ロ．圧縮窒素の残ガス容器を容器置場に置く場合、常に温度40度以下に保つべき定めはない。

ハ．通風の良い場所で貯蔵しなければならないのは、可燃性ガスの充填容器及び残ガ
　ス容器に限られている。
　　　(1) イ　　(2) ハ　　(3) イ、ロ　　(4) イ、ハ　　(5) ロ、ハ

［正解］(1) イ
［解説］
法第15条第1項に基づく一般則第18条第2号に、容積0.15立方メートルを超える高圧
ガスを容器（高圧ガスを燃料として使用する車両に固定した燃料装置用容器を除
く。）により貯蔵する場合の技術上の基準が定められている。
イ…○　一般則第18条第2号ロで準用する一般則第6条第2項第8号ハに、高圧ガス
　　の種類にかかわらず「容器置場には、計量器等作業に必要な物以外なものを置かな
　　いこと」と定められている。そして、同号チに、「可燃性ガスの容器置場には、携
　　帯電燈以外の燈火を携えて立ち入らないこと」と定められている。いずれも設問の
　　とおり定められているので、正しい。
ロ…×　一般則第18条第2号ロで準用する一般則第6条第2項第8号ホに、高圧ガ
　　スの種類にかかわらず「充填容器等（充填容器及び残ガス容器）は、常に40度以下
　　に保つこと」と定められているので、設問の「40度以下に保つ必要はない」は、誤
　　り。
ハ…×　一般則第18条第2号イに、「可燃性ガス又は毒性ガスの充填容器等（充填容
　　器及び残ガス器）の貯蔵は、通風良い場所ですること」と定めており、毒性ガスは
　　この基準の適用を受けるので、設問の「可燃性ガスの充填容器及び残ガス容器に限
　　られている」は、誤り。

問13　次のイ、ロ、ハの記述のうち、容器（配管により接続されていないものに限
　　る。）により高圧ガスを貯蔵する第二種貯蔵所に係る技術上の基準について一般高
　　圧ガス保安規則上正しいものはどれか。
イ．容器置場は、特に定められた場合を除き、1階建としなければならないが、酸素
　　のみを貯蔵する容器置場は2階建とすることができる。
ロ．アンモニアの容器置場には、その規模に応じ、適切な消火設備を適切な箇所に設
　　けなければならない。
ハ．アンモニアの容器置場は、そのアンモニアが漏えいしたとき滞留しないような通
　　風の良い構造であれば、漏えいしたガスを安全に、かつ、速やかに除害するための
　　措置を講じる必要はない。
　　　(1) イ　　(2) ロ　　(3) ハ　　(4) イ、ロ　　(5) イ、ロ、ハ

［正解］(4) イ、ロ
［解説］
容器により高圧ガスを貯蔵する第二種貯蔵所である容器置場は、法第18条第2項に基
づく一般則第26条第2号に、「一般則第23条の第一種貯蔵所に係る技術上の基準に適
合すること」と定められており、一般則第23条第3号に、「容器が配管により接続さ

れていないものにあっては、一般則第6条第1項第42号の容器置場に係る技術上の基準に適合すること」と定められている。

イ…○　一般則第6条第1項42号ロに「可燃性ガス及び酸素の容器置場は、特に定められた場合を除き、1階建とする。ただし、圧縮水素のみ又は酸素のみを貯蔵する容器置場にあっては、2階建以下とする」と定められている。設問の酸素のみを貯蔵の場合は2階建とすることができるので、正しい。

　　　なお、設問中の特に定められた場合とは、充填容器等（充填容器及び残ガス容器）が断熱材で被覆してあるもの及びシリンダーキャビネットに収納されているものをいう。

ロ…○　一般則第6条第1項42号ヌに「可燃性ガス、特定不活性ガス、酸素及び三フッ化窒素の容器置場には、その規模に応じ、適切な消火設備を適切な箇所に設けること」と定められている。

　　　設問の可燃性ガスのアンモニアはこの基準の適用を受けるので、正しい。

ハ…×　可燃性ガスの液化アンモニアの容器置場は、一般則第6条第1項第42号ヘで定める「当該ガス（可燃性ガスのアンモニア）が漏えいしたとき滞留しないような構造」とした容器置場の場合であっても、同号チに、「特殊高圧ガス、五フッ化ヒ素等、亜硫酸ガス、アンモニア、塩素、クロルメチル・・・・の容器置場には、当該ガスが漏えいしたときに安全に、かつ、速やかに除害するための措置を講ずること」と定められているので、設問の「・・・速やかに除害するための措置を講じる必要はない」は、誤り。

問14　次のイ、ロ、ハの記述のうち、車両に固定した容器（高圧ガスを燃料として使用する車両に固定した燃料装置用容器を除く。）による高圧ガスの移動に係る技術上の基準等について一般高圧ガス保安規則上正しいものはどれか。

イ．液化窒素の移動を終了したとき、漏えい等の異常の有無を点検し、異常がなかった場合には、次回の移動開始時の点検は行う必要はない。

ロ．質量3000キログラム以上の液化アンモニアを移動するときは、高圧ガス保安協会が行う移動に関する講習を受け、その講習の検定に合格した者又は所定の製造保安責任者免状の交付を受けている者に、その移動について監視させなければならない。

ハ．質量1000キログラム以上の液化塩素を移動するときは、運搬の経路、交通事情、自然条件その他の条件から判断して、一の運転者による連続運転時間が所定の時間を超える場合は、交替して運転させるため、車両1台について運転者2人を充てなければならない。

　　　(1) ロ　　　(2) ハ　　　(3) イ、ロ　　　(4) イ、ハ　　　(5) ロ、ハ

［正解］(5) ロ、ハ
［解説］
法第23条第1項及び第2項に基づく一般則第49条に、車両に固定した容器（高圧ガスを燃料として使用する車の両に固定した燃料装置用容器を除く。）による高圧ガスの移動に係る技術上の基準等が定められている。なお、「技術上の基準等」とは、高圧

ガスの移動する容器に講じるべき保安上必要な措置、及び車両による移動の積載方法、並びに移動方法係る技術上の基準の両方をいう。

イ…×　一般則第49条第1項第13号に、高圧ガスの種類にかかわらず「<u>移動を開始するとき及び移動を終了したときは、その移動する高圧ガスの漏えい等の以上の有無を点検し、異常のあるときは、補修その他の危険を防止するための措置を講ずること</u>」と定められている。また、異常がなかった場合に点検を免除する規定はないことから、設問の「異常がなかった場合には、<u>次回の移動開始時の点検は行う必要ない</u>」は、誤り。

ロ…○　一般則第49条第1項第17号に、「質量3000キログラム以上の可燃性ガスである液化アンモニアを移動するときは、甲種化学責任者免状、乙種化学責任者免状、丙種化学責任者免状、甲種機械責任者免状若しくは、乙種機械責任者免状の交付を受けている者又は高圧ガス保安協会が行う高圧ガスの移動に関する講習を受け、当該講習の検定に合格した者に当該高圧ガスの移動について監視させること」と設問のとおり定められているので、正しい。

　　なお、「同項第17号に定められた高圧ガス」とは、
同号イで、圧縮ガス（特殊高圧ガスのものを除く）のうち
（イ）容積が300立方メートル以上の可燃性ガス及び酸素
（ロ）容積が100立方メートル以上の毒性ガス
同号ロで、液化ガス（特殊高圧ガスのものを除く）のうち
（イ）質量が3000キログラム以上の可燃性ガス及び酸素
（ロ）質量が1000キログラム以上の毒性ガス
（ハ）第7条の3第2項の圧縮水素スタンドに液化水素の貯槽に充填する液化水素
同号ハで、特殊高圧ガスをいう。

ハ…○　一般則第49条第1項第21号本文及び同号ロに、「同項第17号に定められた高圧ガス（質量1000キログラム以上の液化塩素）を車両により移動するときであって、定められた運転時間を超えて移動する場合は、車両1台につき運転者2人を充てなければならない」と設問のとおり定められている。

　　連続運転時間が所定の時間を超える場合とは、同号ロ（イ）で、「1回が連続10分以上で、かつ合計が30分以上の運転を中断することなく連続して運転する時間が4時間を超える場合」また、同号ロ（ロ）で、「一人の運転者による運転時間が、1日当たり9時間を超える場合」が定められている。

問15　次のイ、ロ、ハの記述のうち、車両に積載した容器（内容積が47リットルのもの）による高圧ガスの移動に係る技術上の基準等について一般高圧ガス保安規則上正しいものはどれか。

イ．高圧ガスを移動するとき、その車両の見やすい箇所に警戒標を掲げなければならないのは、可燃性ガス、毒性ガス、酸素及び三フッ化窒素に限られている。

ロ．酸素を移動するときは、消火設備並びに災害発生防止のための応急措置に必要な資材及び工具等を携行しなければならない。

ハ．水素を移動するときは、その高圧ガスの名称、性状及び移動中の災害防止のために必要な注意事項を記載した書面を運転者に交付し、移動中携帯させ、これを遵守させなければならない。

  (1) イ   (2) ロ   (3) ハ   (4) ロ、ハ   (5) イ、ロ、ハ

［正解］(4) ロ、ハ

［解説］

法第23条第１項及び第２項に基づく一般則第50条に、車両に積載した容器による高圧ガスの移動に係る技術上の基準等が定められている。

イ…×　一般則第50条第１号に、「充填容器等を車両に積載して移動するときは、当該車両の見やすい箇所に警戒標を掲げること」と定められており、警戒標を掲げる必要のない高圧ガスの種類に関する除外規定がないので、設問の可燃性ガス、毒性ガス、酸素及び三フッ化窒素に限られているは、誤り。

ロ…○　一般則第50条第９号に、「可燃性ガス、特定不活性ガス、酸素又は三フッ化窒素の充填容器等を車両に積載して移動するときは、消火設備並びに災害発生防止のための応急措置に必要な資材及び工具等を携行すること」と設問のとおり定められており、また、容器の内容積も47リットルで除外される内容積を上まわっているので、正しい。

ハ…○一般則第50条第14号で準用する一般則第49条第１項第21号に、「可燃性ガス、毒性ガス、特定不活性ガス又は酸素の高圧ガスを移動するときは、高圧ガスの名称、性状及び移動中の災害防止のために必要な注意事項を記載した書面を運転者に交付し、移動中携帯させ、これを遵守させること」と定められているとともに、容器の内容積も47リットルで除外される内容積を上まわっているため、設問の可燃性ガスの水素は適用を受けるので、正しい。

問16　次のイ、ロ、ハの記述のうち、高圧ガスの廃棄に係る技術上の基準について一般高圧ガス保安規則上正しいものはどれか。

イ．酸素を廃棄した後は、容器の転倒及びバルブの損傷を防止する措置を講じ、バルブは開けたままにしておかなければならない。

ロ．可燃性ガスを継続かつ反復して廃棄するとき、通風の良い場所で行えば、そのガスの滞留を検知するための措置を講じる必要はない。

ハ．廃棄のため充填容器又は残ガス容器を加熱するときは、空気の温度を40度以下に調節する自動制御装置を設けた所定の空気調和設備を使用することができる。

  (1) イ   (2) ロ   (3) ハ   (4) イ、ロ   (5) イ、ハ

［正解］(3) ハ

［解説］

法第25条に基づく一般則第62条に、高圧ガスの廃棄に係る技術上の基準等が定められている。

また、この基準の適用を受ける高圧ガスとして一般則第61条に<u>可燃性ガス、毒性ガス、特定不活性ガス及び酸素が指定されて</u>いる。

イ…×　一般則第62条第6号に「廃棄した後は、<u>バルブを閉じ</u>、容器の転倒及びバルブの損傷を防止する措置を講じること」と定められている。また、この基準の適用を受ける高圧ガスとして一般則第61条に酸素が指定されている。設問の酸素は適用を受けるので、「<u>バルブは開けたままにしておかなければならない</u>」は、誤り。

ロ…×　一般則第62条第4号に、「<u>可燃性ガス、毒性ガス</u>又は特定不活性ガスを継続かつ反復して廃棄するときは、そのガスの滞留を<u>検知するための措置を講じて</u>することと定められており、設問の「可燃性ガスを継続かつ反復して廃棄するときは<u>検知するための措置を講じる必要はない</u>」は、誤り。

ハ…○　一般則第62条第8号ハに、充塡容器等（充塡容器又は残ガス容器）の加熱方法の一つとして、「空気の温度を40度以下に調節する自動制御装置を設けた所定の空気調和設備を使用すること」が設問のとおり定められているので、正しい。

問17　次のイ、ロ、ハの記述のうち、高圧ガスの販売の方法に係る技術上の基準について一般高圧ガス保安規則上正しいものはどれか。

イ．販売所に高圧ガスの引渡し先の保安状況を明記した台帳を備えなければならない販売業者は、可燃性ガス、毒性ガス又は酸素の高圧ガスを販売する者に限られている。

ロ．販売業者は、圧縮天然ガスを燃料の用に供する一般消費者に圧縮天然ガスを販売するとき、配管の気密試験のための設備を備えなければならない。

ハ．圧縮天然ガスを充塡した容器であって、そのガスが漏えいしていないものであれば、容器が容器再検査の期間を6か月以上経過したものをもって、そのガスを引き渡すことができる。

　　(1) イ　　(2) ロ　　(3) イ、ハ　　(4) ロ、ハ　　(5) イ、ロ、ハ

［正解］(2) ロ
［解説］
法第20条の6第1項に基づく一般則第40条に、販売業者等に係る技術上の基準が定められている。

イ…×　一般則第40条第1号に、「高圧ガスの引渡し先の保安状況を明記した台帳を備えること」と定めており、特にその台帳を備えなくてもよい高圧ガスの種類は定められていないので、誤り。

ロ…○　一般則第40条第5号に、「圧縮天然ガスを燃料の用に供する一般消費者に圧縮天然ガスを販売する者にあっては、配管の気密試験のための設備を備えること」と設問のとおり定められているので、正しい。

ハ…×　一般則第40条第3号に、「圧縮天然ガスの充塡容器等（充塡容器又は残ガス容器）の引渡しは、その容器の容器再検査の期間を<u>6か月以上経過していないもの</u>であり、かつ、その旨を明示したものもってすること」と定められており、設問の「容器再検査の期間を<u>6か月以上経過したもの</u>・・を引き渡す」は、誤り。

問18 次のイ、ロ、ハの記述のうち、高圧ガスの販売業者について正しいものはどれか。

イ．販売業者は、高圧ガスの貯蔵を伴わない販売所の販売主任者を選任又は解任したときは、その旨を都道府県知事等に届け出る必要はない。

ロ．アセチレンと酸素を販売している販売所において、新たに窒素を追加して、販売する高圧ガスの種類の変更をしたときは、遅滞なく、その旨を都道府県知事等に届け出なければならない。

ハ．塩素を販売する販売所には、第一種販売主任者免状の交付を受け、かつ、アンモニアの販売に関する6か月以上の経験を有する者を販売主任者に選任することができる。

 (1) ロ (2) イ、ロ (3) イ、ハ (4) ロ、ハ (5) イ、ロ、ハ

［正解］(4) ロ、ハ

［解説］

イ…× 法第28条第3項において準用する法第27条の2第5項の規定に、「販売主任者の選任又は解任の届出をしようとする販売業者は、その旨を都道府県知事に届け出をしなければならない」と定められている、この基準には除外の規定はないので、設問の「高圧ガスの貯蔵の伴わない販売所の販売主任者を選任又は解任したときは、その旨を都道府県知事等に届け出る必要はない」は、誤り。

ロ…○ 法第20条の7に、「販売をする高圧ガスの種類を変更したときは、遅滞なく、その旨を都道府県知事に届け出なければならない」と設問のとおり定められているので、正しい。

ハ…○ 法第28条第1項に基づく一般則第72条第2項に、塩素の販売所の販売主任者は、第一種販売主任者免状の交付を受け、かつ、同項の表の1番目、2番目又は4番目の枠の下欄のガスの種類の製造又は販売に関する6か月以上の経験を有する者を選任しなければならないと定められている。

 アンモニアは2番目の欄に掲げられており、塩素の販売に関する経験として認められる。

 したがって、第一種販売主任者免状の交付を受けたもので、アンモニアの製造又は販売に関する6か月以上の経験を有する者は、設問の塩素を販売する販売所の販売主任者に選任できるので、正しい。

問19 次のイ、ロ、ハのうち、販売業者が販売する高圧ガスを購入して溶接又は熱切断の用途に消費する者に対し、所定の方法により、その高圧ガスによる災害の発生の防止に関し必要な所定の事項を周知させなければならない場合、その対象となる高圧ガスとして一般高圧ガス保安規則上正しいものはどれか。

イ．酸素

ロ．天然ガス

ハ．二酸化炭素

 (1) イ (2) ロ (3) イ、ロ (4) ロ、ハ (5) イ、ロ、ハ

［正解］⑶ イ、ロ

［解説］

溶接又は熱切断用の高圧ガスは、法第20条の５第１項に基づく一般則第39条第１項１号に周知させるべき高圧ガスとしてアセチレン、天然ガス又は酸素が定められている。

イ…○　酸素は、周知させるべき高圧ガスに指定されているので、正しい。

ロ…○　天然ガスは、周知させるべき高圧ガスに指定されているので、正しい。

ハ…×　二酸化炭素は、周知させるべき高圧ガスに指定されていないので、誤り。

問20　次のイ、ロ、ハの記述のうち、販売業者が販売する高圧ガスを購入して消費する者に対し、所定の方法により、その高圧ガスによる災害の発生の防止に関し必要な所定の事項を周知させなければならない場合、その周知させるべき事項について一般高圧ガス保安規則上正しいものはどれか。

イ．「消費設備の変更に関し注意すべき基本的な事項」は、その周知させるべき事項の一つである。

ロ．「消費設備を使用する場所の環境に関する基本的な事項」は、消費設備の使用者が管理すべき事項であり、その周知させるべき事項ではない。

ハ．「消費設備の操作、管理及び点検に関し注意すべき基本的な事項」は、消費設備の使用者が管理すべき事項であり、その周知させるべき事項ではない。

　　⑴ イ　　　⑵ イ、ロ　　　⑶ イ、ハ　　　⑷ ロ、ハ　　　⑸ イ、ロ、ハ

［正解］　⑴ イ

［解説］

法20条の５第１項に基づく一般則第39条第２項に、当該高圧ガスによる災害の発生防止に関し必要な所定の事項を周知させなければならない場合、その周知させるべき事項が定められている。

イ…○　一般則第39条第２項第４号に「消費設備の変更に関し注意すべき基本的な事項」は周知させるべき事項の一つとして設問のとおり定められているので、正しい。

ロ…×　一般則第39条第２項第３号に、周知させるべき事項の一つとして「消費設備を使用する場所の環境に関する基本的な事項」は定められており、設問の「周知させるべき事項ではない」は、誤り。

ハ…×　一般則第39条第２項第２号に、周知させるべき事項の一つとして「消費設備の操作、管理及び点検に関し注意すべき基本的な事項」と定められており、設問の「周知させるべき事項ではない」は、誤り。

（注）　①充填に関する表記は、高圧ガス保安法の、法律では「充てん」と表記され、一方、規則（一般則、容器則等）では、「充填」と漢字で表記されている。本解説書では、すべて漢字表記の「充填」としました。

　　　　②29年度以前の問題解説における引用条文表記は、30年度の省令改正により、行ずれが生じている箇所があります。

　　　　一例　：　一般則第49条第１項第14号・・・30年度より第13号となっている。

法 令 試 験 問 題

（令和元年１１月１０日実施）

　　次の各問について、高圧ガス保安法に係る法令上正しいと思われる最も適切な答え
をその問の下に掲げてある(1)、(2)、(3)、(4)、(5)の選択肢の中から１個選びなさい。
　　なお、経済産業大臣が危険のおそれのないと認めた場合等における規定は適用しな
い。
　　(注)試験問題中、「都道府県知事等」とは、都道府県知事又は高圧ガス保安法に関
する事務を処理する指定都市の長をいう。

問１　次のイ、ロ、ハの記述のうち、正しいものはどれか。
イ．販売業者は、その所有する容器を盗まれたときは、遅滞なく、その旨を都道府県
　　知事等又は警察官に届け出なければならない。
ロ．一般高圧ガス保安規則に定められている高圧ガスの移動に係る技術上の基準等に
　　従うべき高圧ガスは、液化ガスにあっては質量1.5キログラム以上のものに限られ
　　ている。
ハ．高圧ガスの販売の事業を営もうとする者は、特に定められた場合を除き、販売所
　　ごとに、事業開始の日の20日前までにその旨を都道府県知事等に届け出なければな
　　らない。
　　　　(1) イ　　　(2) ロ　　　(3) イ、ハ　　　(4) ロ、ハ　　　(5) イ、ロ、ハ

　［正解］(3) イ、ハ
　［解説］
イ…〇　高圧ガス保安法（以下「法」という）第63条第１項第２号に、「・・・販売
　　業者は、その所有し、又は占有する容器を喪失し、又は盗まれたときは、遅滞なく、
　　その旨を都道府県知事又は警察官に届け出なければならない」と定められているの
　　で、正しい。
ロ…×　高圧ガスの移動に係る技術上の基準等（保安上の措置及び技術上の基準）は、
　　法第23条に基づく一般高圧ガス保安規則（以下「一般則」という）第48条、第49条
　　（車両に固定した容器による移動の基準等）及び第50条（車両に積載した容器によ
　　る移動の基準等）に定められているが、この基準等に従うべき高圧ガスは、<u>液化ガ
　　スにあっては質量1.5キログラム以上のものに限る</u>との定めはないので、誤り。
　　　　なお、参考までに、法第15条の貯蔵の規制を受けない一般高圧ガスの容積として
　　液化ガスの場合は、質量1.5キログラム以下とすると一般則第19条に定められている。
ハ…〇　法第20条の４本文に、「高圧ガスの販売の事業を営もうとする者は、特に定
　　められた場合を除き、販売所ごとに、事業開始の日の20日前までにその旨を都道府
　　県知事に届け出なければならない」と定められているので、正しい。

　なお、「特に定められた場合」とは、同条第1号の、高圧ガスの充てん所のような高圧ガスの製造の許可を受けた者がその製造をした高圧ガスをその事業所において販売するとき、及び同条第2号の医療用の圧縮酸素その他の政令第6条で定める高圧ガスの販売を営む者が、貯蔵数量が常時容積5立方メートル未満の販売所において販売するときをいい、これらの者は、都道府県知事への販売事業の届出は不要である。

問2　次のイ、ロ、ハの記述のうち、正しいものはどれか。

イ．販売業者がその販売所において指定する場所では何人も火気を取り扱ってはならないが、その販売所に高圧ガスを納入する第一種製造者の場合は、その販売業者の承諾を得ないで発火しやすいものを携帯してその場所に立ち入ることができる。

ロ．高圧ガスを充填した容器が危険な状態となったときは、その容器の所有者又は占有者は、直ちに、災害の発生の防止のための応急の措置を講じなければならない。

ハ．容器に充填された高圧ガスの輸入をし、その高圧ガス及び容器について都道府県知事等が行う輸入検査を受けた者は、これらが輸入検査技術基準に適合していると認められた後、これを移動することができる。

　　(1) イ　　　(2) ロ　　　(3) イ、ハ　　　(4) ロ、ハ　　　(5) イ、ロ、ハ

［正解］(4) ロ、ハ

［解説］

イ…×　法第37条第2項に、「何人も、・・・販売所において、販売業者の承諾を得ないで発火しやすいものを携帯してその場所に立ち入ってはならない」と定められており、設問の「高圧ガスを納入する第一種製造者は、販売業者の承諾を得ないで立ち入ることができる」は、誤り。

　　なお、「何人」には例外とされる人はいない。

ロ…○　法第36条第1項に、「・・・高圧ガスを充てんした容器が危険な状態となったときは、その容器の所有者又は占有者は、直ちに、災害の発生の防止のための応急の措置を講じなければならない」と定められているので、正しい。

ハ…○　法第22条第1項に、「高圧ガスを輸入した者は、輸入をした高圧ガス及びその容器につき、都道府県知事が行う輸入検査を受け、これらが輸入検査技術基準に適合していると認められた後でなければ、これを移動してはならない」と定められているので、正しい。

問3　次のイ、ロ、ハの記述のうち、正しいものはどれか。

イ．高圧ガス保安法は、高圧ガスによる災害を防止して公共の安全を確保する目的のために、高圧ガスの製造、貯蔵、販売、移動その他の取扱及び消費の規制をすることのみを定めている。

ロ．販売業者が高圧ガスの販売のため、質量3000キログラム未満の液化酸素を貯蔵するときは、第二種貯蔵所において貯蔵する必要はない。

ハ．圧力が0.2メガパスカルとなる場合の温度が35度以下である液化ガスは、高圧ガスである。

　　(1) イ　　(2) ハ　　(3) イ、ロ　　(4) ロ、ハ　　(5) イ、ロ、ハ

［正解］(4) ロ、ハ

［解説］

イ…✕　法第1条に、「この法律は、高圧ガスによる災害を防止するため、高圧ガスの製造、貯蔵、販売、移動その他の取扱い及び消費等の規制をするとともに、民間事業者及び高圧ガス保安協会による高圧ガスの保安に関する自主的な活動を促進し、もって公共の安全を確保する目的とする」と定められている。

　　設問の「・・・消費の規制をすることのみを定めている」は、もう一つの柱である「民間事業者及び高圧ガス保安協会による高圧ガスの保安に関する自主的な活動を促進」が省かれているので、誤り。

ロ…〇　法第17条の2に、「容積300立方メートル以上の高圧ガスを貯蔵するときは、あらかじめ都道府県知事に届け出て設置する貯蔵所（第二種貯蔵所）においてしなければならない」と定められている。また、法第16条第3項で、「貯蔵する高圧ガスが液化ガスであるときは、質量10キログラムをもって容積1立方メートルとみなす」と定められている。

　　設問の質量3000キログラム未満の液化酸素の貯蔵は、容積300立方メートル（液化ガスの場合、重量換算すると3000キログラム）より貯蔵量が小さいので、第二種貯蔵所には該当しない。したがって、「第二種貯蔵所において貯蔵する必要はない」は、正しい。

ハ…〇　法第2条第3号に、高圧ガスとして法の適用を受ける液化ガスが定義されている。

　　同号の前段は、「常用の温度（容器の場合はその容器が置かれている環境の温度、設備の場合はその設備が正常な状態で運転されているときの温度）において圧力が0.2メガパスカル以上となる液化ガスであって、現に（現在の温度）その圧力が0.2メガパスカル以上となるものは高圧ガスである」と定義し、また、同号の後段（又は以降の定義）では、「温度35度において圧力が0.2メガパスカル以上となる液化ガスは高圧ガスである」と定義している。

　　設問の液化ガスは、圧力が0.2メガパスカルになる場合の温度が35度以下なので、後段の定義に該当する高圧ガスになるので、正しい。

　　なお、高圧ガスの定義における圧力はゲージ圧力をいう。

問4　次のイ、ロ、ハの記述のうち、正しいものはどれか。

イ．常用の温度35度において圧力が1メガパスカルとなる圧縮ガス（圧縮アセチレンガスを除く。）であって、現在の圧力が0.9メガパスカルのものは高圧ガスではない。

ロ．販売業者が高圧ガスの販売のため、容積900立方メートルの圧縮アセチレンガスを貯蔵するときは、第一種貯蔵所において貯蔵しなければならず、第二種貯蔵所において貯蔵することはできない。

ハ．酸素は、一般高圧ガス保安規則で定められている廃棄に係る技術上の基準に従う
べき高圧ガスである。

 (1) イ (2) ハ (3) イ、ロ (4) ロ、ハ (5) イ、ロ、ハ

［正解］(2) ハ

［解説］

イ…✕ 法第2条第1号に、高圧ガスとしてこの法の適用を受ける圧縮ガス（圧縮ア
セチレンガスを除く。）が定義されている。同号の前段（又はの前までの定義）に
おいては、「常用の温度において圧力が1メガパスカル以上となる圧縮ガスであっ
て、現にその圧力が1メガパスカル以上であるものが高圧ガスである」と定義して
おり、また、同号の後段（又は以降の定義）では、「温度35度において圧力が1メ
ガパスカル以上となる圧縮ガスは高圧ガスである」と定義している。圧縮ガス（圧
縮アセチレンガスを除く。）については、この2つの定義のどちらか1つに該当す
れば高圧ガスとなる。

 設問の現在の圧力が0.9メガパスカルであっても、温度35度において圧力が1メ
ガパスカルとなる圧縮ガスは、前段の定義には該当しないが、<u>後段の定義には該当
する高圧ガス</u>なので、「・・・高圧ガスではない」は、誤り。

ロ…✕ 法第16条に、「容積300立方メートル（当該高圧ガスが政令第5条で定めるガ
スの種類に該当するものである場合にあっては、当該政令で定めるガスの種類ごと
に300立方メートルを超える政令で定める値（政令5条の表2下欄で、第1種ガス
以外のガスの圧縮アセチレンガスは1000立方メートル））以上の高圧ガスを貯蔵す
るときは、あらかじめ都道府県知事に許可を受けて設置する貯蔵所（第一種貯蔵所）
においてしなければならない」と定められている。

 設問の容積900立方メートルの圧縮アセチレンガスの貯蔵は、第一種貯蔵所に該
当する貯蔵量（圧縮アセチレンガスは1000立方メートル）より小さく、法第17条の
2に定める<u>第二種貯蔵所に該当する貯蔵量の範囲に入るので</u>、「・・・第二種貯蔵
所において<u>貯蔵はできない</u>」は、誤り。

ハ…〇 法第25条に基づく一般則第61条に廃棄に係る技術上の基準に従うべき高圧ガ
スとして、可燃性ガス、毒性ガス、特定不活性ガス及び<u>酸素が指定されている</u>ので、
正しい。

問5 次のイ、ロ、ハの記述のうち、特定高圧ガス消費者について正しいものはどれか。

イ．特定高圧ガス消費者は、事業所ごとに、消費開始の日の20日前までに、その旨を
都道府県知事等に届け出なければならない。

ロ．特定高圧ガス消費者であり、かつ、第一種貯蔵所の所有者でもある者は、その貯
蔵について都道府県知事等の許可を受けているので、特定高圧ガスの消費をするこ
とについて都道府県知事等に届け出なくてよい。

ハ．液化アンモニアの特定高圧ガス消費者は、第一種販売主任者免状の交付を受けて
いるがアンモニアの製造又は消費に関する経験を有しない者を、取扱主任者に選任
することができる。

(1) イ　　(2) イ、ロ　　(3) イ、ハ　　(4) ロ、ハ　　(5) イ、ロ、ハ

［正解］(3) イ、ハ
［解説］
イ…○　法第24条の2第1項に、「特定高圧ガス消費者は、事業所ごとに、消費開始の日の20日前までに、その旨を都道府県知事等に届け出なければならない」と定められているので、正しい。

ロ…×　法第24条の2第1項の届出（特定高圧ガス消費者届）が免除される者の定めはないので、第一種貯蔵所の所有者で、その貯蔵について都道府県知事の許可を受けている者も、この届出が必要になる。したがって、設問の「・・・届け出なくてよい」は、誤り。

ハ…○　法第28条第2項に基づく一般則第73条第3号に、「甲種化学主任者免状・・第一種販売主任者免状の交付を受けている者」と定められており、指定された免状の交付を受けている者には、高圧ガスの製造又は消費に関する経験を有する者との定めがないので、設問の「第一種販売主任者免状の交付を受けているがアンモニアの製造又は消費に関する経験を有しない者を、取扱主任者に選任することができる」は、正しい。

問6　次のイ、ロ、ハの記述のうち、高圧ガスを充塡するための容器（再充塡禁止容器を除く。）について正しいものはどれか。
イ．容器に充塡する液化ガスは、刻印等又は自主検査刻印等で示された種類の高圧ガスであり、かつ、容器に刻印等又は自主検査刻印等で示された最大充塡質量以下のものでなければならない。
ロ．容器の製造をした者は、その容器に自主検査刻印等をしたもの又はその容器が所定の容器検査を受け、これに合格し所定の刻印等がされているものでなければ、特に定められたものを除き、その容器を譲渡してはならない。
ハ．容器の所有者は、その容器が容器再検査に合格しなかった場合であって、所定の期間内に高圧ガスの種類又は圧力の変更に伴う刻印等がされなかった場合には、遅滞なく、その容器をくず化し、その他容器として使用することができないように処分しなければならない。
　　　(1) イ　　(2) ロ　　(3) イ、ロ　　(4) ロ、ハ　　(5) イ、ロ、ハ

［正解］(4) ロ、ハ
［解説］
イ…×　法第45条第1項に基づく容器保安規則（以下「容器則」という）第8条に、容器（すべての種類のもの）に刻印をすべき事項に、最大充塡質量は定められていないので、設問の「・・・容器に刻印等又は自主検査刻印等で示された最大充塡質量以下のものでなければならない」は、誤り。

　　なお、容器に液化ガスを充塡する場合は、法第48条第4項に基づく容器則第22条

に定める計算式により、容器の内容積に応じて求めた質量以下のものとすると定められている。

ロ…○　法第44条の本文に、「容器の製造又は輸入したものは、容器検査を受け、これに合格したものとして法第45条第1項の刻印又は同条第2項の標章の掲示がされているものでなければ、特に定められた容器を除き、容器を譲渡し、又は引き渡してはならない」と定められているので、正しい。

　　なお、特に定められた容器とは、登録容器製造業者や外国登録容器製造業者が製造した容器であって所定の刻印又は標章の掲示がされた容器や高圧ガスを充填して輸入された容器をいう。

ハ…○　法第56条第3項に「容器所有者は、容器検査に合格しなかった容器について三月以内に刻印等がなされなかったときは、遅滞なく、これをくず化し、その他容器として使用することができないように処分しなければならない」と定められているので、正しい。

問7　次のイ、ロ、ハの記述のうち、高圧ガスを充填するための容器（再充填禁止容器を除く。）及びその附属品について容器保安規則上正しいものはどれか。

イ．容器検査に合格した容器であって圧縮ガスを充填するものには、その容器の気密試験圧力（記号ＴＰ、単位メガパスカル）及びＭが刻印されていなければならない。

ロ．液化酸素を充填する容器に表示をすべき事項のうちには、その容器の表面積の2分の1以上について行う黒色の塗色及びそのガスの名称の明示がある。

ハ．液化アンモニアを充填するための溶接容器に装置されているバルブの附属品再検査の期間は、そのバルブが装置されている容器の容器再検査の期間に応じて定めている。

　　　(1) イ　　　(2) ハ　　　(3) イ、ハ　　　(4) ロ、ハ　　　(5) イ、ロ、ハ

［正解］(2) ハ
［解説］

イ…×　法第45条第1項に基づく容器則第8条に、容器（すべての種類のもの）に刻印をすべき事項として気密試験は定められていないので、設問の「・・・気密試験圧力及びＭが刻印されていなければならない」は、誤り。

ロ…×　法第46条第1項に基づく容器則第10条第1項第1号に、酸素ガスを充填する容器に表示をすべき事項の一つとして、「その容器の表面積の2分の1以上について黒色の塗色を行うこと」と定められているが、液化酸素にはその定めがない。

　　したがって、設問の「・・黒色の塗色及びそのガスの名称の明示がある」は、誤り。

　　なお、参考までに、「高圧ガス保安法及び関係政省令の運用及び解釈について（内規）」で、高圧ガスの呼称については次のように運用及び解釈がなされている。

　　例えば、「酸素」の呼称は、気状のものを意味する場合は「酸素ガス」、液状のものを意味する場合は「液化酸素」、双方を意味する場合は「酸素」としている。

ハ…○　法第48条第1項第3号に基づく容器則第27条第1項第1号「液化アンモニアを充填するための容器に装着された付属品については、付属品検査に合格した日

から当該付属品が装着されている容器が付属品検査等合格日から<u>2年を経過して最</u><u>初に受ける容器再検査までの間</u>」と定められており、設問の「・・・容器に装着されているバルブの附属品再検査の期間は、そのバルブが装置されている容器の<u>容器</u><u>再検査の期間に応じて定められている</u>」は、正しい。

問8　次のイ、ロ、ハの記述のうち、特定高圧ガス消費者に係る技術上の基準について一般高圧ガス保安規則上正しいものはどれか。

イ．特殊高圧ガスの消費施設は、その貯蔵設備の貯蔵能力が3000キログラム未満の場合であっても、その貯蔵設備及び減圧設備の外面から第一種保安物件に対し第一種設備距離以上、第二種保安物件に対し第二種設備距離以上の距離を有しなければならない。

ロ．消費施設（液化塩素に係るものを除く。）には、その規模に応じて、適切な防消火設備を適切な箇所に設けなければならない。

ハ．特殊高圧ガス、液化アンモニア又は液化塩素の消費設備に係る配管、管継手又はバルブの接合は、特に定める場合を除き、溶接により行わなければならない。

　　⑴　イ　　　⑵　ロ　　　⑶　イ、ハ　　　⑷　ロ、ハ　　　⑸　イ、ロ、ハ

　［正解］⑸　イ、ロ、ハ
　［解説］
第24条の3第1項及び第2項に基づく一般則第55条に、特定高圧ガスの消費者に係る技術上の基準が定められている。

イ…〇　一般則第55条第1項第2号に、「消費施設は、その貯蔵設備（<u>貯蔵能力が</u><u>3000キログラム未満の特殊高圧ガスのもの及び・・・</u>）及び減圧設備の外面から、第一種保安物件に対し第一種設備距離以上、第二種保安物件に対し第二種設備距離以上の距離を有すること」と定められているので、正しい。

ロ…〇　一般則第55条第1項第27号に、「消費施設には、その規模に応じて、適切な防消火設備を適切な箇所に設けること」と定められているので、正しい。

ハ…〇　一般則第55条第1項第23号に、「特殊高圧ガス、液化アンモニア又は液化塩素の消費設備に係る配管、管継手又はバルブの接合は、溶接により行うこと」と定められているので、正しい。

　　なお、特に定める場合とは、同号ただし書きの「溶接によることが適当でない場合は、保安上必要な強度を有するフランジ接合又はねじ接合継手による接合をもって替えることができる」のことである。

問9　次のイ、ロ、ハの記述のうち、特定高圧ガス消費者が消費する特定高圧ガス以外の高圧ガスの消費に係る技術上の基準について一般高圧ガス保安規則上正しいものはどれか。

イ．高圧ガスの消費に係る技術上の基準に従うべき高圧ガスは、可燃性ガス（高圧ガスを燃料として使用する車両において、その車両の燃料の用のみに消費される高圧ガスを除く。）、毒性ガス、酸素及び空気である。

ロ．酸素を消費した後は、バルブを閉じ、容器の転倒及びバルブの損傷を防止する措置を講じなければならない。

ハ．溶接又は熱切断用の天然ガスの消費は、そのガスの漏えい、爆発等による災害を防止するための措置を講じて行うべき定めはない。

    (1) ロ   (2) イ、ロ   (3) イ、ハ   (4) ロ、ハ   (5) イ、ロ、ハ

［正解］(2) イ、ロ

［解説］

イ…○ 法第24条の5に基づく一般則第59条に、「特定高圧ガス消費者が消費する特定高圧ガス以外の高圧ガスの消費に係る技術上の基準に従うべき高圧ガスとして、可燃性ガス、毒性ガス、酸素及び空気」が指定されているので、正しい。

ロ…○ 法第24条の5に基づく一般則第60条第1項第16号に、「消費した後は、バルブを閉じ、容器の転倒及びバルブの損傷を防止する措置を講ずること」と定められており、一般則第59条で指定された酸素は適用されるので、正しい。

ハ…× 法第24条の5に基づく一般則第60条第1項第14号に、「溶接又は熱切断用の天然ガスの消費は、当該ガスの逆火、漏えい、爆発等による災害を防止するための措置を講じて行うこと」と定められているので、設問の「・・・講じて行う<u>べき定めはない</u>」は、誤り。

問10 次のイ、ロ、ハの記述のうち、特定高圧ガス消費者が消費する特定高圧ガス以外の高圧ガスの消費に係る技術上の基準について一般高圧ガス保安規則上正しいものはどれか。

イ．一般複合容器は、水中で使用することができる。

ロ．消費設備（家庭用設備に係るものを除く。）を開放して修理又は清掃するときは、その消費設備のうち開放する部分に他の部分からガスが漏えいすることを防止するための措置を講じなければならない。

ハ．酸素の消費は、消費設備の使用開始時及び使用終了時に消費施設の異常の有無を点検するほか、1日に1回以上消費設備の作動状況について点検し、異常があるときは、その設備の補修その他の危険を防止する措置を講じて消費しなければならない。

    (1) ロ   (2) イ、ロ   (3) イ、ハ   (4) ロ、ハ   (5) イ、ロ、ハ

［正解］(4) ロ、ハ

［解説］

法第24条の5に基づく一般則第60条に、特定高圧ガス消費者が消費する特定高圧ガス以外の高圧ガス（可燃性ガス、毒性ガス、酸素及び空気）の消費に係る技術上の基準が定められている。

イ…× 一般則第60条第1項第19号に、「一般複合容器は、<u>水中で使用しないこと</u>」と定められており、設問の「・・・水中で使用する<u>ことができる</u>」は、誤り。

ロ…〇　一般則第60条第1項第17号ニに、「消費設備を開放して修理又は清掃すると
　　　きは、当該消費設備のうち開放する部分に他の部分からガスが漏えいすることを防
　　　止するための措置を講ずること」と定められているので、正しい。
ハ…〇　一般則第60条第1項第18号に、「高圧ガスの消費は、その消費設備の使用開
　　　始時及び使用終了時に消費施設の異常の有無を点検するほか、1日に1回以上消費
　　　設備の作動状況について点検し、異常のあるときは、当該設備の補修その他の危険
　　　を防止する措置を講じてすること」と定められており、酸素は適用を受けるので、
　　　正しい。

問11　次のイ、ロ、ハの記述のうち、販売業者が容積0.15立方メートルを超える高圧
　　　ガスを容器（高圧ガスを燃料として使用する車両に固定した燃料装置用容器を除
　　　く。）により貯蔵する場合の技術上の基準について一般高圧ガス保安規則上正しい
　　　ものはどれか。
イ．「容器置場には、計量器等作業に必要な物以外の物を置いてはならない。」旨の定
　　めは、圧縮窒素の容器置場にも適用される。
ロ．圧縮空気は、充填容器及び残ガス容器にそれぞれ区分して容器置場に置くべき高
　　圧ガスとして定められていない。
ハ．酸素の充填容器と毒性ガスの充填容器は、それぞれ区分して容器置場に置かなけ
　　ればならない。
　　　⑴　イ　　　⑵　イ、ロ　　　⑶　イ、ハ　　　⑷　ロ、ハ　　　⑸　イ、ロ、ハ

［正解］⑶　イ、ハ
［解説］
法第15条第1項に基づく一般則第18条に、容積0.15立方メートルを超える高圧ガスを
容器（高圧ガスを燃料として使用する車両に固定した燃料装置用容器を除く。）によ
り貯蔵する場合の技術上の基準が定められている。
イ…〇　一般則第18条第2号ロで準用する一般則第6条第2項第8号ハに、「容器置
　　　場には、計量器等作業に必要な物以外の物を置かないこと」と定められている。こ
　　　の基準には除外される高圧ガスの種類は定められていないので、すべての高圧ガス
　　　に適用され、設問の「圧縮窒素の容器置場についても適用される」は、正しい。
ロ…✕　一般則第18条第2号ロで準用する一般則第6条第2項第8号イに、「充填容
　　　器等（充填容器等とは、充填容器及び残ガス容器を指す。）は、充填容器及び残ガ
　　　ス容器にそれぞれ区分して容器置場に置くこと」と定められている。この基準には
　　　除外される高圧ガスの種類は定められていないので、すべての高圧ガスに適用され、
　　　設問の「圧縮空気は、充填容器及び残ガス容器にそれぞれ区分して容器置き場に置
　　　くべき高圧ガスとして定められていない」は、誤り。
ハ…〇　一般則第18条第2号ロで準用する一般則第6条第2項第8号ロに、「可燃性
　　　ガス、毒性ガス、特定不活性ガス及び酸素の充填容器等（充填容器及び残ガス容器）
　　　は、それぞれ区分して容器置場に置くこと」と定められているので、正しい。

問12　次のイ、ロ、ハの記述のうち、販売業者が容積0.15立方メートルを超える高圧ガスを容器（高圧ガスを燃料として使用する車両に固定した燃料装置用容器を除く。）により貯蔵する場合の技術上の基準について一般高圧ガス保安規則上正しいものはどれか。

イ．圧縮空気を充填した一般複合容器は、その容器の刻印等において示された年月から15年を経過したものを高圧ガスの貯蔵に使用してはならない。

ロ．液化塩素を貯蔵する場合は、漏えいしたとき拡散しないように密閉構造の場所で行わなければならない。

ハ．窒素を車両に積載した容器により貯蔵することは禁じられているが、車両に固定した容器により貯蔵することは、いかなる場合でも禁じられていない。

　　(1) イ　　(2) イ、ロ　　(3) イ、ハ　　(4) ロ、ハ　　(5) イ、ロ、ハ

［正解］(1) イ
［解説］

法第15条第1項に基づく一般則第18条に、容積0.15立方メートルを超える高圧ガスを容器（高圧ガスを燃料として使用する車両に固定した燃料装置用容器を除く。）により貯蔵する場合の技術上の基準が定められている。

イ…○　一般則第18条第2号へに、「一般複合容器であって、当該容器の刻印等において示された年月から15年を経過したものを高圧ガスの貯蔵に使用しないこと」と定められているので、正しい。

ロ…×　一般則第18条第2号イに、「可燃性ガス及び毒性ガスの充填容器等（充填容器及び残ガス容器）により貯蔵する場合は、<u>通風の良い場所ですること</u>」と定めており、設問の「<u>液化塩素（毒性ガス</u>）の貯蔵は、漏えいしたとき拡散しないように<u>密閉構造の場所で行わなければならない</u>」は、誤り。

ハ…×　一般則第18条第2号ホに、「ただし書きに定める場合を除き、貯蔵は、船、車両若しくは鉄道車両に<u>固定し、又は積載した容器によりしないこと</u>」と定められており、<u>この基準には除外される高圧ガスの種類は定められていないので</u>、すべての高圧ガスに適用され、設問の「窒素を・・・車両に<u>固定した容器により貯蔵することは、いかなる場合でも禁じてはいない</u>」は、誤り。

　　なお、ただし書きに定める場合とは、緊急時に使用する高圧ガスを充てんしてある容器を消防緊急時に使用する車両に搭載した場合、及び第一種貯蔵所又は第二種貯蔵所において貯蔵される場合にはこの規定は適用されない。

問13　次のイ、ロ、ハの記述のうち、容器（配管により接続されていないもの）により高圧ガスを貯蔵する第二種貯蔵所に係る技術上の基準について一般高圧ガス保安規則上正しいものはどれか。

イ．圧縮酸素の容器置場には、直射日光を遮るための所定の措置を講じなければならない。

ロ．三フッ化窒素の容器置場には、その規模に応じ、適切な消火設備を適切な箇所に設けなければならない。

ハ．酸化エチレンの容器置場には、そのガスが漏えいしたときに安全に、かつ、速やかに除害するための措置を講じなければならない。

    (1) イ   (2) イ、ロ   (3) イ、ハ   (4) ロ、ハ   (5) イ、ロ、ハ

［正解］(5) イ、ロ、ハ

［解説］

容器により高圧ガスを貯蔵する第二種貯蔵所である容器置場は、法第18条第2項に基づく一般則第26条第2号に、「一般則第23条の第一種貯蔵所に係る技術上の基準に適合すること」と定められており、一般則第23条第3号に、「容器が配管により接続されていないものにあっては、一般則第6条第1項第42号の容器置場に係る技術上の基準に適合すること」と定められている。

イ…○　一般則第6条第1項第42号ホに、「充填容器等に係る容器置場（可燃性ガス及び<u>酸素</u>のものに限る。）には、直射日光を遮るための措置を講ずること」と定められているので、正しい。

    所定の措置とは、当該ガスが漏えいし、爆発したときに発生する爆風が上方向に解放されることを妨げないものをいう。

ロ…○　一般則第6条第1項第42号ヌに、「可燃性ガス、特定不活性ガス、酸素及び<u>三フッ化窒素</u>の容器置場には、その規模に応じ、適切な消火設備を適切な箇所に設けること」と定められているので、正しい。

ハ…○　一般則第6条第1項第42号チに、「特殊高圧ガス、五フッ化ヒ素等、・・・<u>酸化エチレン</u>の容器置場には、当該ガスが漏えいしたときに安全に、かつ、速やかに除害するための措置を講ずること」と定められているので、正しい。

問14　次のイ、ロ、ハの記述のうち、車両に固定した容器（高圧ガスを燃料として使用する車両に固定した燃料装置用容器を除く。）による高圧ガスの移動に係る技術上の基準等について一般高圧ガス保安規則上正しいものはどれか。

イ．質量1000キログラム以上の液化塩素を移動するときは、移動監視者にその移動について監視させているので、移動開始時に漏えい等の異常の有無を点検すれば、移動終了時の点検は行う必要はない。

ロ．質量3000キログラム以上の液化酸素を移動するときは、高圧ガス保安協会が行う移動に関する講習を受けていないが、乙種機械責任者免状の交付を受けている者を、移動監視者として充てることができる。

ハ．容積300立方メートル以上の圧縮水素を移動するとき、あらかじめ講じるべき措置の一つに、移動時にその容器が危険な状態になった場合又は容器に係る事故が発生した場合における荷送人へ確実に連絡するための措置がある。

    (1) ハ   (2) イ、ロ   (3) イ、ハ   (4) ロ、ハ   (5) イ、ロ、ハ

［正解］(4) ロ、ハ

［解説］

法第23条第1項及び第2項に基づく一般則第49条に、車両に固定した容器（高圧ガス

を燃料として使用する車両に固定した燃料装置用容器を除く。）による高圧ガスの移動に係る技術上の基準等が定められている。なお、「技術上の基準等」とは、高圧ガスを移動する容器に講じるべき保安上必要な措置及び車両による移動の積載方法並びに移動方法に係る技術上の基準の両方をいう。

イ…×　一般則第49条第1項第17号に、「同項第17号に定められた高圧ガス（設問の質量1000キログラム以上の液化塩素）を移動するときは、移動監視者にその移動について監視させること」と定められている。また、同項第13号には、「移動を開始するとき及び終了したときは、その移動する高圧ガスの漏えい等の異常の有無を点検し、異常があるときは、補修その他の危険を防止するための措置を講ずること」と定められており、移動監視者に監視させた場合はこの規準（第13号の基準）を除外するとの定めはないので、設問の「移動監視者にその移動について監視させているので、・・・移動終了時の点検は行う必要はない」は、誤り。

なお、「同項第17号に定められた高圧ガス」とは、
同号イで、圧縮ガス（特殊高圧ガスのものを除く）のうち
（イ）容積が300立方メートル以上の可燃性ガス及び酸素
（ロ）容積が100立方メートル以上の毒性ガス
同号ロで、液化ガス（特殊高圧ガスのものを除く）のうち
（イ）質量が3000キログラム以上の可燃性ガス及び酸素
（ロ）質量が1000キログラム以上の毒性ガス
（ハ）第7条の3第2項の圧縮水素スタンドに液化水素の貯槽に充填する液化水素
同号ハで、特殊高圧ガスである。

ロ…○　一般則第49条第1項第17号に、「同項第17号に定められた高圧ガス（設問の質量3000キログラム以上の液化酸素）を移動するときは、甲種化学責任者免状、乙種化学責任者免状、・・・若しくは、乙種機械責任者免状の交付を受けている者又は高圧ガス保安協会が行う高圧ガスの移動に関する講習を受け、当該講習の検定に合格した者に当該高圧ガスの移動について監視させること」と定められており、乙種機械責任者免状の交付を受けている者は、高圧ガス保安協会が行う高圧ガスの移動に関する講習を受けなくても移動監視者の資格があるので、正しい。

ハ…○　一般則第49条第1項第19号イに、「第17号に該当する高圧ガス（設問の容積300立方メートル以上の圧縮水素）を移動するときは、あらかじめ講じるべき措置の一つに、荷送人へ確実に連絡するための措置」が定められているので、正しい。

問15　次のイ、ロ、ハの記述のうち、車両に積載した容器（内容積が47リットルのもの）による高圧ガスの移動に係る技術上の基準等について一般高圧ガス保安規則上正しいものはどれか。

イ．販売業者が販売のための二酸化炭素を移動するときは、その車両に警戒標を掲げる必要はない。

ロ．塩素の残ガス容器とアセチレンの残ガス容器は、同一の車両に積載して移動してはならない。

ハ．酸素の残ガス容器とメタンの残ガス容器を同一の車両に積載して移動するときは、これらの容器バルブが相互に向き合わないようにする必要はない。

     (1) イ   (2) ロ   (3) イ、ハ   (4) ロ、ハ   (5) イ、ロ、ハ

［正解］(2) ロ
［解説］

法第23条第1項及び第2項に基づく一般則第50条に、車両に積載した容器による高圧ガスの移動に係る技術上の基準等が定められている。

イ…×　一般則第50条第1号に「充填容器等を車両に積載して移動するときは、当該車両の見やすい箇所に警戒標を掲げること」と定められており、警戒標を掲げる必要のない高圧ガスの種類や販売業者などが販売のため移動などに関する除外の定めが同条第1号ただし書きにないので、設問の「販売業者が販売のための二酸化炭素を移動するとき、その車両に<u>警戒標を掲げる必要はない</u>」は、誤り。

ロ…○　一般則第50条第6号ロに、「<u>塩素の充填容器等（充填容器及び残ガス容器）とアセチレン</u>、アンモニア又は水素の充填容器等（充填容器及び残ガス容器）を<u>同一車両に積載して移動しないこと</u>」と定められているので、正しい。

ハ…×　一般則第50条第7号に「<u>可燃性ガス（メタン）の充填容器等（充填容器及び残ガス容器）と酸素の充填容器等（充填容器及び残ガス容器）とを同一車両に積載して移動するときは、これらの充填容器等のバルブの向きあわないようにすること</u>」と定められているので、設問の「同一の車両に積載して移動するときは、<u>これらの容器バルブが相互に向き合わないようにする必要はない</u>」は、誤り。

問16　次のイ、ロ、ハの記述のうち、高圧ガスの廃棄に係る技術上の基準について一般高圧ガス保安規則上正しいものはどれか。

イ．可燃性ガスの廃棄に際して、その充填容器又は残ガス容器を加熱するときは、熱湿布を使用してよい。

ロ．水素ガスの残ガス容器は、そのまま土中に埋めて廃棄してよい。

ハ．特定不活性ガスは、廃棄に係る技術上の基準に従うべき高圧ガスである。

     (1) イ   (2) イ、ロ   (3) イ、ハ   (4) ロ、ハ   (5) イ、ロ、ハ

［正解］(3) イ、ハ
［解説］

イ…○　法第25条に基づく一般則第62条第8号イに、充填容器等（充填容器又は残ガス容器）の加熱方法の一つとして、「熱湿布を使用すること」が定められており、すべての高圧ガスが適用されるので、正しい。

ロ…×　法第36条第1項に基づく一般則第84条第4号に定める充填容器が外傷又は火災を受けたとき等に、危険時の応急の措置として土中に埋めること以外は、法第25条に基づく一般則第62条第1号に、「廃棄は、容器とともに行わないこと」と定められており、充填された水素ガスとともに<u>容器を土中に埋めて廃棄することはできない</u>ので、設問の「<u>廃棄してもよい</u>」は、誤り。

ハ…〇　法第25条に基づく一般則第61条に、「廃棄に係る技術上の基準に従うべき高
　　圧ガスとして、可燃性ガス、毒性ガス、特定不活性ガス及び酸素とする」と指定さ
　　れているので、正しい。

問17　次のイ、ロ、ハの記述のうち、高圧ガスの販売の方法に係る技術上の基準につ
　　いて一般高圧ガス保安規則上正しいものはどれか。
イ．不活性ガスのみを販売する販売業者であっても、そのガスの引渡し先の保安状況
　　を明記した台帳を備えなければならない。
ロ．残ガス容器の引き渡しであれば、外面に容器の使用上支障のある腐食、割れ、す
　　じ、しわ等があるものを引き渡してもよい。
ハ．圧縮天然ガスの充塡容器及び残ガス容器は、その容器の容器再検査の期間６ヶ月
　　以上経過したものを引き渡してはならない。
　　　⑴　イ　　　⑵　イ、ロ　　　⑶　イ、ハ　　　⑷　ロ、ハ　　　⑸　イ、ロ、ハ

　［正解］⑶　イ、ハ
　［解説］
法第20条の６第１項に基づく一般則第40条に、高圧ガスの販売の方法に係る技術上の
基準が定められている。
イ…〇　一般則第40条第１号に、「販売業者等は、高圧ガスの引渡し先の保安状況を
　　明記した台帳を備えること」と定められており、保安状況を明記した台帳を備える
　　必要のない高圧ガスの種類は定められていないので、すべての高圧ガスが適用され、
　　設問の「不活性ガスのみを販売する販売業者であっても、そのガスの引渡し先の保
　　安状況を明記した台帳を備えなければならない」は、正しい。
　　　なお、「販売業者等」とは、法第20条の４本文の規定により、高圧ガスの販売の
　　事業を営む旨を都道府県知事に届け出た者（販売業者という。）と高圧ガスの販売
　　の事業を営む第一種製造者であって、法第20条の４第１号の規定により、高圧ガス
　　の販売の事業を営む旨を都道府県知事に届け出なくてもよい者の両者をいう。
ロ…✕　一般則第40条第２号に、「充塡容器等（充塡容器及び残ガス容器）の引渡し
　　は、外面に容器の使用上支障のある腐食、割れ、すじ、しわ等がなく、かつ、その
　　ガスが漏えいしていないものをもってすること」と定められているので、設問の
　　「・・外面に容器の使用上支障のある腐食、割れ、すじ、しわ等があるものを引き
　　渡してもよい」は、誤り。
ハ…〇　一般則第40条第３号に、「圧縮天然ガスの充塡容器等（充塡容器又は残ガス
　　容器）の引渡しは、その容器の容器再検査の期間を６か月以上経過していないもの
　　であり、かつ、その旨を明示したものをもってすること」と定められているので、
　　正しい。

問18　次のイ、ロ、ハの記述のうち、高圧ガスの販売業者について正しいものはどれか。

イ．メタンを販売する販売所には、第一種販売主任者免状の交付を受け、かつ、アンモニアの販売に関する6ヶ月以上の経験を有する者を販売主任者に選任することができる。

ロ．酸素とアセチレンガスを販売している販売所において、その販売する高圧ガスの種類の変更として二酸化炭素を追加したときは、その旨を遅滞なく、都道府県知事等に届け出なければならない。

ハ．選任していた販売主任者を解任し、新たに選任した場合には、その新たに選任した販売主任者についてのみ、その旨を都道府県知事等に届け出なければならない。

　　⑴ ロ　　　⑵ イ、ロ　　　⑶ イ、ハ　　　⑷ ロ、ハ　　　⑸ イ、ロ、ハ

［正解］⑵ イ、ロ

［解説］

イ…○　法第28条第1項に基づく一般則第72条第2項に、「メタンを販売する販売所の販売主任者は、・・・又は第一種販売主任者免状の交付を受け、かつ、同項の表の1番目、2番目又は3番目の枠の下欄のガスの種類の製造又は販売に関する6か月以上の経験を有する者を選任しなければならない」と定められており、2番目欄の下欄のガスの種類にアンモニアが掲げられているので、メタンを販売する販売所の販売主任者の選任に必要な経験としてアンモニアの販売に関する6ヶ月以上の経験は認められる。したがって、設問の「メタンを販売する販売所には、第一種販売主任者免状の交付を受け、かつ、アンモニアの販売に関する6ヶ月以上の経験を有する者を販売主任者に選任することができる」は、正しい。

ロ…○　法第20条の7に、「販売業者は、販売をする高圧ガスの種類を変更したときは、遅滞なく、その旨を都道府県知事に届け出なければならない」と定められているので、正しい。

　　なお、参考までに、「高圧ガス保安法及び関係政省令の運用及び解釈について（内規）」で、次の（イ）から（ハ）までに掲げる同一区分内の高圧ガスの種類の変更は、都道府県知事への届出が免除されている。

　　（イ）冷凍設備内の高圧ガス

　　（ロ）液化石油ガス（炭素数3又は4の炭化水素を主成分とするものに限り、（イ）を除く。）

　　（ハ）不活性ガス（（イ）を除く。）

ハ…×　法第28条第3項で販売主任者の選任又は解任したときの手続について法第27条の2第5項を準用しており、法第27条の2第5項は、「販売業者は、法第28条第1項の規定により販売主任者を選任したときは、遅滞なく、経済産業省令で定めるところにより、その旨を都道府県知事に届け出なければならない。これを解任したときも、同様とする。」と読み替えることになり、解任した販売主任者についても都道府県知事に届け出なければならないので、設問の「選任していた販売主任者を解任し、新たに選任した場合には、その新たに選任した販売主任者についてのみ、その旨を都道府県知事等に届け出なければならない」は、誤り。

問19　次のイ、ロ、ハのうち、販売業者が販売する高圧ガスを購入して溶接又は熱切
　　　断の用途に消費する者に対し、所定の方法により、その高圧ガスによる災害の発生
　　　の防止に関し必要な所定の事項を周知させなければならない場合、その対象となる
　　　高圧ガスとして一般高圧ガス保安規則上正しいものはどれか。

イ．酸素
ロ．水素
ハ．アルゴン

　　　(1) イ　　　(2) ロ　　　(3) イ、ロ　　　(4) イ、ハ　　　(5) イ、ロ、ハ

［正解］(1) イ
［解説］
溶接又は熱切断用の高圧ガスは、法第20条の5第1項に基づく一般則第39条第1項第
1号に周知させるべき高圧ガスとしてアセチレン、天然ガス又は酸素が指定されてい
る。
イ…○　酸素は、周知させるべき高圧ガスに指定されているので、正しい。
ロ…×　水素は、周知させるべき高圧ガスに指定されていないので、誤り。
ハ…×　アルゴンは、周知させるべき高圧ガスに指定されていないので、誤り。

問20　次のイ、ロ、ハの記述のうち、販売業者が販売する高圧ガスを購入して消費す
　　　る者に対し、所定の方法により、その高圧ガスによる災害の発生の防止に関し必要
　　　な所定の事項を周知させなければならない場合、その周知させるべき事項について
　　　一般高圧ガス保安規則上正しいものはどれか。

イ．「消費設備に関し注意すべき基本的な事項」のうち、「消費設備の操作及び管理」
　　は、その周知させるべき事項の一つであるが、「消費設備の点検」は、周知させる
　　べき事項に該当しない。
ロ．「使用する消費設備のその販売する高圧ガスに対する適応性に関する基本的な事
　　項」は、周知させるべき事項の一つである。
ハ．「ガス漏れを感知した場合その他高圧ガスによる災害が発生し、又は、発生する
　　恐れがある場合に消費者がとるべき緊急の措置及び販売業者に対する連絡に関する
　　基本的な事項」は周知させるべき事項の一つである。

　　　(1) イ　　　(2) ロ　　　(3) イ、ロ　　　(4) ロ、ハ　　　(5) イ、ロ、ハ

［正解］(4) ロ、ハ
［解説］
法第20条の5第1項に基づく一般則第39条第2項に、当該高圧ガスによる災害の発生
の防止に関し必要な所定の事項を周知させなければならない場合、その周知させるべ
き事項が定められている。
イ…×　一般則第39条第2項第2号に、周知させるべき事項の一つとして「消費設備
　　　の操作、管理及び点検に関し注意すべき基本的な事項」が定められているので、設
　　　問の「消費設備の点検は、周知させるべき事項に該当しない」は、誤り。

ロ…〇　一般則第39条第2項第1号に、「使用する消費設備のその販売する高圧ガスに対する適応性に関する基本的な事項」は、周知させるべき事項の一つとして定められているので、正しい。

ハ…〇　一般則第39条第2項第5号に、「ガス漏れを検知した場合その他高圧ガスによる災害が発生し、又は発生する恐れがある場合に消費者がとるべき緊急の措置及び販売業者等に対する連絡に関する基本的な事項」は、周知させるべき事項の一つとして定められているので、正しい。

令和2年度

法 令 試 験 問 題

(令和2年11月8日実施)

　次の各問について、高圧ガス保安法に係る法令上正しいと思われる最も適切な答え
をその問の下に掲げてある(1)、(2)、(3)、(4)、(5)の選択肢の中から1個選びなさい。

　なお、経済産業大臣が危険のおそれのないと認めた場合等における規定は適用しな
い。

　(注)試験問題中、「都道府県知事等」とは、都道府県知事又は高圧ガス保安法に関
する事務を処理する指定都市の長をいう。

問1　次のイ、ロ、ハの記述のうち、正しいものはどれか。

イ．販売業者は、その所有し、又は占有する高圧ガスについて災害が発生したときは、
　遅滞なくその旨を都道府県知事等又は警察官に届け出なければならないが、その所
　有し、又は占有する容器を喪失したときは、その旨を都道府県知事等又は警察官に
　届け出なくてよい。

ロ．特定高圧ガス消費者は、事業所ごとに、消費開始の日の20日前までに特定高圧ガ
　スの消費について所定の書面を添えて都道府県知事等に届け出なければならない。

ハ．高圧ガスの販売の事業を営もうとする者は、販売所ごとに、事業の開始後、遅滞
　なく、その旨を都道府県知事等に届け出なければならない。

　　(1) イ　　　(2) ロ　　　(3) イ、ハ　　　(4) ロ、ハ　　　(5) イ、ロ、ハ

〔正解〕(2) ロ

〔解説〕

イ…×　高圧ガス保安法（以下「法」という）第63条第1項第1号に、「販売業者は、
　その所有し、又は占有する高圧ガスについて災害が発生したときは、遅滞なく、そ
　の旨を都道府県知事又は警察官に届け出なければならない」と定められている。ま
　た、同項第2号には、「販売業者は、その所有し、又は占有する容器を喪失し、又
　は盗まれたときは、遅滞なく、その旨を都道府県知事又は警察官に届け出なければ
　ならない」と定められている。

　　設問の「・・・占有する容器を喪失したときは、その旨を都道府県知事等又は警
　察官に届け出なくてよい」は、同項第2号の規準に適合しないので、誤り。

ロ…○　法第24条の2第1項に、「特定高圧ガス消費する者（特定高圧ガス消費者）
　は事業所ごとに消費の開始前の20日前までに届け出なければならない」と定められ
　ているので、正しい。

ハ…×　法第20条の4本文に、「高圧ガスの販売の事業を営もうとする者は、特に定
　められた場合を除き、販売所ごとに、事業開始の日の20日前までに、・・・その旨
　を都道府県知事に届け出なければならない」と定められているので、設問の

「・・・販売所ごとに、事業の開始後、遅滞なく・・・」は、誤り。

　なお、「特に定められた場合」とは、同条第１号の、高圧ガスの充てん所のような高圧ガスの製造の許可を受けた者がその製造をした高圧ガスをその事業所において販売するとき、及び同条第２号の医療用の圧縮酸素その他の政令第６条で定める高圧ガスの販売を営む者が、貯蔵数量が常時容積５立方メートル未満の販売所において販売するときをいい、これらの者は、都道府県知事への販売事業の届出は不要である。

問２　次のイ、ロ、ハの記述のうち、正しいものはどれか。

イ．高圧ガスが充填された容器が危険な状態となった事態を発見した者は、直ちに、その旨を都道府県知事等又は警察官、消防吏員若しくは消防団員若しくは海上保安官に届け出なければならない

ロ．販売業者がその販売所（特に定められたものを除く。）において指定した場所では、その販売業者の従業者を除き、何人も火気を取り扱ってはならない。

ハ．容器に充填してある高圧ガスの輸入をした者は、輸入した高圧ガスのみについて、都道府県知事等が行う輸入検査を受け、これが輸入検査技術基準に適合していると認められた場合には、その高圧ガスを移動することができる。

　　⑴　イ　　　⑵　イ、ロ　　　⑶　イ、ハ　　　⑷　ロ、ハ　　　⑸　イ、ロ、ハ

［正解］⑴　イ

［解説］

イ…○　法第36条第２項に、「前項の事態（高圧ガスを充てんした容器が危険な状態となったとき）を発見したものは、直ちに、その旨を都道府県知事等又は警察官、消防吏員若しくは消防団員若しくは海上保安官に届け出なければならない」と定められているので、正しい。

ロ…×　法第37条第１項に、「何人も、販売所において販売業者が指定する場所で火気を取り扱ってはならない」と定められている。

　何人には例外規定がないので、販売業者の従業者もこの基準の適用を受けることになる。

　　したがって、設問の「・・・その販売業者の従業者を除き、」は、誤り。

　　なお、設問中の特に定められたものとは、法20条の４第２号の医療用の圧縮酸素その他の政令第６条で定める高圧ガスの販売を営む者が、貯蔵数量が常時容積5立方メートル未満の販売所において販売するときをいう。

ハ…×　法第22条第１項に、「高圧ガスを輸入したものは、輸入した高圧ガス及びその容器につき、都道府県が行う輸入検査を受け、これらが輸入検査技術基準に適合していると認められた後でなければ、これを移動することができない」と定められており、高圧ガスの輸入検査は、高圧ガス及びその容器の双方が検査の対象なので、設問の「輸入した高圧ガスについてのみ、輸入検査を受け・・・・」は、誤り。

問3　次のイ、ロ、ハの記述のうち、正しいものはどれか。

イ．高圧ガス保安法は、高圧ガスによる災害を防止し、公共の安全を確保する目的のために、高圧ガスの容器の製造及び取扱いについても規制している。

ロ．販売業者である法人について合併があり、その合併により新たに法人を設立した場合、その法人は販売業者の地位を承継する。

ハ．常用の温度において圧力が0.2メガパスカル未満である液化ガスであって、圧力が0.2メガパスカルとなる場合の温度が35度以下であるものは高圧ガスではない。

　　(1) イ　　(2) ハ　　(3) イ、ロ　　(4) ロ、ハ　　(5) イ、ロ、ハ

［正解］(3) イ、ロ

［解説］

イ…〇　法第1条に、「この法律は、高圧ガスによる災害を防止するため、高圧ガスの製造、貯蔵、販売、移動その他の取扱い及び消費並びに容器の製造及び取扱いを規制するとともに、・・・もって公共の安全を確保する目的とする」と定められているので、正しい。

ロ…〇　法第20条の4の2第1項に、「販売事業の届出を行った者が当該届出に係る事業の全部を譲渡し、又は販売業者について相続、合併もしくは分割あったときは、・・・合併後存続する法人若しくは合併により設立した法人によりその事業の全部を承継した法人は、販売事業の地位を承継する」と定められているので、正しい。

ハ…✕　法第2条第3号に、高圧ガスとして法の適用受ける液化ガスが定義されている。

　　同号の前段は、「常用の温度（容器の場合はその容器が置かれている環境の温度、設備の場合はその設備が正常な状態で運転されているときの温度）において圧力が0.2メガパスカル以上となる液化ガスであって、現に（現在の温度）その圧力が0.2メガパスカル以上とであるもの」は高圧ガスであると定義し、また、同号の後段（又は以降の定義）では、「圧力が0.2メガパスカル以上となる場合の温度35度以下である液化ガス」は高圧ガスであると定義している。

　　設問の液化ガスは、温度圧力が0.2メガパスカルになる場合の温度が35度以下なので、後段の定義に該当する高圧ガスになるので、「・・・35度以下であるものは高圧ガスではない」は、誤り。

　　なお、高圧ガスの定義における圧力はゲージ圧力をいう。

問4　次のイ、ロ、ハの記述のうち、正しいものはどれか。

イ．温度15度において圧力が0.2メガパスカルとなる圧縮アセチレンガスは高圧ガスである。

ロ．一般高圧ガス保安規則に定められている高圧ガスの移動に係る技術上の基準等に従うべき高圧ガスは、可燃性ガス、毒性ガス及び酸素の3種類のみである。

ハ．特定高圧ガス消費者が消費する特定高圧ガス以外の高圧ガスであって、その消費に係る技術上の基準に従うべき高圧ガスとして一般高圧ガス保安規則で定められて

いるものは、可燃性ガス（高圧ガスを燃料として使用する車両において、その車両の燃料の用のみに消費される高圧ガスを除く。）毒性ガス、酸素及び空気である。

    ⑴ イ   ⑵ ロ   ⑶ イ、ハ   ⑷ ロ、ハ   ⑸ イ、ロ、ハ

［正解］⑶ イ、ハ

［解説］

イ…〇 法第2条第2号に、高圧ガスとして法の適用受ける圧縮アセチレンガスが定義されている。

    同号の前段は、「常用の温度において圧力が0.2メガパスカル以上となる圧縮アセチレンガスであって、現に（現在の温度）その圧力が0.2メガパスカル以上であるもの」は高圧ガスであると定義し、また同号の後段は、「温度15度において圧力が0.2メガパスカル以上となる圧縮アセチレンガス」は高圧ガスであると定義している。

    設問の圧縮アセチレンガスは、温度15度において圧力が0.2メガパスカルなるので、後段の定義に該当する高圧ガスになので、正しい。

    なお、高圧ガスの定義における圧力はゲージ圧力をいう。

ロ…✕ 高圧ガスの移動に係る技術上の基準等（保安上の措置及び技術上の基準）は、法第23条に基づく一般高圧ガス保安規則（以下「一般則」という）第48条、第49条（車両に固定した容器による移動の基準等）及び第50条（車両に積載した容器による移動の基準等）に定められている。

    <u>これらの基準の適用を受けない高圧ガスの種類は、特に定められていないので、すべての高圧ガスが適用を受けることになり</u>、設問の「高圧ガスの移動に係る技術上の基準等に従うべき高圧ガスは、可燃性ガス、毒性ガス及び酸素の<u>3種類のみである</u>」は、誤り。

ハ…〇 法第24条の5に基づく一般則第59条に、「特定高圧ガス消費者が消費する特定高圧ガス以外の高圧ガスの消費に係る技術上の基準に従うべき高圧ガスとして、可燃性ガス、毒性ガス、酸素及び空気」が指定されているので、正しい。

問5 次のイ、ロ、ハのうち、販売業者が販売のため一つの容器置場に高圧ガスを貯蔵する場合、第一種貯蔵所において貯蔵しなければならないものはどれか。

イ．容積1200立方メートルの圧縮窒素及び600立方メートルの圧縮アセチレン

ロ．容積300立方メートルの圧縮酸素及び質量700キログラムの液化酸素

ハ．質量3000キログラムの液化アンモニア

    ⑴ イ   ⑵ ハ   ⑶ イ、ロ   ⑷ ロ、ハ   ⑸ イ、ロ、ハ

［正解］⑴ イ

［解説］

第一種貯蔵所とは、法第16条第1項に定める「容積300立方メートル（当該政令で定めるガスの種類ごとに300立方メートルを超える政令（高圧ガス保安法施行令）第5条で定める値）以上の高圧ガスを貯蔵する貯蔵所のこと」をいいます。

また、法第16条第３項には、「同条第１項（容積300立方メートル以上の高圧ガスを貯蔵する貯蔵所）の場合において、貯蔵する高圧ガスが液化ガス又は液化ガス及び圧縮ガスであるときは、液化ガス10キログラムをもって容積１立方メートルとみなして、第１項の規定を適用する」と、みなし規定が定められている。

なお、第一種ガスには、ヘリウム、ネオン、アルゴン、クリプトン、キセノン、ラドン、窒素、二酸化炭素、フルオロカーボン（可燃性のものを除く）、又は空気が指定されている。また、第二種ガスは、第三種ガスを除いた第一種ガス以外のガスのことをいいますが、第三種ガスに指定されているガスはありません。

高圧ガス（例えば、窒素の場合は）の呼称は，気体の状態の場合は「窒素ガス又は圧縮窒素」、液体の状態の場合は「液化窒素」と呼び，双方を指す場合は「窒素」といいます。（参照：「高圧ガス保安法及び関係政省令の運用及び解釈について（内規）」）

イ…○　第一種ガスの圧縮窒素（窒素）と第二種ガスの圧縮アセチレン（アセチレン）の双方を貯蔵する場合の政令第５条で定める値（容積）は、同条の表の３番目の枠（政令第５条表第３号）の下欄に、「1000立方メートルを超え3000立方メートル以下の範囲内において経済産業省令で定める値（一般則第103条で定める値）」と定められている。

一般則第103条では、次式により値（N）を求めると定められている。

N＝1000＋２／３×M

（Nは、政令第５条で定める値（容積（㎥））

（Mは、当該貯蔵所における第一種ガスの貯蔵設備に貯蔵することができるガスの容積（㎥））

そこで、設問の第一種ガスの圧縮窒素1200立方メートルをMに代入して、Nを算出するとN＝1000＋２／３×1200＝1800立方メートルとなります。

一方、設問の貯蔵しようとするガスの容積の合計は、

1200立方メートル（圧縮窒素）＋600立方メートル（圧縮アセチレン）＝1800立方メートルで、政令第５条で定める値（N＝1800立方メートル）以上になり、第一種貯蔵所において貯蔵しなければならない高圧ガスの貯蔵量になるので、正しい。

ロ…×　第二種ガスの酸素を貯蔵する場合の政令第５条で定める値（容積）は、同条の表の２番目の枠（政令第５条表第２号）の下欄で、値が1000立方メートルと定められている。

また、設問のように圧縮酸素（圧縮ガス）と液化酸素（液化ガス）の双方を貯蔵する場合の容積の算出は、法16条第３項の規定（貯蔵する高圧ガスが液化ガスであるときは、質量10キログラムをもって容積１立方メートルとみなす）に従い、設問の質量700キログラムの液化酸素のみなし容積は、70立方メートルになる。

したがって、設問の貯蔵しようとするガスの容積の合計は、

容積300立方メートル（圧縮酸素）＋容積70立方メートル（液化酸素のみなし容積）
＝370立方メートル　となり、

政令第５条で定める値の1000立方メートルに満たないため、第一種貯蔵所には該当しないので、誤り。

ハ…✕　第二種ガスのアンモニアを貯蔵する場合は、酸素と同じように<u>政令第5条で</u>
<u>定める値</u>（容積）は、同条の表の2番目の枠（政令第5条表第2号）の下欄で、<u>値</u>
<u>が1000立方メートル</u>と定められている。

　　設問の質量3000キログラムのアンモニアのみなし容積は、法16条第3項の規定に
従い算出すると<u>300立方メートル</u>となり、<u>政令第5条で定める値の1000立方メート</u>
<u>ルに満たない</u>ため、第一種貯蔵所に該当しないので、誤り。

問6　次のイ、ロ、ハの記述のうち、高圧ガスを充塡するための容器に表示すべき事
　　項について容器保安規則上正しいものはどれか。
イ．可燃性ガスを充塡する容器に表示すべき事項の一つに、その高圧ガスの性質を示
　　す文字「燃」の明示がある。
ロ．液化塩素を充塡する容器には、黄色の塗色がその容器の外面の見やすい箇所に、
　　容器の表面積の2分の1以上について施されている。
ハ．圧縮窒素を充塡する容器の外面には、いかなる場合であっても、容器の所有者
　　（容器の管理業務を委託している場合にあっては容器の所有者又はその管理業務受
　　託者）の氏名又は名称、住所及び電話番号を明示することは定められていない。
　　　⑴　イ　　　⑵　イ、ロ　　　⑶　イ、ハ　　　⑷　ロ、ハ　　　⑸　イ、ロ、ハ

［正解］⑵　イ、ロ
［解説］
イ…〇　法第46条第1項に基づく容器保安規則（以下「容器則」という）第10条第1
　　項第2号ロに、可燃性ガスを充塡する容器に表示すべき事項の一つに、その高圧ガ
　　スの性質を示す文字<u>「燃」</u>の明示が、定められているので、正しい。
ロ…〇　法第46条第1項に基づく容器則第10条第1項第1号に、液化塩素を充てんす
　　る容器に表示をすべき事項の一つとして、「その容器の表面積の<u>2分の1以上につ</u>
　　<u>いて黄色の塗色を行うものとする</u>」と定められているので、正しい。
ハ…✕　法第46条第1項に基づく容器則第10条第1項第3号に、「容器の外面に容器
　　の所有者（容器の管理業務を委託している場合にあっては容器の所有者又はその管
　　理業務受託者）の氏名又は名称、住所及び電話番号を明示するものとする」と定め
　　られている。
　　　<u>この基準の適用を受けない高圧ガスの種類は特に定められていないので、すべて</u>
　　<u>の高圧ガス適用を受けることになり、</u>設問の「<u>圧縮窒素</u>を充塡する容器の外面に
　　は、・・・・<u>明示することは定められていない</u>」は、誤り。
　　　なお、設問中のいかなる場合とは、この基準のただし書きのイ、ロ、ハに掲げる
　　液化石油ガス自動車燃料装置用容器などのことをいい、この基準からは除外されて
　　いる。

問7　次のイ、ロ、ハの記述のうち、高圧ガスを充塡するための容器（再充塡禁止容器を除く。）及びその附属品について容器保安規則上正しいものはどれか。

イ．容器の付属品であるバルブに刻印すべき事項の一つに、耐圧試験における圧力（記号　ＴＰ、単位　メガパスカル）及びＭがある。

ロ．液化ガスを充塡する容器には、その容器の内容積（記号　Ｖ、単位　リットル）のほか、その容器に充塡することができる最大充塡質量（記号　Ｗ、単位　キログラム）の刻印がされている。

ハ．一般継ぎ目なし容器の容器再検査の期間は、その容器の製造後の経過年数に関係なく一律に定められている。

　　(1) イ　　(2) イ、ロ　　(3) イ、ハ　　(4) ロ、ハ　　(5) イ、ロ、ハ

［正解］(3) イ、ハ
［解説］
イ…○　法第49条の3第1項に基づく容器則第18条第1項第6号に、容器の付属品であるバルブに刻印すべき事項の一つに、耐圧試験における圧力（記号　ＴＰ、単位　メガパスカル）及びＭが定められているので、正しい。

ロ…×　法第45条第1項に基づく容器則第8条第1項第6号に、その容器に刻印すべき事項の一つとして、その容器の内容積（記号　Ｖ、単位　リットル）の刻印は定められているが、最大充塡質量（記号　Ｗ、単位　キログラム）の刻印は、容器則第8条（刻印等の方式）に定められていないので、誤り。

　　なお、液化ガスを容器に充塡することができる質量は、法第48条第4項1号に基づく容器則第22条に、「その容器の内容積と充塡する液化ガスの種類に応じた定数により計算した質量（Ｇ）より以下のものであること」と定められている。

　　　Ｇ＝Ｖ／Ｃ

　　　　Ｇ：液化ガスの質量、Ｖ：容器の内容積、Ｃ：液化ガスの種類に応じた定数

　　また、設問中の（記号　Ｗ、単位　キログラム）の刻印は、同条第1項第7号に、その容器に刻印すべき事項の一つとして、「付属品を含まない容器の質量」と定められている。

ハ…○　法第48条第1項第5号に基づく容器則第24条第1項第3号に、一般継目なし容器の容器再検査の期間は、製造後の経過年数に関係なく5年と定められているので、正しい。

問8　次のイ、ロ、ハの記述のうち、特定高圧ガス消費者に係る技術上の基準について一般高圧ガス保安規則上正しいものはどれか。

イ．特殊高圧ガスの貯蔵設備に取り付けた配管には、そのガスが漏えいしたときに安全に、かつ、速やかに遮断するための措置を講じなければならない。

ロ．液化アンモニアの消費施設は、その貯蔵設備の外面から第一種保安物件及び第二種保安物件に対し、それぞれ所定の距離以上の距離を有しなければならないが、減圧設備については、その定めはない。

ハ．液化塩素の消費設備に係る配管、管継手又はバルブの接合は、特に定める場合を除き、溶接により行わなければならないが、特殊高圧ガス又は液化アンモニアについては、その定めはない。

　　　⑴　イ　　　⑵　ロ　　　⑶　イ、ロ　　　⑷　イ、ハ　　　⑸　イ、ロ、ハ

［正解］⑴　イ
［解説］
法第24条の３第１項及び第２項に基づく一般則第55条に、特定高圧ガスの消費者に係る技術上の基準が定められている。
イ…〇　一般則第55条第１項第18号に、「特殊高圧ガスの貯蔵設備に取り付けた配管には、そのガスが漏えいしたときに安全に、かつ、速やかに遮断するための措置を講ずること」と定められているので、正しい。
ロ…×　一般則第55条第１項第２号に、「消費施設は、その貯蔵設備及び<u>減圧設備</u>の外面から、第一種保安物件に対し第一種設備距離以上、第二種保安物件に対し第二種設備距離以上の距離を有すること」と定められており、設問の「・・・<u>減圧設備については、その定めはない</u>」は、誤り。
ハ…×　一般則第55条第１項第23号に、「<u>特殊高圧ガス、液化アンモニア</u>又は液化塩素の消費設備に係る配管、管継手又はバルブの接合は、溶接により行うこと」と定められており、設問の「<u>特殊高圧ガス又は液化アンモニアについては、その定めはない</u>」は、誤り。

問９　次のイ、ロ、ハの記述のうち、特定高圧ガス消費者が消費する特定高圧ガス以外の高圧ガスの消費に係る技術上の基準について一般高圧ガス保安規則上正しいものはどれか。
イ．アセチレンガスの消費は、通風の良い場所で行い、かつ、その容器を温度40度以下に保たなければならない。
ロ．可燃性ガス及び酸素の消費施設（在宅酸素療法用のもの及び家庭用設備に係るものを除く。）には、その規模に応じて、適切な消火設備を適切な箇所に設けなければならないが、三フッ化窒素についてはその定めはない。
ハ．溶接又は熱切断用のアセチレンガスの消費は、消費する場所の付近にガスの漏えいを検知する設備及び消火設備を備えた場合であっても、アセチレンガスの逆火、漏えい、爆発等による災害を防止するための措置を講じなければならない。

　　　⑴　イ　　　⑵　イ、ロ　　　⑶　イ、ハ　　　⑷　ロ、ハ　　　⑸　イ、ロ、ハ

［正解］⑶　イ、ハ
［解説］
法第24条の５に基づく一般則第60条に、特定高圧ガス消費者が消費する特定高圧ガス以外の高圧ガスの消費に係る技術上の基準が定められている。
イ…〇一般則第60条第１項第７号に、「<u>可燃性ガス又は毒性ガス</u>の消費は、通風の良い場所で行い、かつ、その容器を温度40度以下に保つこと」と定められている。

設問のアセチレンは可燃性ガスであり、この基準の適用を受けるので、正しい。

ロ…×　一般則第60条第1項第12号に、「可燃性ガス、酸素及び三フッ化窒素の消費施設にはその規模に応じて、適切な消火設備を適切な箇所に設けること」と定められており、設問の「・・・三フッ化窒素についてはその定めはない」は、誤り。

ハ…○　一般則第60条第1項第13号に、「溶接又は熱切断用のアセチレンガスの消費は、当該ガスの逆火、漏えい、爆発等による災害を防止するための措置を講じて行うこと」定められている。

　　この基準には、特に除外規定は定められていないので、どのような場合であっても、適用され、設問の「・・・検知する設備及び消火設備を備えたいかなる場合であっても、アセチレンガスの逆火、漏えい、爆発等による災害を防止するための措置を講じなければならない」は、正しい。

問10　次のイ、ロ、ハの記述のうち、特定高圧ガス消費者が消費する特定高圧ガス以外の高圧ガスの消費に係る技術上の基準について一般高圧ガス保安規則上正しいものはどれか。

イ．可燃性ガスの消費は、その消費設備（家庭用設備を除く。）の使用開始時及び使用終了時に消費施設の異常の有無を点検するほか、1日に1回以上消費設備の作動状況について点検し、異常のあるときは、その設備の補修その他の危険を防止する措置を講じて行わなければならない。

ロ．消費設備（家庭用設備を除く。）の修理又は清掃及びその後の消費を、保安上支障のない状態で行わなければならないのは、可燃性ガス又は毒性ガスを消費する場合に限られている。

ハ．消費設備に設けたバルブ及び消費に使用する器具の石油類、油脂類その他可燃性の物を除去した後に消費しなければならない高圧ガスは、酸素に限られている。

　　⑴　イ　　　⑵　ロ　　　⑶　ハ　　　⑷　イ、ロ　　　⑸　イ、ハ

［正解］⑴　イ

［解説］

法第24条の5第に基づく一般則第60条に、特定高圧ガス消費者が消費する特定高圧ガス以外の高圧ガスの消費に係る技術上の基準が定められている。

また、この基準（一般則第60条）の適用を受ける高圧ガスとして、一般則第59条に可燃性ガス、毒性ガス、酸素及び空気が指定されている。

イ…○　一般則第60条第1項第18号に、「高圧ガス（可燃性ガス）の消費は、その消費設備（家庭用設備を除く。）の使用開始時及び使用終了時に消費施設の異常の有無を点検するほか、1日に1回以上消費設備の作動状況について点検し、異常のあるときは、その設備の補修その他の危険を防止する措置を講じてすること」と定められているので、正しい。

ロ…×　一般則第60条第1項第17号に、「消費設備（家庭用設備を除く）の修理又は清掃及びその後の消費は保安上支障ない状態で行うこと」と定められている。

　　この基準の適用を受ける高圧ガスとして一般則第59条に、「可燃性ガス、毒性ガ

ス、酸素及び空気が指定されており、設問の「・・・可燃性ガス、毒性ガスを消費する場合に限られている」は、酸素及び空気を除いているので、誤り。

ハ…✕　一般則第60条第1項第15号に、「酸素又は三フッ化窒素の消費は、バルブ及び消費に使用する器具の石油類、油脂類その他可燃性の物を除去した後にすること」と定められており、設問の「・・高圧ガスは、酸素に限られている」は、三フッ化窒素を除いているので、誤り。

問11　次のイ、ロ、ハの記述のうち、販売業者が容積0.15立方メートルを超える高圧ガスを容器（高圧ガスを燃料として使用する車両に固定した燃料装置用容器を除く。）により貯蔵する場合の技術上の基準について一般高圧ガス保安規則上正しいものはどれか。

イ．液化アンモニアの充塡容器と圧縮酸素の充塡容器は、それぞれ区分して容器置場に置かなければならない。

ロ．可燃性ガスの容器置場には、携帯電燈以外の燈火を携えて立ち入ってはならない。

ハ．「容器置場には、計量器等作業に必要な物以外の物を置かないこと。」の定めは、不活性ガスのみを貯蔵する容器置場には適用されない。
　　　(1) イ　　(2) イ、ロ　　(3) イ、ハ　　(4) ロ、ハ　　(5) イ、ロ、ハ

［正解］(2) イ、ロ
［解説］
法第15条第1項に基づく一般則第18条に、容積0.15立方メートルを超える高圧ガスを容器（高圧ガスを燃料として使用する車両に固定した燃料装置用容器を除く。）により貯蔵する場合の技術上の基準が定められている。

イ…○　一般則第18条第2項ロで準用する一般則第6条第2項第8号ロに、「可燃性ガス、毒性ガス、特定不活性ガス及び酸素の充塡容器等（充塡容器及び残ガス容器）は、それぞれ区分して容器置場に置くこと」と定められている。
　　可燃性かつ毒性ガスのアンモニア（液化アンモニア）は、この基準の適用を受けるので、設問の「液化アンモニアの充塡容器と圧縮酸素の充塡容器は、それぞれ区分して容器置場に置かなければならない」は、正しい

ロ…○　一般則第18条第2項ロで準用する一般則第6条第2項第8号チに、「可燃性ガスの容器置場には、携帯電燈以外の燈火を携えて立ち入らないこと」と定められているので、正しい。

ハ…✕　一般則第18条第2項ロで準用する一般則第6条第2項第8号ハに、「容器置場には、計量器等作業に必要な物以外の物を置かないこと」と定められている。
　　この基準の適用を受けない高圧ガスの種類は、特に定められていないので、すべての高圧ガスが適用を受けることになり、設問の「不活性ガスのみを貯蔵する容器置場には適用されない」は、誤り。

問12　次のイ、ロ、ハの記述のうち、販売業者が容積0.15立方メートルを超える高圧ガスを容器（高圧ガスを燃料として使用する車両に固定した燃料装置用容器を除く。）により貯蔵する場合の技術上の基準について一般高圧ガス保安規則上正しいものはどれか。

イ．シアン化水素を貯蔵するときは、充填容器については1日1回以上そのガスの漏えいがないことを確認しなければならないが、残ガス容器については、その定めはない。

ロ．圧縮空気を充填する一般複合容器は、その容器の刻印等で示された年月から15年を経過していない場合、その容器による貯蔵に使用することができる。

ハ．不活性ガスの残ガス容器により高圧ガスを車両に積載して貯蔵することは、いかなる場合であっても禁じられていない。

　　⑴　イ　　　⑵　ロ　　　⑶　イ、ハ　　　⑷　ロ、ハ　　　⑸　イ、ロ、ハ

［正解］⑵　ロ
［解説］
法第15条第1項に基づく一般則第18条に、容積0.15立方メートルを超える高圧ガスを容器（高圧ガスを燃料として使用する車両に固定した燃料装置用容器を除く。）により貯蔵する場合の技術上の基準が定められている。

イ…×　一般則第18条第2号ハに、「シアン化水素を貯蔵するときは、充填容器等（充填容器及び残ガス容器）について1日1回以上シアン化水素の漏えいのないことを確認すること」と定められている。

　　残ガス容器も充填容器と同じようにこの基準の適用を受けるので、設問の「残ガス容器については、その定めはない」は、誤り。

　　なお、充填容器等とは、一般則第6条第1項42号本文に、「充填容器及び残ガス容器という」と定められています。

ロ…○　一般則第18条第2号ヘに、「一般複合容器であって、当該容器の刻印等において示された年月から15年を経過したものを高圧ガスの貯蔵に使用しないこと」と定められているので、正しい。

ハ…×　一般則第18条第2号ホに、「ただし書きに定める場合を除き、貯蔵は、船、車両若しくは鉄道車両に固定し、又は積載した容器によりしないこと」と定められている。

　　この基準の適用を受けない高圧ガスの種類は、特に定められていないので、すべての高圧ガスが適用を受けることになり、設問の「不活性ガスの残ガス容器により高圧ガスを車両に積載した容器により貯蔵することは、いかなる場合でも禁じられていない」は、誤り。

　　なお、いかなる場合とは、一般則第18条第2号ホのただし書きに定める、「緊急時に使用する高圧ガスを充填してある容器を消防緊急時に使用する車両に搭載した場合、及び第一種貯蔵所又は第二種貯蔵所において貯蔵される場合」をいい、この基準が適用されない。

問13　次のイ、ロ、ハの記述のうち、容器（配管により接続されていないもの）により高圧ガスを貯蔵する第二種貯蔵所に係る技術上の基準について一般高圧ガス保安規則上正しいものはどれか。

イ．特殊高圧ガスの容器置場のうち、そのガスが漏えいし自然発火したとき安全なものとしなければならない容器置場は、モノシラン及びジシランに係るものに限られている。

ロ．「容器置場には、その規模に応じ、適切な消火設備を適切な箇所に設けなければならない。」旨の定めがある高圧ガスの種類の一つに、特定不活性ガスがある。

ハ．可燃性ガスの容器置場及び酸素の容器置場に直射日光を遮るための措置を講じる場合は、そのガスが漏えいし、爆発したときに発生する爆風が上方向に解放されることを妨げないものとしなければならない。

　　(1) ハ　　(2) イ、ロ　　(3) イ、ハ　　(4) ロ、ハ　　(5) イ、ロ、ハ

［正解］(4) ロ、ハ
［解説］

容器により高圧ガスを貯蔵する第二種貯蔵所である容器置場は、法第18条第2項に基づく一般則第26条第2号に、「一般則第23条の第一種貯蔵所に係る技術上の基準に適合すること」と定められており、一般則第23条第3号に、「容器が配管により接続されていないものにあっては、一般則第6条第1項第42号の容器置場に係る技術上の基準に適合すること」と定められている。

イ…×　一般則第6条第1項第42号トに、「ジシラン、ホスフィン又はモノシランの容器置場は、当該ガスが漏えいし、自然発火したときに安全なものであること」と定められており、設問の「・・モノシラン及びジシランに係るものに限られている」は、ホスフィンを除いているので、誤り。

ロ…〇　一般則第6条第1項第42号ヌに、「可燃性ガス、特定不活性ガス、酸素及び三フッ化窒素の容器置場には、その規模に応じ、適切な消火設備を適切な箇所に設けること」と定められているので、正しい

ハ…〇　一般則第6条第1項第42号ホに、「充填容器等に係る容器置場（可燃性ガス及び酸素のものに限る。）には、直射日光を遮るための措置（当該ガスが漏えいし、爆発したときに発生する爆風が上方向に解放されることを妨げないものに限る）を講ずること」と定められているので、正しい。

問14　次のイ、ロ、ハの記述のうち、車両に固定した容器（高圧ガスを燃料として使用する車両に固定した燃料装置用容器を除く。）による高圧ガスの移動に係る技術上の基準等について一般高圧ガス保安規則上正しいものはどれか。

イ．高圧ガスの名称、性状及び移動中の災害防止のために必要な注意事項を記載した書面を運転者に交付し、移動中携行させ、これを遵守させなければならない高圧ガスの一つに、液化窒素が定められている。

ロ．液化酸素の充填容器及び残ガス容器には、ガラス等損傷しやすい材料を用いた液面計を使用してはならない。

ハ．三フッ化窒素を移動するとき、消火設備並びに災害発生防止のための応急措置に
　必要な資材及び工具等を携行するほかに、防毒マスク、手袋その他の保護具並びに
　災害発生防止のための応急措置に必要な資材、薬剤及び工具等も携行しなければな
　らない。
　　(1) イ　　　(2) ロ　　　(3) ハ　　　(4) ロ、ハ　　　(5) イ、ロ、ハ

［正解］(4) ロ、ハ
［解説］
法第23条第1項及び第2項に基づく一般則第49条に、車両に固定した容器（高圧ガス
を燃料として使用する車両に固定した燃料装置用容器を除く。）による高圧ガスの移
動に係る技術上の基準等が定められている。なお「技術上の基準等」とは、高圧ガス
の移動する容器に講じるべき保安上必要な措置、及び車両による移動の積載方法、並
びに移動方法係る技術上の基準の両方をいう。
イ…✕　一般則第49条第1項第21号に、「可燃性ガス、毒性ガス、特定不活化ガス又
　　は酸素の高圧ガスを移動する時は、その高圧ガスの名称、性状及び移動中の災害防
　　止のために必要な注意事項を記載した書面（通称「イエローカード」）を運転者に
　　交付し、移動中携帯させ、これを遵守させること」と定められているが、この基準
　　の適用を受ける高圧ガスに、液化窒素は指定されてないので、設問の「・・・液化
　　窒素が定められている」は、誤り
ロ…○　一般則第49条第1項第11号に、「液化ガスのうち、可燃性ガス、毒性ガス、
　　特定不活化ガス又は酸素の充填容器等（充填容器及び残ガス容器）には、ガラス等
　　損傷しやすい材料を用いた液面計を使用しないこと」と定められているので、正し
　　い。
ハ…○　一般則第49条第1項第14号に、「・・・酸素又は三フッ化窒素を移動すると
　　きは、消火設備並びに災害発生防止のための応急措置に必要な資材及び工具等を携
　　行すること」と定められている。さらに、毒性ガスでもある三フッ化窒素は、同項
　　第15号に定める基準「毒性ガス移動するときは、当該毒性ガスの種類に応じた防毒
　　マスク、手袋その他の保護具並びに災害発生防止のための応急措置に必要な資材、
　　薬剤及び工具等も携行すること」の適用も受けることになる。
　　　したがって、設問のとおり「三フッ化窒素を移動するときは、消火設備並びに災
　　害発生防止のための応急措置に必要な資材及び工具等を携行する（第14号の基準）
　　ほかに、防毒マスク、手袋その他の保護具並びに災害発生防止のための応急措置に
　　必要な資材、薬剤及び工具等も携行しなければならない（第15号の基準）」と双方
　　の基準が適用されるので、正しい。

問15　次のイ、ロ、ハの記述のうち、車両に積載した容器（内容積が47リットルのも
　　の）による高圧ガスの移動に係る技術上の基準等について一般高圧ガス保安規則上
　　正しいものはどれか。
イ．毒性ガスを移動するときは、その充填容器及び残ガス容器には、木枠又はパッキ
　　ンを施さなければならない。

ロ．特殊高圧ガスを移動するときは、その車両に当該ガスが漏えいしたときの除害の
　措置を講じなければならない特殊高圧ガスは、アルシンに限られている。
ハ．塩素の充填容器及び残ガス容器と同一車両に積載してはならない高圧ガスの充填
　容器及び残ガス容器は、アセチレン又は水素に係るものに限られている。
　　⑴ イ　　⑵ イ、ロ　　⑶ イ、ハ　　⑷ ロ、ハ　　⑸ イ、ロ、ハ

［正解］⑴ イ
［解説］
法第23条第１項及び第２項に基づく一般則第50条に、車両に積載した容器による高圧
ガスの移動に係る技術上の基準等が定められている。
イ…○　一般則第50条第８号に、「毒性ガスの充填容器等（充填容器と残ガス容器）
　　には、木枠又はパッキンを施すこと」と定められているので、正しい。
ロ…×　一般則第50条第11号、「アルシン又はセレン化水素を移動する車両には、当
　　該ガスが漏えいしたときの除害措置を講ずること」と定められており、設問
　　の・・・「措置を講じなければならない特殊高圧ガスは、アルシンに限られている」
　　は、セレン化水素が除かれているので、誤り。
ハ…×　一般則第50条第６号本文、同号ロに、「塩素の充填容器等（充填容器及び残
　　ガス容器）とアセチレン、アンモニア又は水素の充填容器等（充填容器及び残ガス
　　容器）を同一の車両に積載して移動しないこと」と定められており、設問の
　　「・・・、アセチレン又は水素に係るものに限られている」は、アンモニアが除か
　　れているので、誤り。

問16　次のイ、ロ、ハの記述のうち、高圧ガスの廃棄に係る技術上の基準について一
　　般高圧ガス保安規則上正しいものはどれか。
イ．アルゴンは、廃棄に係る技術上の基準に従うべき高圧ガスである。
ロ．可燃性ガスの廃棄は、火気を取り扱う場所又は引火性若しくは発火性の物をたい
　積した場所及びその付近を避け、かつ、大気中に放出して廃棄するときは、通風の
　良い場所で少量ずつ行わなければならない。
ハ．酸素の廃棄は、バルブ及び廃棄に使用する器具の石油類、油脂類その他の可燃性
　の物を除去した後にしなければならない。
　　⑴ イ　　⑵ ハ　　⑶ イ、ロ　　⑷ ロ、ハ　　⑸ イ、ロ、ハ

［正解］⑷ ロ、ハ
［解説］
イ…×　法25条に基づく一般則第61条に、「廃棄に係る技術上の基準に従うべき高圧
　　ガスとして、可燃性ガス、毒性ガス及び酸素とする」と３種類の高圧ガスが指定さ
　　れているが、不活性ガスのアルゴンは廃棄に係る技術上の基準に従うべき高圧ガス
　　に指定されていないので、誤り。
ロ…○　法第25条に基づく一般則第62条第２号に、「可燃性ガス及び特定不活性ガス
　　の廃棄は、火気を取り扱う場所又は引火性若しくは発火性の物をたい積した場所及

びその付近を避け、かつ、大気中に放出して廃棄するときは、通風の良い場所で少量ずつ放出すること」と定められているので、正しい。

ハ…〇　法25条に基づく一般則第62条第5号に、「酸素又は三フッ化窒素の廃棄は、バルブ及び廃棄に使用する器具の石油類、油脂類をその他の可燃性の物を除去した後にすること」と定められているので、正しい。

問17　次のイ、ロ、ハの記述のうち、高圧ガスの販売の方法に係る技術上の基準について一般高圧ガス保安規則上正しいものはどれか。

イ．圧縮天然ガスの充塡容器及び残ガス容器の引渡しは、その容器の容器再検査の期間を6か月以上経過していないものであり、かつ、その旨を明示したものをもって行わなければならない。

ロ．販売所に高圧ガスの引渡し先の保安状況を明記した台帳を備えなければならない販売業者は、可燃性ガス、毒性ガス及び酸素を販売する販売業者に限られている。

ハ．充塡容器又は残ガス容器の引渡しは、そのガスが漏えいしていないものであれば、外面に容器の使用上支障のある腐食があるものを引渡してもよい。

　　(1) イ　　(2) ロ　　(3) イ、ロ　　(4) イ、ハ　　(5) イ、ロ、ハ

［正解］(1) イ
［解説］
法第20条の6第1項に基づく一般則第40条に、販売業者等に係る技術上の基準が定められている。

イ…〇　一般則第40条第3号に、「圧縮天然ガスの充塡容器等（充塡容器又は残ガス容器）の引渡しは、その容器の容器再検査の期間を6か月以上経過していないものであり、かつ、その旨を明示したものもってすること」と定められているので、正しい。

ロ…×　一般則第40条第1号に、「高圧ガスの引渡し先の保安状況を明記した台帳を備えること」と定めており、特にその台帳を備えなくてもよい高圧ガスの種類は定められていないので、設問の「・・・可燃性ガス、毒性ガス及び酸素を販売する販売業者に限られている」は、誤り。

ハ…×　一般則第40条第2号に、「充塡容器等（充塡容器及び残ガス容器）の引渡しは、外面に容器の使用上支障のある腐食、割れ、すじ、しわ等がなく、かつ、そのガスが漏えいしていないものをもってすること」と定められており、設問の「・・・容器の使用上支障のある腐食があるものを引渡してもよい」は、誤り。

問18　次のイ、ロ、ハの記述のうち、高圧ガスの販売業者（一般高圧ガス保安規則の適用を受ける者に限る。）について正しいものはどれか。

イ．アセチレンと酸素を販売している販売所において、新たに販売する高圧ガスとして窒素を追加したときは、遅滞なく、その旨を都道府県知事等に届け出なければならない。

ロ．販売する高圧ガスの種類に関わらず、販売所ごとに販売主任者を選任しなければならない。

ハ．選任している販売主任者を解任し、新たな者を選任した場合には、遅滞なく、その旨を都道府県知事等に届け出なければならない。

　　(1) イ　　(2) ロ　　(3) ハ　　(4) イ、ハ　　(5) イ、ロ、ハ

［正解］(4) イ、ハ

［解説］

イ…〇　法第20条の7に、「販売業者は、販売をする高圧ガスの種類を変更したときは、遅滞なく、その旨を都道府県知事に届け出なければならない」と定められているので、正しい。

　　なお、参考までに、「高圧ガス保安法及び関係政省令の運用及び解釈について（内規）」で、次の（イ）から（ハ）までに掲げる同一区分内の高圧ガスの種類の変更は、都道府県知事への届出が免除されている。

　　（イ）冷凍設備内の高圧ガス

　　（ロ）液化石油ガス（炭素数3又は4の炭化水素を主成分とするもの限り、（イ）を除く。）

　　（ハ）不活性ガス（（イ）を除く。）

ロ…✕　法第28条第1項に基づく一般則第72条第1項に、販売主任者を選任し、職務を行わせなければない高圧ガスが指定されている。

　　逆に、同条第1項に指定をされていない高圧ガスを販売する場合は、販売主任者の選任の必要がないので、設問の「販売する高圧ガスの種類に関わらず、販売所ごとに販売主任者を選任しなければならない」は、誤り。

ハ…〇　法第28条第3項で販売主任者の選任又は解任したときの手続について法第27条の2第5項を準用しており、法第27条の2第5項は、「販売業者は、法第28条第1項の規定により販売主任者を選任したときは、遅滞なく、経済産業省令で定めるところにより、その旨を都道府県知事に届け出なければならない。これを解任したときも、同様とする。」と読み替えることになる。

　　したがって、設問の「新たな者を選任した場合には、遅滞なく、その旨を都道府県知事等に届け出なければならない」は、正しい。

問19　次のイ、ロ、ハのうち、販売業者が販売する高圧ガスを購入して溶接又は熱切断の用途に消費する者に対し、所定の方法により、その高圧ガスによる災害の発生の防止に関し必要な所定の事項を周知させなければならない場合、その対象となる高圧ガスとして一般高圧ガス保安規則上正しいものはどれか。

イ．二酸化炭素（炭酸ガス）

ロ．天然ガス

ハ．酸素

　　(1) イ　　(2) ロ　　(3) ハ　　(4) イ、ハ　　(5) ロ、ハ

［正解］(5) ロ、ハ
［解説］
法第20条の５第１項に基づく一般則第39条第１項第１号に、「溶接又は熱切断の用途に消費する者に対し、周知させるべき高圧ガスとして、アセチレン、天然ガス、酸素」が定められている。
イ…× 二酸化炭素（炭酸ガス）は、定められていないので、誤り。
ロ…○ 天然ガスは、定められているので、正しい。
ハ…○ 酸素は、定められているので、正しい。

問20 次のイ、ロ、ハのうち、販売業者が販売する高圧ガスを購入して消費する者に対し、所定の方法により、その高圧ガスによる災害の発生の防止に関し必要な所定の事項を周知させなければならない場合、その周知させるべき事項について一般高圧ガス保安規則上正しいものはどれか。
イ．消費設備を使用する場所の環境に関する基本的な事項については、消費設備の使用者が監理すべき事項であり、周知させるべき事項に該当しない。
ロ．消費設備の変更に関し注意すべき基本的な事項は、その周知させるべき事項の一つである。
ハ．ガス漏れを感知した場合その他高圧ガスによる災害が発生し、又は発生するおそれがある場合に消費者がとるべき緊急の措置及び販売業者に対する連絡に関する基本的な事項は、周知させるべき事項に該当しない。
　　(1) イ　　(2) ロ　　(3) イ、ロ　　(4) ロ、ハ　　(5) イ、ロ、ハ

［正解］(2) ロ
［解説］
法20条の５第１項に基づく一般則第39条第２項に、当該高圧ガスによる災害の発生防止に関し、必要な所定の事項を周知させなければならない場合、その周知させるべき事項が定められている。
イ…× 一般則第39条第２項第３号に、「消費設備を使用する場所の環境に関する基本的な事項」は周知させるべき事項の一つとして定められており、設問の「・・・周知させるべき事項に該当しない」は、誤り。
ロ…○ 一般則第39条第２項第４号に、「消費設備の変更に関し注意すべき基本的な事項」は周知させるべき事項の一つとして定められているので、正しい。
ハ…× 一般則第39条第２項第５号に、「ガス漏れを検知した場合その他高圧ガスによる災害が発生し、又は発生する恐れがある場合に消費者がとるべき緊急の措置及び販売業者等に対する連絡に関する基本的な事項」は、周知させるべき事項の一つとして定められており、設問の「・・・周知させるべき事項に該当しない」は、誤り。

法 令 試 験 問 題

（令和3年11月14日実施）

　次の各問について、高圧ガス保安法に係る法令上正しいと思われる最も適切な答え
をその問の下に掲げてある(1)、(2)、(3)、(4)、(5)の選択肢の中から1個選びなさい。
　なお、経済産業大臣が危険のおそれのないと認めた場合等における規定は適用しな
い。
　（注）試験問題中、「都道府県知事等」とは、都道府県知事又は高圧ガス保安法に
関する事務を処理する指定都市の長をいう。

問1　次のイ、ロ、ハの記述のうち、正しいものはどれか。

イ．内容積が1デシリットル以下の容器に充塡された高圧ガスはいかなる場合であっ
　ても、高圧ガス保安法の適用を受けない。

ロ．販売所（特に定められたものを除く。）においては、何人も、その販売業者が指
　定する場所で火気を取り扱ってはならない。

ハ．販売業者が第二種貯蔵所を設置して、容積300立方メートル（液化ガスにあって
　は質量3000キログラム）以上の高圧ガスを貯蔵したときは、遅滞なく、その旨を都
　道府県知事等に届け出なければならない。

　　　(1) ロ　　　(2) ハ　　　(3) イ、ロ　　　(4) ロ、ハ　　　(5) イ、ロ、ハ

　［正解］(1) ロ

　［解説］

イ…×　法第3条第2項に、内容積が1デシリットル以下の容器は法第40条から第5
　6条の2の2まで（第四章　第一節の容器及び容器の付属品）の容器に関する規定
　を適用しないと定められている。

　　一方、内容積が1デシリットル以下の容器に充塡されている高圧ガスは、法第3
　条第1項第八号に基づく政令第2条第3項第八号で適用除外として定められた高圧
　ガス以外の高圧ガスが、法の適用を受ける。したがって、設問の「・・・充塡され
　た高圧ガスは、いかなる場合であっても、高圧ガス保安法の適用を受けない」は、
　誤り。

ロ…○　法第37条第1項に、「何人も、販売売所において販売業者が指定する場所で
　火気を取り扱ってはならない」と定められているので、正しい。

　　なお、「何人」には例外とされる人はいない。

　　また、設問中の「特に定められたもの」とは、法20条の4第2号の医療用の圧縮
　酸素その他の政令第6条で定める高圧ガスの販売を営む者が、貯蔵数量が常時容積
　5立方メートル未満の販売所において販売するときをいい、これらの者は、都道府
　県知事への販売事業の届出が不要である。

ハ…×　法第17条の２第１項に、「容積300立方メートル以上の高圧ガスを貯蔵すると
　　きは、あらかじめ、都道府県知事に届け出て設置する第二種貯蔵所において貯蔵し
　　なければならない」と定められている。
　　　したがって、設問の「・・・高圧ガスを貯蔵した時は、遅滞なく、・・・届け出
　　なければならない」は、誤り。

問２　次のイ、ロ、ハのうち、一般高圧ガス保安規則に定める第一種保安物件である
　　ものはどれか。
　　　ただし、事業所の存する敷地と同一敷地内にないものとし、他の施設は併設され
　　ていないものとする。
イ．医療法に定める病院
ロ．収容定員300人以上である劇場
ハ．学校教育法に定める大学
　　⑴ イ　　　⑵ ハ　　　⑶ イ、ロ　　　⑷ ロ、ハ　　　⑸ イ、ロ、ハ

［正解］⑶ イ、ロ
［解説］
一般高圧ガス保安規則（以下「一般則」という）に定める第一種保安物件は、一般則
第２条五号イからチに、８種類の物件が掲げられている。
イ…○　医療法に定める病院は、一般則第２条五号ロに、「医療法第1条に定める病院」
　　が掲げられているので、正しい。
ロ…○　収容定員300人以上である劇場は、一般則第２条五号ハに、「劇場、映画館…
　　…これらに類する施設であって、収容人数が300人以上のもの」が掲げられている
　　ので、正しい。
ハ…×　学校教育法に定める大学は、一般則第２条五号イに、「学校教育法第１条に
　　定める学校のうち、小学校、中学校、高等学校・・・・・、特別支援学校及び幼稚
　　園」が掲げられているが、大学は除かれているので、誤り。

問３　次のイ、ロ、ハの記述のうち、正しいものはどれか。
イ．温度35度以下で圧力が0.2メガパスカルとなる液化ガスは、高圧ガスである。
ロ．高圧ガス保安法は、高圧ガスによる災害を防止して公共の安全を確保する目的の
　　ため、高圧ガスの製造、貯蔵、販売及び移動を規制することのみを定めている。
ハ．販売業者が高圧ガスを容器により授受した場合、その高圧ガスの引渡し先の保安
　　状況を明記した台帳の保存期間は、記載の日から2年間と定められている。
　　⑴ イ　　　⑵ ロ　　　⑶ イ、ハ　　　⑷ ロ、ハ　　　⑸ イ、ロ、ハ

［正解］　⑴ イ
［解説］
イ…○　法第2条第三号に、高圧ガスとして法の適用受ける液化ガスが定義されてい
　　る。

同号の前段は、「常用の温度（容器の場合はその容器が置かれている環境の温度、設備のばあいはその設備が正常な状態で運転されているときの温度）において圧力が0.2メガパスカル以上となる液化ガスであって、現に（現在の温度）その圧力が0.2メガパスカル以上となるものは高圧ガスである」と定義し、また、同号の後段（又は以降の定義）では、「温度35度において圧力が0.2メガパスカル以上となる液化ガスは高圧ガスである」と定義している。この2つの定義のどちらかに該当すれば高圧ガスである。

設問の液化ガスは、圧力が0.2メガパスカルになる場合の温度が35度以下なので、後段の定義に該当する高圧ガスになるので、正しい。

なお、高圧ガスの定義における圧力はゲージ圧力をいう。

ロ…✕　法第1条に、「この法律は、高圧ガスによる災害を防止するため、高圧ガスの製造、貯蔵、販売、移動その他の取扱い及び消費等の規制をするとともに、民間事業者及び高圧ガス保安協会による高圧ガスの保安に関する自主的な活動を促進し、もって公共の安全を確保する目的とする」と定められている。

設問の「・・・消費の規制をすることのみを定めている」は、もう一つの柱である「民間事業者及び高圧ガス保安協会による高圧ガスの保安に関する自主的な活動を促進」が省かれているので、誤り

ハ…✕　法第20条の6に基づく一般則第40条第一号に、「高圧ガスの引き渡し先の保安状況を明記した台帳を備えること」と定められているが、その台帳の保存期限の定めはないので、設問の「その台帳の保存期限は記載の日から2年間と定められている」は、誤り。

なお、法第60条に基づく一般則第95条第3項には、販売業者が備えるべき帳簿として、充填容器の授受と周知に関する帳簿とその保存期限（2年間）が定められている。

問4　次のイ、ロ、ハの記述のうち、正しいものはどれか。

イ．圧縮ガス（圧縮アセチレンガスを除く。）であって、温度35度において圧力が1メガパスカルとなるものであっても、現在の圧力が0.9メガパスカルであるものは、高圧ガスではない。

ロ．容器に充填された高圧ガスの輸入をした者は、輸入をした高圧ガス及びその容器について指定輸入検査機関が行う輸入検査を受け、これらが輸入検査技術基準に適合していると認められ、その旨を都道府県知事等に届け出た場合は、都道府県知事等が行う輸入検査を受けることなく、その高圧ガスを移動することができる。

ハ．高圧ガスの販売の事業を営もうとする者は、特に定められた場合を除き、販売所ごとに、事業開始の日の20日前までに、その旨を都道府県知事等に届け出なければならない。

　　(1) イ　　　(2) ロ　　　(3) イ、ハ　　　(4) ロ、ハ　　　(5) イ、ロ、ハ

［正解］(4) ロ、ハ
［解説］

イ…✕　法第２条第一号に、高圧ガスとしてこの法の適用を受ける圧縮ガス（圧縮ア
　　セチレンガスを除く。）が定義されている。同号の前段（又はの前までの定義）に
　　おいては、「常用の温度において圧力が１メガパスカル以上となる圧縮ガスであっ
　　て、現にその圧力が１メガパスカル以上であるものが高圧ガスである」と定義して
　　おり、また、同号の後段（又は以降の定義）では、「温度35度において圧力が１メ
　　ガパスカル以上となる圧縮ガスは高圧ガスである」と定義している。この２つの定
　　義のどちらかに該当すれば高圧ガスである。
　　　　設問の現在の圧力が0.9メガパスカルであっても、温度35度において圧力が１メ
　　ガパスカルとなる圧縮ガスは、前段の定義には該当しないが、<u>後段の定義には該当
　　する高圧ガス</u>なので、「・・・高圧ガスではない」は、誤り。
ロ…〇　法第22条第１項本文及びただし書きに掲げる第一号に、「輸入をした高圧ガ
　　ス及びその容器につき、協会（高圧ガス保安協会）又は大臣が指定する者（<u>指定輸
　　入検査機関</u>）が行う輸入検査を受け、これらが輸入検査技術基準に適合していると
　　認められ、その旨を都道府県知事等に届け出た場合は、都道府県知事等が行う輸入
　　検査を受けないで、その高圧ガスを移動することができる」と定められているので、
　　正しい。
ハ…〇　法第20条の４本文に、「高圧ガスの販売の事業を営もうとする者は、特に定
　　められた場合を除き、販売所ごとに、事業開始の日の20日前までにその旨を都道府
　　県知事に届け出なければならない」と定められているので、正しい。
なお、「特に定められた場合」とは、同条第一号の、高圧ガスの充てん所のような高
　　圧ガスの製造の許可を受けた者がその製造をした高圧ガスをその事業所において販
　　売するとき、及び同条第二号の医療用の圧縮酸素その他の政令第６条で定める高圧
　　ガスの販売を営む者が、貯蔵数量が常時容積５立方メートル未満の販売所において
　　販売するときをいい、これらの者は、都道府県知事への販売事業の届出は不要であ
　　る。

問５　次のイ、ロ、ハの高圧ガスを消費する者のうち、特定高圧ガス消費者に該当す
　　る者はどれか。
イ．モノシランを消費する者
ロ．容積300立方メートルの圧縮酸素を貯蔵し、消費する者
ハ．質量3000キログラムの液化天然ガスを貯蔵し、消費する者
　　　⑴　イ　　　⑵　ロ　　　⑶　イ、ハ　　　⑷　ロ、ハ　　　⑸　イ、ロ、ハ

［正解］⑴　イ
［解説］
法第24条の２第１項に、政令第７条第１項で定められている特定高圧ガスを貯蔵（数
量の大小に関係なく）して消費する者、又は政令第７条第２項で定められている特定
高圧ガスを定められた以上に貯蔵して消費する者を「特定高圧ガス消費者」定めてい
る。

イ…〇　モノシランを貯蔵して消費する者は、政令第7条第1項第一号イに、モノシランが掲げられており、貯蔵数量に関係なく、特定高圧ガスを貯蔵して消費する者に該当するので、正しい。

ロ…✕　圧縮酸素は、政令第7条第1項各号及び第2項表上欄（高圧ガスの種類）に掲げられていない。

　　　したがって、特定高圧ガス消費者には該当しないので、誤り。

　　　なお、液化酸素を質量が3000キログラム以上貯蔵して消費する場合は、政令第7条第2項上欄に掲げられているので、特定高圧ガス消費者に該当する。

ハ…✕　液化天然ガスは、政令第7条第1項各号及び第2項表上欄に掲げられていない。

　　　したがって、特定高圧ガス消費者には該当しないので、誤り。

問6　次のイ、ロ、ハの記述のうち、高圧ガスを充填するための容器（再充填禁止容器を除く。）及びその附属品について正しいものはどれか。

イ．容器に高圧ガスを充填することができる条件の一つに、その容器が容器検査に合格し、所定の刻印等がされた後、所定の期間を経過していないことがある。

ロ．容器の製造をした者は、その容器に自主検査刻印等をしたもの又はその容器が所定の容器検査を受け、これに合格し所定の刻印等がされているものでなければ、特に定められたものを除き、その容器を譲渡してはならない。

ハ．容器の廃棄をする者は、その容器をくず化し、その他容器として使用することができないように処分しなければならないが、容器の附属品の廃棄をする者については、同様の定めはない。

　　　⑴　イ　　　⑵　ロ　　　⑶　イ、ロ　　　⑷　イ、ハ　　　⑸　イ、ロ、ハ

［正解］⑶　イ、ロ

［解説］

イ…〇　高圧ガスを容器に充填する場合の条件の一つに、法第48条第1項第五号に、「容器検査若しくは容器再検査を受けた後又は自主検査刻印等がされた後経済産業省令で定める期間（容器保安規則第24条（容器再検査の期間））を経過した容器にあっては、容器再検査を受け、これに合格し、かつ刻印又は標章の掲示がされているものであること」と定められているので、正しい。

　　ロ…〇　法第44条の本文に、「容器の製造・・・した者は、容器検査を受け、これに合格したものとして刻印又は標章の掲示がされているものでなければ、特に定められた容器を除き、容器を譲渡し、又は引き渡してはならない」と定められている。そして、同条ただし書きに掲げる第一号に、「登録容器製造業者が製造した容器であって自主検査刻印又は標章をしたものでなければ、特に定められた容器を除き、容器を譲渡し、又は引き渡してはならない」とも定められているので、設問は正しい。

　　　なお、「特に定められた容器」とは、同条ただし書きに掲げる二号の外国登録容

器製造業者が製造した容器であって所定の刻印又は標章の掲示がされた容器や同四号の高圧ガスを充塡して輸入された容器等をいう。

ハ…×　法第56条第5項に、「容器又は付属品の廃棄をする者は、くず化し、その他容器又は付属品として使用することができないように処分しなければならない」と定められており、設問の「・・・容器の附属品の廃棄をする者については、同様の定めはない」は、誤り

問7　次のイ、ロ、ハの記述のうち、高圧ガスを充塡するための容器（再充塡禁止容器を除く。）及びその附属品について容器保安規則上正しいものはどれか。

イ．可燃性ガスを充塡する容器には、その充塡すべき高圧ガスの名称が刻印等で示されているので、そのガスの名称を明示する必要はなく、その高圧ガスの性質を示す文字を明示することと定められている。

ロ．溶接容器、超低温容器及びろう付け容器の容器再検査の期間は、容器の製造後の経過年数にかかわらず、5年である。

ハ．附属品には、特に定める場合を除き、その附属品が装置される容器の種類ごとに定められた刻印がされている。

　　(1) ロ　　(2) ハ　　(3) イ、ハ　　(4) ロ、ハ　　(5) イ、ロ、ハ

［正解］(2) ハ
［解説］

イ…×　法第48条第1項第二号に、「容器に高圧ガス（可燃性ガス）を充塡することができる条件の一つに、「法第46条第1項の表示をしてあること」と定められている。

　　また、容器の外面に掲げる表示事項の一つに、法第46条第1項に基づく容器保安規則（以下「容器則」という）第10条1項二号イに、「充塡することができる高圧ガスの名称を明示すること」が定められているので、設問の「・・・ガスの名称を明示する必要はなく、・・」は、誤り。

　　なお、高圧ガスの性質に関しての表示は、同条1項二号ロに定められている。

ロ…×　法第48条第1項第五号に基づく容器則第24条第1項第1号に、「溶接容器、超低温容器及びろう付け容器の容器再検査の期間は、その製造後の経過年数が20年未満のものは5年、経過年数20年以上のものは2年」と製造後の経過年数に応じて定められており、設問の「・・・経過年数にかかわらず、5年である」は、誤り。

ハ…○　法第49条の3第1項に基づく容器則第18条第1項第七号に、附属品に刻印をすべき事項として、「附属品が装置されるべき容器の種類」が定められているので、正しい。

　　なお、「特に定める場合」とは、同項ただし書きの刻印することが適当でない付属品については、他の薄板に刻印したものを散れないように付属品の見やすい箇所に溶接等をしたものをもって代えることができる」のことをいう。

問8　次のイ、ロ、ハの記述のうち、特定高圧ガス消費者に係る技術上の基準について一般高圧ガス保安規則上正しいものはどれか。

イ．消費設備に使用する材料は、ガスの種類、性状、温度、圧力等に応じ、その設備の材料に及ぼす化学的影響及び物理的影響に対し、安全な化学的成分、機械的性質を有するものでなければならない。

ロ．特殊高圧ガスの消費施設は、その貯蔵設備の貯蔵能力が3000キログラム未満の場合であっても、その貯蔵設備及び減圧設備の外面から第一種保安物件に対し第一種設備距離以上、第二種保安物件に対し第二種設備距離以上の距離を有しなければならない。

ハ．特殊高圧ガス、液化アンモニア又は液化塩素の消費設備に係る配管、管継手及びバルブの接合は、特に定める場合を除き、溶接により行わなければならない。

　　(1) イ　　　(2) ロ　　　(3) イ、ロ　　　(4) イ、ハ　　　(5) イ、ロ、ハ

［正解］(5) イ、ロ、ハ
［解説］
第24条の3第1項及び第2項に基づく一般則第55条に、特定高圧ガスの消費者に係る技術上の基準が定められている。

イ…○　一般則第55条第1項第五号に「消費施設使用する材料は、ガスの種類、性状、湿度、圧力等に応じ、当該設備に材料に及ぼす化学的影響及び物理的影響に対し安全な化学的成分、機械的性質を有するものであること」と定められているので、正しい。

ロ…○　一般則第55条第1項第二号に、「消費施設は、その貯蔵設備（<u>貯蔵能力が3000キログラム未満の特殊高圧ガスのもの及び・・・</u>）及び減圧設備の外面から、第一種保安物件に対し第一種設備距離以上、第二種保安物件に対し第二種設備距離以上の距離を有すること」と定められているので、正しい。

ハ…○　一般則第55条第1項第二十三号に、「特殊高圧ガス、液化アンモニア又は液化塩素の消費設備に係る配管、管継手又はバルブの接合は、溶接により行うこと」と定められているので、正しい。
　　なお、「特に定める場合」とは、同号ただし書きの「溶接によることが適当でない場合は、保安上必要な強度を有するフランジ接合又はねじ接合継手による接合をもって替えることができる」のことをいう。

問9　次のイ、ロ、ハの記述のうち、特定高圧ガス消費者が消費する特定高圧ガス以外の高圧ガスの消費に係る技術上の基準について一般高圧ガス保安規則上正しいものはどれか。

イ．技術上の基準に従うべき高圧ガスは、可燃性ガス、毒性ガス及び酸素の3種類に限られている。

ロ．可燃性ガス、酸素及び三フッ化窒素の消費施設（在宅酸素療法用のもの及び家庭用設備に係るものを除く。）には、その規模に応じて、適切な消火設備を適切な箇所に設けなければならない。

ハ．可燃性ガス又酸素の消費に使用する設備 （家庭用設備を除く。）から５メートル
　　以内においては、特に定める措置を講じた場合を除き、喫煙及び火気（その設備内
　　のものを除く。）の使用を禁じ、かつ、引火性又は発火性の物を置いてはならない
　　が、三フッ化窒素の消費に使用する設備についてはその定めはない。
　　　⑴ イ　　　⑵ ロ　　　⑶ ハ　　　⑷ ロ、ハ　　　⑸ イ、ロ、ハ

［正解］⑵ ロ
［解説］
イ…×　法第24条の５に基づく一般則第59条に、「特定高圧ガス消費者が消費する特
　　定高圧ガス以外の高圧ガスの消費に係る技術上の基準に従うべき高圧ガスは、可燃
　　性ガス、毒性ガス、酸素及び空気とする」と定められており、設問の「・・・可燃
　　性ガス、毒性ガス及び酸素の３種類に限られている」は、空気が指定から除かれて
　　いるので、誤り。
ロ…○　第24条の５に基づく一般則第60条第１項第十二号に、「可燃性ガス、酸素及
　　び三フッ化窒素の消費施設にはその規模に応じて、適切な消火設備を適切な箇所に
　　設けること」と定められているので、正しい
ハ…×　第24条の５に基づく一般則第60条第１項第十号に、「可燃性ガス、酸素又は
　　三フッ化窒素の消費に使用する設備は、所定の措置を講じない場合、その設備の周
　　囲５メートル以内においては、喫煙及び火気（その設備内のものを除く。）の使用
　　を禁じ、かつ、引火性又は発火性の物を置いてはならない」と定められており、設
　　問の「・・・三フッ化窒素の消費に使用する設備についてはその定めはない」は、
　　誤り。
　　　なお、「特に定める措置を講じた場合」とは、同号ただし書きの「火気等を使用
　　する場所との間に当該設備から漏えいしたガスに係る流動防止等の措置等を講じた
　　場合」のことをいう。

問10　次のイ、ロ、ハの記述のうち、特定高圧ガス消費者が消費する特定高圧ガス以
　　外の高圧ガスの消費に係る技術上の基準について一般高圧ガス保安規則上正しいも
　　のはどれか。
イ．溶接又は熱切断用のアセチレンガスの消費は、アセチレンガスの逆火、漏えい、
　　爆発等による災害を防止するための措置を講じて行わなければならないが、溶接又
　　は熱切断用の天然ガスの消費については、漏えい、爆発等による災害防止をするた
　　めの措置を講じて行わなければならない旨の定めはない。
ロ．一般複合容器は、水中で使用してはならない。
ハ．酸素の消費は、消費設備の使用開始時及び使用終了時に消費施設の異常の有無を
　　点検するほか、１日に１回以上消費設備の作動状況について点検し、異常があると
　　きは、その設備の補修その他の危険を防止する措置を講じて消費しなければならな
　　い。
　　　⑴ ロ　　　⑵ ハ　　　⑶ イ、ロ　　　⑷ ロ、ハ　　　⑸ イ、ロ、ハ

［正解］(4) ロ、ハ
［解説］

法第24条の5に基づく一般則第60条に、特定高圧ガス消費者が消費する特定高圧ガス以外の高圧ガス（可燃性ガス、毒性ガス、酸素及び空気）の消費に係る技術上の基準が定められている。

イ…✕　一般則第60条第1項第十四号に、「溶接又は熱切断用の天然ガス消費は、当該ガスの逆火、漏えい、爆発等による災害を防止するための措置を講じて行うこと」定められており、設問の「天然ガスの消費については、・・・災害防止をするための措置を講じて行わなければならない旨の定めはない」は、誤り。

　　なお、アセチレンガスの消費については、一般則第60条第1項第十三号に、同様の定めがある。

ロ…○　一般則第60条第1項第十九号に、「一般複合容器は、水中で使用しないこと」と定められているので、正しい。

ハ…○　一般則第60条第1項第十八号に、「高圧ガスの消費は、その消費設備の使用開始時及び使用終了時に消費施設の異常の有無を点検するほか、1日に1回以上消費設備の作動状況について点検し、異常のあるときは、当該設備の補修その他の危険を防止する措置を講じてすること」と定められており、酸素はこの基準の適用を受けるので、正しい

問11　次のイ、ロ、ハの記述のうち、高圧ガスの販売業者が容積0.15立方メートルを超える高圧ガスを容器（高圧ガスを燃料として使用する車両に固定した燃料装置用容器を除く。）により貯蔵する場合の技術上の基準について一般高圧ガス保安規則上正しいものはどれか。

イ．窒素の容器のみを容器置場に置くときは、充填容器及び残ガス容器にそれぞれ区分して置くべき定めはない。

ロ．圧縮酸素の充填容器については、その温度を常に40度以下に保つべき定めがあるが、その残ガス容器については、その定めはない。

ハ．充填容器及び残ガス容器であって、それぞれ内容積が5リットルを超えるものには、転落、転倒等による衝撃及びバルブの損傷を防止する措置を講じ、かつ、粗暴な取扱いをしてはならない。

　　(1) イ　　(2) ロ　　(3) ハ　　(4) イ、ハ　　(5) ロ、ハ

［正解］(3)　　ハ
［解説］

法第15条第1項に基づく一般則第18条第二号に、容積0.15立方メートルを超える高圧ガスを容器（高圧ガスを燃料として使用する車両に固定した燃料装置用容器を除く。）により貯蔵する場合の技術上の基準が定められている。

イ…✕　一般則第18条第二号ロで準用する一般則第6条第2項第八号イに、「充填容器等（充填容器等とは、充填容器及び残ガス容器を指す。）は、充填容器及び残ガス容器にそれぞれ区分して容器置場に置くこと」と定められている。この基準には、

除外される高圧ガスの種類は定められていないので、すべての高圧ガスが適用される。

　　したがって、設問の「・・・充填容器及び残ガス容器にそれぞれ区分して容器置場に置くべき定めはない」は、誤り

ロ…×　一般則第18条第二号ロで準用する一般則第6条第2項第八号ホに「充填容器等（充填容器及び残ガス容器）は、常に40度以下に保つこと」と定められており、残ガス容器もこの基準が適用されるので、設問の「・・・残ガス容器については、その定めはない」は、誤り。

ハ…○　一般則第18条第二号ロで準用する一般則第6条第2項第八号トに、「内容積が5リットルを超える充填容器等（充填容器及び残ガス容器）には、転落、転倒等による衝撃及びバルブの損傷を防止する措置を講じ、かつ、粗暴な取扱いをしないこと」と定められているので、正しい。

問12　次のイ、ロ、ハの記述のうち、高圧ガスの販売業者が容積0.15立方メートルを超える高圧ガスを容器（高圧ガスを燃料として使用する車両に固定した燃料装置用容器を除く。）により貯蔵する場合の技術上の基準について一般高圧ガス保安規則上正しいものはどれか。

イ．毒性ガスであって可燃性ガスでない高圧ガスの充填容器及び残ガス容器は、漏えいしたとき拡散しないように、通風の良い場所で貯蔵してはならない。

ロ．シアン化水素を貯蔵するときは、充填容器及び残ガス容器について1日1回以上シアン化水素の漏えいのないことを確認しなければならない。

ハ．車両に積載した容器により高圧ガスを貯蔵することは、特に定められた場合を除き、禁じられている。

　(1) イ　　(2) ロ　　(3) ハ　　(4) イ、ハ　　(5) ロ、ハ

［正解］(5) ロ、ハ
［解説］
法第15条第1項に基づく一般則第18条第二号に、容積0.15立方メートルを超える高圧ガスを容器（高圧ガスを燃料として使用する車両に固定した燃料装置用容器を除く。）により貯蔵する場合の技術上の基準が定められている。

イ…×　一般則第18条第二号イに、「可燃性ガス及び毒性ガスの充填容器等（充填容器及び残ガス容器）により貯蔵する場合は、通風の良い場所ですること」と定められている。設問の高圧ガスは毒性ガスに該当し、この基準が適用されるので、設問の「・・・通風の良い場所で貯蔵してはならない」は、誤り。

ロ…○　一般則第18条第二号ハに、「シアン化水素を貯蔵するときは、充填容器等（充填容器及び残ガス容器）について1日1回以上シアン化水素の漏えいのないことを確認すること」と定められているので、正しい。

ハ…○　一般則第18条第二号ホに、「貯蔵は、船、車両若しくは鉄道車両に固定し、又は積載した容器によりしないこと」と定められているので、正しい。

　　なお、「特に定められた場合」とは、一般則第18条第二号ホ本文の（　）内に定

める「緊急時に使用する高圧ガスを充填してある容器を消防緊急時に使用する車両に搭載したもの、及び同条第二号ホのただし書きに定める第一種貯蔵所又は第二種貯蔵所において貯蔵する場合」をいう。

問13　次のイ、ロ、ハの記述のうち、容器（配管により接続されていないものに限る。）により高圧ガスを貯蔵する第二種貯蔵所に係る技術上の基準について一般高圧ガス保安規則上正しいものはどれか。
イ．可燃性ガス及び酸素の容器置場は、特に定められた場合を除き、１階建としなければならない。
ロ．アンモニアの容器置場は、そのガスが漏えいしたとき滞留しないような構造としなければならない。
ハ．容器置場において、その規模に応じ、適切な消火設備を適切な箇所に設けなければならないと定められている高圧ガスは、可燃性ガス及び酸素に限られている。
　　(1) イ　　　(2) イ、ロ　　　(3) イ、ハ　　　(4) ロ、ハ　　　(5) イ、ロ、ハ

　［正解］(2) イ、ロ
　［解説］
容器により高圧ガスを貯蔵する第二種貯蔵所である容器置場は、法第18条第２項に基づく一般則第26条第二号に、「一般則第23条の第一種貯蔵所に係る技術上の基準に適合すること」と定められており、一般則第23条第三号に、「容器が配管により接続されていないものにあっては、一般則第６条第１項第四十二号の容器置場に係る技術上の基準に適合すること」と定められている。
イ…○　一般則第６条第１項第四十二号ロに「可燃性ガス及び酸素の容器置場は、特に定められた場合を除き、１階建とする」と定められているので、正しい。
　　　　なお、「特に定められた場合」とは、充填容器等（充填容器及び残ガス容器）が断熱材で被覆してあるもの及びシリンダーキャビネットに収納されているものをいう。
ロ…○　一般則第６条第１項第四十二号ヘに、「可燃性ガス及び特定不活性ガスの容器置場は、当該ガスが漏えいしたとき滞留しないような構造とすること」と定められている。
　　　　設問のアンモニアは可燃性ガスに該当し、この基準の適用を受けるので、正しい。
ハ…×　一般則第６条第１項第四十二号ヌに「可燃性ガス、特定不活性ガス、酸素及び三フッ化窒素の容器置場には、その規模に応じ、適切な消火設備を適切な箇所に設けること」と定められており、設問は、特定不活性ガス及び三フッ化窒素が除かれているので、誤り。

問14　次のイ、ロ、ハの記述のうち、車両に固定した容器（高圧ガスを燃料として使用する車両に固定した燃料装置用容器を除く。）による高圧ガスの移動に係る技術上の基準等について一般高圧ガス保安規則上正しいものはどれか。
イ．液化酸素を移動するときは、消火設備も携行しなければならない。

ロ．液化アンモニアの移動を終了したときは、漏えい等の異常の有無を点検しなけれ
　ばならないが、液化窒素の移動を終了したときは、その必要はない。

ハ．定められた運転時間を超えて移動する場合、その車両1台につき運転者2人を充
　てなければならないと定められている高圧ガスは、特殊高圧ガスのみである。

　　　⑴ イ　　　⑵ イ、ロ　　　⑶ イ、ハ　　　⑷ ロ、ハ　　　⑸ イ、ロ、ハ

［正解］⑴ イ

［解説］

法第23条第1項及び第2項に基づく一般則第49条に、車両に固定した容器（高圧ガス
を燃料として使用する車両に固定した燃料装置用容器を除く。）による高圧ガスの移
動に係る技術上の基準等が定められている。なお、「技術上の基準等」とは、高圧ガ
スの移動する容器に講ずべき保安上必要な措置、及び車両による移動の積載方法、
並びに移動方法に係る技術上の基準の両方をいう。

イ…〇　一般則第49条第十四号に、「可燃性ガス、特定不活性ガス、酸素又は三フッ
　化窒素の充塡容器等を車両に積載して移動するときは、消火設備並びに災害発生防
　止のための応急措置に必要な資材及び工具等を携行すること」と定められているの
　で、正しい。

　　なお、「酸素」の呼称は、気体の状態の場合は「酸素ガス（圧縮酸素）、液体の状
　態の場合は「液化酸素」と呼び、双方を指す場合は「酸素」という。

　（参照：「高圧ガス保安法及び関係政省令の運用及び解釈について（内規）

ロ…×　一般則第49条第1項第十三号に、「移動を開始するとき及び移動を終了した
　ときは、その移動する高圧ガスの漏えい等の異常の有無を点検し、異常のあるとき
　は、補修その他の危険を防止するための措置を講ずること」と定められており、こ
　の基準は、高圧ガスの種類に関係なくすべての高圧ガスが、適用を受けるので、設
　問の「液化窒素の移動を終了したときは、その必要がない」は、誤り。

ハ…×　一般則第49条第1項第二十号本文及び同号ロに、「同項第十七号に掲げられた
　高圧ガスを車両により移動する場合は、定められた運転時間を超えて移動するとき
　は、交替して運転させるため、車両1台につき運転者2人を充てなければならない」
　と定められている。

　　　同項第十七号に掲げられた高圧ガスは、

　　　同号イで、圧縮ガス（特殊高圧ガスのものを除く）のうち

　　　　（イ）容積が300立方メートル以上の可燃性ガス及び酸素

　　　　（ロ）容積が100立方メートル以上の毒性ガス

　　　同号ロで、液化ガス（特殊高圧ガスのものを除く）のうち

　　　　（イ）質量が3000キログラム以上の可燃性ガス及び酸素

　　　　（ロ）質量が1000キログラム以上の毒性ガス

　　　　（ハ）第7条の3第2項の圧縮水素スタンドに液化水素の貯槽に充塡する液
　　　　　化水素

　　　同号ハで、特殊高圧ガス

設問の「・・・特殊高圧ガスのみである」は、同号イの圧縮ガスや同号ロの液化ガスを除いるので、誤り。

問15　次のイ、ロ、ハの記述のうち、車両に積載した容器（内容積が47リットルのもの）による高圧ガスの移動に係る技術上の基準等について一般高圧ガス保安規則上正しいものはどれか。
イ．販売業者が販売のための二酸化炭素を移動するときは、その車両に警戒標を掲げる必要はない。
ロ．塩素の充填容器とアンモニアの充填容器とを同一の車両に積載して移動してはならない。
ハ．特殊高圧ガスを移動するときは、あらかじめ、そのガスの移動中、充填容器又は残ガス容器に係る事故が発生した場合における荷送人へ確実に連絡するための措置を講じて行わなければならない。
　　　⑴　イ　　　⑵　ハ　　　⑶　イ、ハ　　　⑷　ロ、ハ　　　⑸　イ、ロ、ハ

　［正解］⑷　ロ、ハ
　［解説］
法第23条第１項及び第２項に基づく一般則第50条に、車両に積載した容器による高圧ガスの移動に係る技術上の基準等が定められている。
イ…✕　一般則第50条第一号に「充填容器等を車両に積載して移動するときは、当該車両の見やすい箇所に警戒標を掲げること」と定められており、警戒票を掲げる必要のない高圧ガスの種類や販売業者などが販売のため移動などに関する除外の定めが同条第一号ただし書きに掲げられていないので、設問の「販売業者が販売のための二酸化炭素を移動するとき、その車両に警戒票を掲げる必要はない」は、誤り。
ロ…〇　一般則第50条第六号ロに、「塩素の充填容器等（充填容器及び残ガス容器）とアセチレン、アンモニア又は水素の充填容器等（充填容器及び残ガス容器）を同一車両に積載して移動しないこと」と定められているので、正しい
ハ…〇一般則第50条第十三号に、「一般則第49条第１項第十七号に掲げる高圧ガスを移動するときは、49条第1項第十九号本文及び同号イの基準を準用する」と定められている。これ読み替えると、「一般則第49条第１項第十七号に掲げる高圧ガスを移動するときは、あらかじめ、そのガスの移動中、充填容器又は残ガス容器に係る事故が発生した場合における荷送人へ確実に連絡するための措置を講じて行わなければならない」となり、一般則第49条第１項第十七号ハに掲げられている特殊高圧ガスは、この基準の適用を受けるので、正しい。

問16　次のイ、ロ、ハの記述のうち、高圧ガスの廃棄に係る技術上の基準について一般高圧ガス保安規則上正しいものはどれか。
イ．技術上の基準に従うべき高圧ガスは、可燃性ガス、毒性ガス及び特定不活性ガスに限られている。

ロ．高圧ガスを継続かつ反復して廃棄するとき、ガスの滞留を検知する措置を講じな
　ければならない高圧ガスは、可燃性ガス、毒性ガス及び特定不活性ガスに限られて
　いる。
ハ．三フッ化窒素を廃棄するときは、バルブ及び廃棄に使用する器具の石油類、油脂
　類その他の可燃性の物を除去した後に廃棄しなければならない。
　　　(1) ハ　　　(2) イ、ロ　　　(3) イ、ハ　　　(4) ロ、ハ　　　(5) イ、ロ、ハ

[正解] (4) ロ、ハ
[解説]
イ…×　法25条に基づく一般則第61条に、「廃棄に係る技術上の基準に従うべき高圧
　ガスとして、可燃性ガス、毒性ガス及、特定不活性ガス及び酸素とする」と４種類
　の高圧ガスが定められているが、設問は、酸素が除かれているので、誤り。
ロ…○　法25条に基づく一般則第62条第四号に、「可燃性ガス、毒性ガス又は特定不
　活性ガスを継続かつ反復して廃棄するときは、そのガスの滞留を検知するための措
　置を講じてすること」と定められているので、正しい。
ハ…○　法25条に基づく一般則第62条第五号に、「酸素又は三フッ化窒素の廃棄は、
　バルブ及び廃棄に使用する器具の石油類、油脂類をその他の可燃性の物を除去した
　後にすること」と定められているので、正しい。

問17　次のイ、ロ、ハの記述のうち、高圧ガスの販売の方法に係る技術上の基準につ
　いて一般高圧ガス保安規則上正しいものはどれか。
イ．販売業者は、圧縮天然ガスを燃料の用に供する一般消費者に圧縮天然ガスを販売
　するとき、配管の気密試験のための設備を備えなければならない。
ロ．販売業者は、他の高圧ガスの販売業者にヘリウムを販売する場合、その引き渡し
　先の保安状況を明記した台帳を備える必用はない。
ハ．圧縮天然ガスの充填容器の引渡しは、容器再検査の期間を６か月以上経過してい
　ないものであり、かつ、その旨を明示したものでなければならないが、残ガス容器
　の引き渡しの場合はこの限りでない。
　　　(1) イ　　　(2) イ、ロ　　　(3) イ、ハ　　　(4) ロ、ハ　　　(5) イ、ロ、ハ

[正解] (1) イ
[解説]
法第20条の6第1項に基づく一般則第40条に、販売業者等に係る技術上の基準が定め
られている。
イ…○　一般則第40条第五号に、「圧縮天然ガスを燃料の用に供する一般消費者に圧
　縮天然ガスを販売する者にあっては、配管の気密試験のための設備を備えること」
　と定められているので、正しい。
ロ…×　一般則第40条第一号に、「高圧ガスの引渡し先の保安状況を明記した台帳を
　備えること」と定められている。この基準は、高圧ガスの種類に関係なくすべての

高圧ガスが適用されるので、設問の「・・・ヘリウムを販売する場合、その引き渡し先の保安状況を明記した台帳を備える必要はない」は、誤り。

ハ…✕　一般則第40条第三号に、「圧縮天然ガスの充塡容器等（充塡容器又は残ガス容器）の引渡しは、その容器の容器再検査の期間を6か月以上経過していないものであり、かつ、その旨を明示したものをもってすること」と定められており、残ガス容器もこの基準が適用されるので、設問の「残ガス容器の引き渡しの場合はこの限りでない」は、誤り。

問18　次のイ、ロ、ハの記述のうち、高圧ガスの販売業者について正しいものはどれか。

イ．販売業者は、水素及び酸素の高圧ガスを販売している販売所において、新たに販売する高圧ガスとしてメタンを追加したときは、遅滞なく、その旨を都道府県知事等に届け出なければならない。

ロ．販売業者は、アセチレンの販売所の販売主任者に、乙種機械責任者免状の交付を受け、かつアンモニアの製造に関する1年の経験を有する者を選任することができる。

ハ．販売業者が販売所に販売主任者を選任しなければならないと定められている高圧ガスの一つに、窒素がある。
　　　⑴　イ　　　⑵　イ、ロ　　　⑶　イ、ハ　　　⑷　ロ、ハ　　　⑸　イ、ロ、ハ

［正解］⑵　イ、ロ
［解説］
イ…〇　法第20条の7に、「販売業者は、販売をする高圧ガスの種類を変更したときは、遅滞なく、その旨を都道府県知事に届け出なければならない」と定められているので、正しい。

　　なお、参考までに、「高圧ガス保安法及び関係政省令の運用及び解釈について（内規）」で、次の（イ）から（ハ）までに掲げる同一区分内の高圧ガスの種類の変更は、都道府県知事への届出が免除されている。

　　（イ）冷凍設備内の高圧ガス

　　（ロ）液化石油ガス（炭素数3又は4の炭化水素を主成分とするもの限り、（イ）を除く。）

　　（ハ）不活性ガス（（イ）を除く。）

ロ…〇　法第28条第1項に基づく一般則第72条第2項に、アセチレンの販売所の販売主任者は、乙種機械主任者免状の交付を受け、かつ、同項の表の1番目、2番目又は3番目の枠の下欄のガスの種類の製造又は販売に関する6か月以上の経験を有する者を選任しなければならないと定められている。

　　アンモニアは2番目の下欄に掲げられており、アセチレンの販売に関する経験として認められる。

　　したがって、乙種機械主任者免状の交付を受けたもので、アンモニアの製造又は

販売に関する６月以上の経験を有する者は、設問の「アセチレンの販売する販売所
の販売主任者に選任できる」ので、正しい。

ハ…×　法第28条第１項に基づく一般則第72条第１項に、販売主任者を選任し、職務
を行わせなければならないない高圧ガスが、指定されている。

　　窒素は、同条第１項に指定されていないので、販売する場合は販売主任者の選
任の必要がない高圧ガスである。

　　設問の「販売主任者を選任しなければならないと定められている高圧ガスの一つ
に、窒素がある」は、誤り。

問19　次のイ、ロ、ハのうち、高圧ガスの販売業者が販売する高圧ガスを購入して溶
　　接又は熱切断の用途に消費する者に対し、所定の方法により、その高圧ガスによる
　　災害の発生の防止に関し必要な所定の事項を周知させなければならない場合、その
　　対象となる高圧ガスとして一般高圧ガス保安規則上正しいものはどれか。

イ．アセチレン
ロ．エチレン
ハ．天然ガス
　　　(1)　イ　　　(2)　イ、ロ　　　(3)　イ、ハ　　　(4)　ロ、ハ　　　(5)　イ、ロ、ハ

［正解］(3)　イ、ハ
［解説］
法第20条の５第１項に基づく一般則第39条第１項第一号に、「溶接又は熱切断の用途
に消費する者に対し、周知させるべき高圧ガスとして、アセチレン、天然ガス、酸素」
が定められている。

イ…○　アセチレンは、定められているので、正しい。
ロ…×　エチレンは、定められていないので、誤り。
ハ…○　天然ガスは、定められているので、正しい。

問20　次のイ、ロ、ハの記述のうち、高圧ガスの販売業者が販売する高圧ガスを購入
　　して消費する者に対し、所定の方法により、その高圧ガスによる災害の発生の防止
　　に関し必要な所定の事項を周知させなければならない場合、その周知について一般
　　高圧ガス保安規則上正しいものはどれか。

イ．その周知させるべき時期は、その高圧ガスの販売契約の締結時のみである。
ロ．「消費設備の操作、管理及び点検に関し注意すべき基本的な事項」は、その周知
　　させる べき事項の一つである。
ハ．「消費設備の変更に関し注意すべき基本的な事項」は、その周知させるべき事項
　　の一つである。
　　　(1)　イ　　　(2)　ロ　　　(3)　イ、ハ　　　(4)　ロ、ハ　　　(5)　イ、ロ、ハ

［正解］(4)　　ロ、ハ
［解説］

イ…×　法20条の5第1項に基づく一般則第38条に、「販売業者は、販売契約を締結したとき、周知してから1年以上経過して高圧ガスを引き渡したときごとに、・・・周知させなければならない」と定められており、設問の「・・・高圧ガスの販売契約の締結時のみである」は、誤り。

ロ…○　法20条の5第1項に基づく一般則第39条第2項第二号に、周知させるべき事項の一つとして「消費設備の操作、管理及び点検に関し注意すべき基本的な事項」は、定められているので、正しい。

ハ…○　法20条の5第1項に基づく一般則第39条第2項第四号に、周知させるべき事項の一つとして「消費設備の変更に関し注意すべき基本的な事項」は、定められているので、正しい。

(注)
　充填に関する表記は、高圧ガス保安法では、法律では「充てん」と表記され、一方、規則（一般則、容器則）では、「充填」と漢字で表記されている。

　本解説書では、すべて漢字表記の「充填」としました。

法 令 試 験 問 題

（令和４年１１月１３日実施）

　次の各問について、高圧ガス保安法に係る法令上正しいと思われる最も適切な答え
をその問の下に掲げてある(1)、(2)、(3)、(4)、(5)の選択肢の中から１個選びなさい。

　なお、高圧ガス保安法は令和４年６月22日付けで改正され公布されたが、現在、こ
の改正法は施行されておらず、本年度のこの試験は、現在施行されている高圧ガス保
安法に基づき出題している。

　また、経済産業大臣が危険のおそれのないと認めた場合等における規定は適用しな
い。

　（注）試験問題中、「都道府県知事等」とは、都道府県知事又は高圧ガス保安法に
関する事務を処理する指定都市の長をいう。

問１　次のイ、ロ、ハの記述のうち、正しいものはどれか。

イ．オートクレーブ内における高圧ガスは、そのガスの種類にかかわらず高圧ガス保
　　安法の適用を受けない。

ロ．特定高圧ガス消費者は、第一種製造者であっても事業所ごとに、消費開始の日の
　　20日前までに、特定高圧ガスの消費について、都道府県知事等に届け出なければな
　　らない。

ハ．販売業者がその販売所（特に定められたものを除く。）において指定した場所で
　　は、その販売業者の従業者を除き、何人も火気を取り扱ってはならない。

　　(1) イ　　(2) ロ　　(3) イ、ハ　　(4) ロ、ハ　　(5) イ、ロ、ハ

［正解］(2) ロ

［解説］

イ…✕　オートクレーブ内における高圧ガスは、高圧ガス保安法（以下「法」という）
　　第３条第１項第八号に基づく政令第２条第３項第六号に、「オートクレーブ内にお
　　ける高圧ガスは、水素、アセチレン塩化ビニルを除く高圧ガスが適用除外である」
　　と定められている。

　　　したがって、オートクレーブ内における高圧ガスのうち、水素、アセチレン、塩
　　化ビニルは、法の適用を受けるので、設問の「・・・そのガスの種類にかかわらず
　　高圧ガス保安法の適用を受けない」は、誤り。

ロ…○　法第24条の２第１項に、「特定高圧ガス消費する者（特定高圧ガス消費者）
　　は事業所ごとに消費の開始前の20日前までに届け出なければならない」と設問のと
　　おり定められているので、正しい。

ハ…✕　法第37条第１項に、「何人も、販売売所において販売業者が指定する場所で
　　火気を取り扱ってはならない」と定められている。

「何人」には、例外とされる人はいないので、設問の「販売業者の従業者を除き、何人も火気を取り扱ってはならない」は、誤り。

　　また、設問中の「特に定められたもの」とは、法20条の4第二号の医療用の圧縮酸素、その他の政令第6条で定める高圧ガスの販売を営む者が、貯蔵数量が常時容積5立方メートル未満の販売所において販売するときをいい、これらの者は、都道府県知事への販売事業の届出が不要である。

問2　次のイ、ロ、ハの記述のうち、正しいものはどれか。
イ．販売業者は、その従業者に保安教育を施さなければならない。
ロ．販売業者が容器を喪失したときに、遅滞なく、その旨を都道府県知事等又は警察官に届け出なければならないのは、その喪失した容器を所有していた場合に限られている。
ハ．販売業者は、同一の都道府県内に新たに販売所を設ける場合、その販売所における高圧ガスの販売の事業開始後遅滞なく、その旨を都道府県知事等に届け出なければならない。
　　　　⑴　イ　　　⑵　ハ　　　⑶　イ、ロ　　　⑷　イ、ハ　　　⑸　イ、ロ、ハ

　［正解］⑴　イ
　［解説］
イ…○　法第27条第4項に、「販売業者は、その従業者に保安教育を施さなければならない」と設問のとおり定められているので、正しい。
ロ…×　法第63条第1項第二号に、「販売業者は、その所有し、又は占有する容器を喪失し、又は盗まれたときは、遅滞なく、その旨を都道府県知事又は警察官に届け出なければならない」と定められている。
　　　　したがって、設問の「・・・その喪失した容器を所有していた場合に限られている」は、占有する容器を喪失し、又は盗まれたときが除かれているので、誤り。
ハ…×　法第20条の4に、「高圧ガスの販売の事業を営もうとする者は、販売所ごとに、事業開始の日の20日前までに、その旨を都道府県知事に届け出なければならない」と定められており、設問の「・・・高圧ガスの販売の事業開始後遅滞なく」は、誤り。

問3　次のイ、ロ、ハの記述のうち、正しいものはどれか。
イ．常用の温度35度において圧力が0.2メガパスカルとなる液化ガスであって、現在の圧力が0．1メガパスカルのものは特に定めるものを除き高圧ガスではない。
ロ．高圧ガス保安法は、高圧ガスによる災害を防止して公共の安全を確保する目的のために、高圧ガスの製造、貯蔵、販売、移動その他の取扱及び消費並びに容器の製造及び取扱について規制するとともに、民間事業者及び高圧ガス保安協会による高圧ガスの保安に関する自主的な活動を促進することを定めている。

ハ、充填容器又は残ガス容器が火災を受けたとき、その充填されている高圧ガスを容器とともに損害を他に及ぼすおそれのない水中に沈めることは、その容器の所有者または占有者がとるべき応急の措置の一つである。

(1) イ　　(2) ロ　　(3) イ、ハ　　(4) ロ、ハ　　(5) イ、ロ、ハ

［正解］(4) ロ、ハ
［解説］
イ…✕　法第2条第三号に、高圧ガスとしてこの<u>法の適用を受ける液化ガス</u>が定義されている。

　　同号の前段（又はの前までの定義）においては、「常用の温度（容器の場合はその容器が置かれている環境の温度、設備の場合はその設備が正常な状態で運転されているときの温度）において圧力が0.2メガパスカル以上となる液化ガスであって、現に（現在の温度おける）その圧力が0.2メガパスカル以上であるものは高圧ガスである」と定義し、また、同号の後段（又は以降の定義）においては、「圧力（飽和蒸気圧力）が0.2メガパスカル以上となる場合の温度が35度以下である液化ガスは高圧ガスである」と定義している。液化ガスについては、この2つの定義のどちらか1つに該当すれば高圧ガスになる。

　　設問の液化ガスは、常用の温度35度において圧力が0.2メガパスカルであって、現在の圧力が0.1メガパスカルのものなので、<u>後段の定義に該当する高圧ガスである。</u>

　　したがって、設問の「・・・高圧ガスではない」は、誤り。

　　なお、高圧ガスの定義における圧力はゲージ圧力をいう。

　　また、特に定めるものとは、法第2条第四号において指定された液化シアン化水素、液化ブロムメチルや政令で定める酸化エチレンの液化ガスのことをいう。

ロ…〇　法第1条に、「高圧ガス保安法は、高圧ガスによる災害を防止するため、高圧ガスの製造、貯蔵、販売、移動その他の取扱い及び消費等の規制をするとともに、民間事業者及び高圧ガス保安協会による高圧ガスの保安に関する自主的な活動を促進し、もって公共の安全を確保する目的とする」と設問のとおり定められているので、正しい。

ハ…〇　法第36条第1項に、「高圧ガスの製造のための施設、貯蔵所・・・高圧ガスを充てんした容器が危険な状態になったときは、・・・<u>高圧ガスを充てんした容器の所有者又は占有者は、</u>直ちに、一般高圧ガス保安規則（以下「一般則」という）第84条で定める災害の発生の防止のための応急措置を講じなければならない」と定められており、その応急の措置の一つとして一般則同条第四号に、「・・・その充填容器等とともに損害を他に及ぼすおそれのない<u>水中に沈め、</u>もしくは土中に埋めること」と設問のとおり定められているので、正しい。

問4　次のイ、ロ、ハの記述のうち、正しいものはどれか。
イ．常用の温度において圧力が1メガパスカル以上となる圧縮ガスであって、現在の圧力が1メガパスカルであるものは、高圧ガスである。

ロ．容器に充填された高圧ガスを輸入し陸揚地を管轄する都道府県知事等が行う輸入
　　検査を受ける場合は、その検査対象は高圧ガスのみである。
ハ．販売業者が高圧ガスである圧縮窒素を容器により授受した場合、販売所ごとに備
　　える帳簿に記載すべき事項の一つに「充填容器ごとの充填圧力」がある。
　　　⑴　イ　　　⑵　ロ　　　⑶　イ、ハ　　　⑷　ロ、ハ　　　⑸　イ、ロ、ハ

［正解］⑶　イ、ハ
［解説］

イ…〇　法第2条第一号に、高圧ガスとしてこの法の適用を受ける圧縮ガス（圧縮ア
　　セチレンガスを除く。）が定義されている。同号の前段（又はの前までの定義）に
　　おいては、「常用の温度において圧力が1メガパスカル以上となる圧縮ガスであっ
　　て、現にその圧力が1メガパスカル以上であるものが高圧ガスである」と定義して
　　おり、また、同号の後段（又は以降の定義）では、「温度35度において圧力が1メ
　　ガパスカル以上となる圧縮ガスは高圧ガスである」と定義している。圧縮ガス（圧
　　縮アセチレンガスを除く。）については、この2つの定義のどちらか1つに該当す
　　れば高圧ガスになる。
　　　設問の圧縮ガスは「常用の温度において圧力が1メガパスカルであって、現在の
　　圧力が1メガパスカルなので、前段の定義に該当する高圧ガスである。設問は正し
　　い。
ロ…×　法第22条第1項に、「高圧ガスを輸入した者は、輸入をした高圧ガス及びそ
　　の容器につき、都道府県知事が行う輸入検査を受け、これらが輸入検査技術基準に
　　適合していると認められた後でなければ、これを移動してはならない」と定められ
　　ている。
　　　したがって、設問の「・・・都道府県知事等が行う輸入検査を受ける場合は、そ
　　の検査対象は高圧ガスのみである」は、もう一つの検査対象である容器が除かれて
　　いるので、誤り。
ハ…〇　販売業者が高圧ガスを容器により授受した場合、販売所ごとに備える帳簿に
　　記載すべき事項は、法第60条第1項に基づく一般則第95条第3項の表二の記載すべ
　　き事項の一つに、「充填容器ごとの充填圧力」が設問のとおり定められているので、
　　正しい。

問5　次のイ、ロ、ハのうち、販売業者が販売のため一つの容器置場に高圧ガスを貯
　　蔵する場合、第一種貯蔵所において貯蔵しなければならないものはどれか。
イ．容積700立方メートルの圧縮酸素及び容積600立方メートルの圧縮窒素
ロ．容積3000立方メートルの圧縮アルゴン
ハ．質量1万キログラムの液化酸素
　　　⑴　イ　　　⑵　ロ　　　⑶　イ、ハ　　　⑷　ロ、ハ　　　⑸　イ、ロ、ハ

［正解］⑷　ロ、ハ
［解説］

第一種貯蔵所とは、法第16条第１項に定める「容積300立方メートル（当該政令で定めるガスの種類ごとに300立方メートルを超える政令第５条で定める値）以上の高圧ガスを貯蔵する貯蔵所のことをいいます。

ガスの種類として第一種ガスは、ヘリウム、ネオン、アルゴン、クリプトン、キセノン、ラドン、窒素、二酸化炭素、フルオロカーボン（可燃性のものを除く）、又は空気が指定されている。また、第二種ガスは、第三種ガスを除いた第一種ガス以外のガスのことをいいますが、第三種ガスに指定されているガスはありません。

また、法第16条第３項に、「同条第１項（容積300立方メートル以上の高圧ガスを貯蔵する貯蔵所）の場合において、貯蔵する高圧ガスが液化ガス又は液化ガス及び圧縮ガスであるときは、液化ガス10キログラムをもって容積１立方メートルとみなして、第１項の規定を適用する」と、みなし規定が定められている。

イ…✕　第一種ガスの圧縮窒素（窒素）と第二種ガスの圧縮酸素（酸素）の双方を貯蔵する場合の政令第５条で定める値（容積）は、同条の表の３番目の枠（政令第５条表第三号）の下欄に、「1000立方メートルを超え3000立方メートル以下の範囲内において一般則第103条で定める値」が定められている。

　　一般則第103条では、次式により値（Ｎ）を求めると規定されています。

　　　　$N = 1000 + 2/3 \times M$

　　　　（Ｎは、政令第５条で定める値（容積（㎥））

　　　　（Ｍは、当該貯蔵所における第一種ガスの貯蔵設備に貯蔵することができるガスの容積（㎥））

　　そこで、設問の窒素600立方メートルをＭに代入して、Ｎ（値）を算出すると

　　$N（値）= 1000 + 2/3 \times 600 = 1400$　立方メートルとなります。

　　一方、設問の貯蔵しようとするガスの容積の合計は700立方メートル（酸素）＋600立方メートル（窒素）＝　1300立方メートル　で

　　政令第５条で定める値（Ｎ＝1400立方メートル）以下なので、第一種貯蔵所に該当しない第二種貯蔵所になるので、設問は誤り。

ロ…〇　第一種ガスの圧縮アルゴン（アルゴン）を貯蔵する場合の政令第５条で定める値（容積）は、同条の表の１番目の枠（政令第５条表第一号）の下欄で、値が3000立方メートルと定められており、設問の「アルゴンの容積が3000立方メートル」なので、第一種貯蔵所に該当するため、設問は正しい。

ハ…〇第二種ガスの液化酸素を貯蔵する場合は、政令第５条で定める値（容積）は、同条の表の２番目の枠（政令第５条表第二号）の下欄で、値が1000立方メートルと定められている。

　　設問の質量１万キログラムの液化アンモニアのみなし容積は、法16条第３項の規定に従い算出すると1000立方メートルとなり、政令第５条で定める値の1000立方メートルに該当し、第一種貯蔵所になるので、設問は正しい。

　　なお、参考までに、「高圧ガス保安法及び関係政省令の運用及び解釈について（内規）」で、高圧ガスの呼称については次のように運用及び解釈がなされている。

　　例えば、「酸素」の呼称は、気状のものを意味する場合は「酸素ガス」、液状のものを意味する場合は「液化酸素」、双方を意味する場合は「酸素」としている。

問6　次のイ、ロ、ハの記述のうち、高圧ガスを充塡するための容器（再充塡禁止容器を除く。）及びその附属品について正しいものはどれか。

イ．容器に充塡する液化ガスは、刻印等又は自主検査刻印等で示された種類の高圧ガスであり、かつ、容器に刻印等又は自主検査刻印等で示された最大充塡質量の数値以下のものでなければならない。

ロ．容器の製造又は輸入をした者は、容器検査を受け、これに合格したものとして所定の刻印又は標章の掲示がされているものでなければ、特に定められた容器を除き、容器を譲渡し、又は引き渡してはならない。

ハ．容器又は附属品の廃棄をする者は、その容器又は附属品をくず化し、その他容器又は附属品として使用することができないように処分しなければならない。

　　⑴ イ　　⑵ ハ　　⑶ イ、ロ　　⑷ ロ、ハ　　⑸ イ、ロ、ハ

［正解］⑷ ロ、ハ

［解説］

イ…×　容器に液化ガスを充塡する場合は、法第48条4項に基づく容器保安規則（以下「容器則」という）第22条に定める計算式により、容器の内容積に応じて求めた質量以下のものとすると定められている。また、法第45条第1項及び法第49条に基づく容器則第8条に、容器（すべての種類のもの）に刻印をすべき事項に、最大充塡質量の定めはない。

　　したがって、設問の「・・・容器に刻印等又は自主検査刻印等で示された最大充塡質量以下のものでなければならない」は、誤り。

　　なお、液化ガスを容器に充塡することができる質量は、法第48条第4項1号に基づく容器則第22条に、「その容器の内容積と充塡する液化ガスの種類に応じた定数により計算した質量（G）より以下のものであること」と定められている。

　　　　G＝V／C

　　G：液化ガスの質量、V：容器の内容積、C：液化ガスの種類に応じた定数など

ロ…○　法第44条の本文に、「容器の製造又は輸入したものは、容器検査を受け、これに合格したものとして法第45条第1項の刻印又は同条第2項の標章の掲示がされているものでなければ、特に定められた容器を除き、容器を譲渡し、又は引き渡してはならない」と設問のとおり定められているので、正しい。

　　なお、特に定められた容器とは、登録容器製造業者や外国登録容器製造業者が製造した容器であって所定の刻印又は標章の掲示がされた容器や高圧ガスを充塡して輸入された容器をいう。

ハ…○　法第　　第3項に「容器所有者は、容器検査に合格しなかった容器について三月以内に刻印等がなされなかったときは、遅滞なく、これをくず化し、その他容器として使用することができないように処分しなければならない」と設問のとおり定められているので、正しい。

問7　次のイ、ロ、ハの記述のうち、高圧ガスを充填するための容器（再充填禁止容器を除く。）について容器保安規則上正しいものはどれか。

イ．液化アンモニアを充填するための溶接容器の容器再検査の期間は、容器の製造後の経過年数に応じて定められている。

ロ．液化炭酸ガスを充填する容器、（超低温容器を除く。）には、その容器に充填することができる最高充填圧力の刻印等がされていなければならない。

ハ．液化アンモニアを充填する容器に表示をすべき事項のうちには、その容器の外面の見やすいい箇所に、その表面積の2分の1以上について行う黄色の塗色及びその高圧ガスの性質を示す文字「毒」の明示がある。

　　　⑴　イ　　⑵　ハ　　⑶　イ、ロ　　⑷　ロ、ハ　　⑸　イ、ロ、ハ

［正解］⑴　イ

［解説］

イ…〇　液化アンモニアを充填する溶接容器の容器再検査の期間は、法第48条第1項第五号に基づく容器則第24条第1項第一号に、「溶接容器、超低温容器及びろう付け容器の容器再検査の期間は、その製造後の経過年数が20年未満のものは5年、経過年数20年以上のものは2年」と製造後の経過年数に応じて定められているので、設問は正しい。

ロ…×　容器に液化ガスを充填する場合は、法第48条4項に基づく容器保安規則（以下「容器則」という）第22条に定める計算式により、容器の内容積に応じて求めた質量以下のものとすると定められているので、液化炭酸ガスを充填する容器には、容器則第8条に定める容器（すべての種類のもの）に刻印をすべき事項に、内容積の刻印等はあるものの最高充填圧力の刻印等はない。

　　したがって、設問の「液化炭酸ガスを充填する容器、・・・その容器に充填することができる最高充填圧力の刻印等がされていなければならない」は、誤り。

　　なお、圧縮ガスを容器に充填する場合は、法第48条第4項第一号に、「・・・、かつ刻印等において示された圧力（容器則第8条1項十二号に、最高充填圧力（記号FP、単位メガパスカル）以下のものであり）」と定められている。

ハ…×　法第46条第1項に基づく容器則第10条第1項第一号に、液化アンモニアを充填する容器に表示をすべき事項の一つとして、「その容器の表面積の2分の1以上について白色の塗色を行うこと」と定められている。また、同項第二号はその高圧ガスの性質を示す文字「毒」の明示も定められている。

　　したがって、設問の「・・黄色の塗色・・・」は、誤り。

問8　次のイ、ロ、ハの記述のうち、特定高圧ガス消費者に係る技術上の基準について一般高圧ガス保安規則上正しいものはどれか。

イ．貯蔵能力が質量2000キログラムの液化塩素の消費施設は、その貯蔵設備の外面から第一種保安物件及び第二種保安物件に対し、それぞれ所定の距離を有しなければならないが、その減圧設備については、その必要はない。

ロ．消費施設（液化塩素に係るものを除く。）には、その規模に応じて、適切な防消
　火設備を適切な箇所に設けなければならない。

ハ．消費設備の使用開始時及び使用終了時に、その設備の属する消費施設の異常の有
　無を点検し、かつ、１日に１回以上消費する特定高圧ガスの種類及び消費の態様に
　応じ、頻繁に消費設備の作動状況について点検しなければならない。

　　(1) ロ　　(2) ハ　　(3) イ、ロ　　(4) イ、ハ　　(5) ロ、ハ

［正解］(5) ロ、ハ
［解説］
特定高圧ガスの消費者に係る技術上の基準は、法第24条の３第１項及び第２項に基づ
く一般則第55条に定められている。

イ…✕　一般則第55条第１項第二号に、「消費施設（・・・貯蔵能力が千キログラム
　以上三千キログラムの液化塩素に限る）は、その貯蔵設備及び減圧設備の外面から、
　第一種保安物件に対し第一種設備距離以上、第二種保安物件に対し第二種設備距離
　以上の距離を有すること」と定められており、設問の「・・・減圧設備については、
　その必要はない」は、誤り。

ロ…〇　一般則第55条第１項第二十七号に、「消費施設（液化塩素に係るものを除く）
　には、その規模に応じて、適切な防消火設備を適切な箇所に設けること」と設問の
　とおり定められているので、正しい。

ハ…〇　一般則第55条第２項第三号に、「特定高圧ガス消費は、消費設備の使用開始
　時及び使用終了時にその設備の属する消費施設の異常の有無を点検するほか、１日
　に１回以上消費をする特定高圧ガスの種類及び消費設備の態様に応じ頻繁に消費設
　備の作動状況について点検し、異常があるときは、その設備の補修その他の危険を
　防止する措置を講じて消費しなければならない」と設問のとおり定められているの
　で、正しい。

問９　次のイ、ロ、ハの記述のうち、特定高圧ガス消費者が消費する特定高圧ガス以
　外の高圧ガスの消費に係る技術上の基準について一般高圧ガス保安規則上正しいも
　のはどれか。

イ．アンモニアの消費は、漏えいしたガスが拡散しないように、気密な構造の室でし
　なければならない。

ロ．アセチレンの消費に使用する設備は、所定の措置を講じない場合、その設備の周
　囲５メートル以内においては、喫煙及び火気（その設備内のものを除く。）の使用
　を禁じ、かつ、引火性又は発火性の物を置いてはならない。

ハ．酸素又は三フッ化窒素の消費は、バルブ及び消費に使用する器具の石油類、油脂
　類その他可燃性の物を除去した後に行わなければならない。

　　(1) ハ　　(2) イ、ロ　　(3) イ、ハ　　(4) ロ、ハ　　(5) イ、ロ、ハ

［正解］(4) ロ、ハ
［解説］

特定高圧ガス消費者が消費する特定高圧ガス以外の高圧ガスの消費に係る技術上の基準は、法第24条の5第に基づく一般則第60条に定められている。

イ…✕　一般則第60条第1項第七号に、「<u>可燃性ガス又は毒性ガス</u>の消費は、通風の良い場所で行い、かつ、その容器を温度40度以下に保つこと」と定められており、可燃毒性ガスのアンモニアは、この基準の適用を受けるので、設問の「・・・漏いしたガスが拡散しないように、気密な構造の室でしなければならない」は、誤り。

ロ…〇　一般則第60条第1項第十号に「<u>可燃性ガス、酸素又は三フッ化窒素</u>の消費に使用する設備は、所定の措置を講じない場合、その設備の周囲5メートル以内においては、喫煙及び火気（その設備内のものを除く。）の使用を禁じ、かつ、引火性又は発火性の物を置いてはならない」と設問のとおり定められており、可燃性のアセチレンは、この基準の適用を受けるので、正しい。

ハ…〇　一般則第60条第1項第十五号に、「<u>酸素又は三フッ化窒素</u>の消費は、バルブ及び消費に使用する器具の石油類、油脂類その他可燃性の物を除去した後にすること」と設問のとおり定められているので、正しい。

問10　次のイ、ロ、ハの記述のうち、特定高圧ガス消費者が消費する特定高圧ガス以外の高圧ガスの消費に係る技術上の基準について一般高圧ガス保安規則上正しいものはどれか。

イ．酸素の消費設備に設けたバルブのうち、保安上重大な影響を与えるバルブには、作業員が適切に操作することができるような措置を講じなければならないが、それ以外のバルブにはその措置を講じる必要はない。

ロ．消費設備（家庭用設備を除く。）の修理又は清掃及びその後の消費を、保安上支障のない状態で行わなければならないのは、毒性ガスを消費する場合に限られている。

ハ．アンモニアの充填容器及び残ガス容器を加熱するときは、熱湿布を使用することができる。

　　⑴ イ　　⑵ ハ　　⑶ イ、ロ　　⑷ イ、ハ　　⑸ ロ、ハ

［正解］⑵ ハ
［解説］
法第24条の5第に基づく一般則第60条に、特定高圧ガス消費者が消費する特定高圧ガス以外の高圧ガスの消費に係る技術上の基準が定められている。
また、この基準（一般則第60条）の適用を受ける高圧ガスとして、一般則第59条に<u>可燃性ガス、毒性ガス、酸素及び空気</u>が指定されている。

イ…✕　一般則第60条第1項第五号に、「消費設備に設けたバルブ又はコックには、作業員が当該バルブ又はコックを適切に操作で器用な措置を講ずること」と定められている。この基準の適用を受けないバルブ又はコックの定めはなく、また、酸素は一般則第59条で指定されており、<u>酸素の消費設備はこの基準</u>は受ける。

　　したがって、設問の「・・・それ以外のバルブには<u>その措置を講じる必要はない</u>」は、誤り。

ロ…×　一般則第60条第1項第十七号に、「消費設備（家庭用設備を除く）の修理又は清掃、及びその後消費は保安上支障ない状態で行うための基準が定められている。また、この基準の適用を受ける高圧ガスとして一般則第59条に可燃性ガス、毒性ガス、酸素及び空気が指定されている。

　　したがって、可燃性ガス、酸素及び空気が除かれているので、設問の「・・・毒性ガスに限られている」は、誤り

ハ…○　一般則第60条第1項第三号イに、「充填容器等（充填容器及び残ガス容器）を加熱するときは、熱湿布を使用すること」と設問のとおり定められているので、正しい。

問11　次のイ、ロ、ハの記述のうち、販売業者が容積0.15立方メートルを超える高圧ガスを容器（高圧ガスを燃料として使用する車両に固定した燃料装置用容器を除く。）により貯蔵する場合の技術上の基準について一般高圧ガス保安規則上正しいものはどれか。

イ．貯蔵の方法に係る技術上の基準に従うべき高圧ガスの種類は、可燃性ガス、毒性ガス及び酸素に限られている。

ロ．貯蔵の方法に係る技術上の基準に従って貯蔵しなければならない液化塩素は、その質量が1.5キログラムを超えるものに限られている。

ハ．車両に積載した容器（特に定めるものを除く。）により高圧ガスを貯蔵するときは、都道府県知事等の許可を受けて設置する第一種貯蔵所又は都道府県知事等に届出を行って設置する第二種貯蔵所において行わなければならない。

　　　⑴　ロ　　　⑵　ハ　　　⑶　イ、ロ　　　⑷　ロ、ハ　　　⑸　イ、ロ、ハ

［正解］⑷　ロ、ハ
［解説］

イ…×　法第15条第1項に定める貯蔵の方法に係る技術上の基準に従うべき高圧ガスの種類は、特に指定されていないので、すべての高圧ガスがこの基準の適用を受けることになる。

　　したがって、設問の「・・・技術上の基準に従うべき高圧ガスの種類は、可燃性ガス、毒性ガス及び酸素に限られている」は、誤り。

ロ…○　法第15条第1項に基づく一般則第19条第一号に、「容積0.15立方メートル以下の高圧ガスは、この基準を適用しない」と定められている。また、同上第二号では、「貯蔵する高圧ガスが液化ガスであるときは、質量十キログラムをもって容積1立方メートルをとみなす」と定められている。

　　設問の液化塩素は液化ガスであり、その質量が1.5キログラムは容積0.15立方メートルとみなされ同条第一号に定める容積0.15立方メートルを超えるので、設問の「・・・液化塩素は、その質量が1.5キログラム（容積0.15立方メートル）を超えるものに限られている」は、正しい。

ハ…○　法第15条第1項に基づく一般則第18条第二号ホに、「貯蔵は、船、車両若しくは鉄道車両に固定し、又は積載した容器によりしないこと。ただし、都道府県知

事等の許可を受けて設置する第一種貯蔵所又は都道府県知事等に届出を行って設置する第二種貯蔵所において、貯蔵するときはこの限りでない」と設問のとおり定められているので、正しい。

　なお、設問中の（特に定めるものを除く。）とは、緊急時に使用する高圧ガスを充填してある容器を消防緊急時に使用する車両に搭載して貯蔵する場合をいいます。

問12　次のイ、ロ、ハの記述のうち、販売業者が容積0.15立方メートルを超える高圧ガスを容器（高圧ガスを燃料として使用する車両に固定した燃料装置用容器を除く。）により貯蔵する場合の技術上の基準について一般高圧ガス保安規則上正しいものはどれか。

イ．高圧ガスを充填してある容器は、充填容器及び残ガス容器にそれぞれ区分して容器置場に置かなければならない。

ロ．充填容器については、その温度を常に所定の温度以下に保つべき定めがあるが、残ガス容器についてはその定めがない。

ハ．液化アンモニアの容器置き場には、携帯電燈以外の燈火を携えて立ち入ってはならない。

　　　(1) イ　　(2) イ、ロ　　(3) イ、ハ　　(4) ロ、ハ　　(5) イ、ロ、ハ

［正解］(3) イ、ハ
［解説］
法第15条第１項に基づく一般則第18条に、容積0.15立方メートルを超える高圧ガスを容器（高圧ガスを燃料として使用する車両に固定した燃料装置用容器を除く。）により貯蔵する場合の技術上の基準が定められている。

イ…○　一般則第18条第二号ロで準用する一般則第６条第２項第八号イに、「充填容器等（充填容器及び残ガス容器）は、充填容器及び残ガス容器に、それぞれ区分して容器置場に置くこと」と設問のとおり定められているので、正しい。

ロ…×　一般則第18条第二号ロで準用する一般則第６条第２項第八号ホに、「充填容器等（充填容器及び残ガス容器）は、常に40度又は超低温容器や低温容器は所定の温度以下に保つこと」と定められており、この基準は残ガス容器にも適用されるので、設問の「・・・残ガス容器についてはその定めがない」は、誤り。

ハ…○　一般則第18条第二号ロで準用する一般則第６条第２項第八号チに、「可燃性ガスの容器置場には、携帯電燈以外の燈火を携えて立ち入らないこと」と定められている。
可燃毒性の液化アンモニアはこの基準の適用を受けるので、設問は正しい。

問13　次のイ、ロ、ハの記述のうち、容器（配管により接続されていないものに限る。）により高圧ガスを貯蔵する第二種貯蔵所に係る技術上の基準について一般高圧ガス保安規則上正しいものはどれか。

イ．不活性ガスのみの容器置場であっても、容器置場を明示し、かつ、その外部から見やすいように警戒標を掲げなければならない。

ロ．容器置場は、特に定められた場合を除き、1階建としなければならないが、酸素のみを貯蔵する容器置場は2階建とすることができる。

ハ．可燃性ガスの容器置場及び酸素の容器置場に直射日光を遮るための措置を講じる場合は、そのガスが漏えいし、爆発したときに発生する爆風が上方向に解放されることを妨げないものとしなければならない。

    (1) イ   (2) イ、ロ   (3) イ、ハ   (4) ロ、ハ   (5) イ、ロ、ハ

［正解］(5) イ、ロ、ハ

［解説］

容器により高圧ガスを貯蔵する第二種貯蔵所である容器置場は、法18条第2項に基づく一般則第26条第二号に、「一般則第23条の第一種貯蔵所に係る技術上の基準に適合すること」と定められており、一般則第23条第三号に、「容器が配管により接続されていないものにあっては、一般則第6条第1項第四十二号の容器置場に係る技術上の基準に適合すること」と定められている。

イ…〇　一般則第6条第1項第四十二号イに、「容器置場は、明示され、かつその外部から見やすいように警戒標を掲げたものであること」と定められており、この基準には除外される高圧ガスの種類の定めはない。

　　したがって、不活性ガスのみの容器置場であっても警戒標を掲げなければならないので、設問は正しい。

ロ…〇　一般則第6条第1項第四十二号ロに、「可燃性ガス及び酸素の容器置場は1階建とする。

　　ただし、圧縮水素のみ又は圧縮酸素のみを貯蔵する容器置場にあっては二階建以下とする。」と設問のとおり定められているので、設問は正しい。

　　なお、設問中の特に定められた場合とは、充てん容器等（充てん容器及び残ガス容器）が断熱材で被覆してあるもの及びシリンダーキャビネットに収納されているものをいう。

ハ…〇　一般則第6条第1項第四十二号ホに、「充てん容器等に係る容器置場（可燃性ガス及び酸素のものに限る。）には、直射日光を遮るための措置（当該ガスが漏えいし、爆発したときに発生する爆風が上方向に解放されることを妨げないものに限る。）を講ずること」定められいるので、設問は正しい。

問14　次のイ、ロ、ハの記述のうち、車両に固定した容器（高圧ガスを燃料として使用する車両に固定した燃料装置用容器を除く。）による高圧ガスの移動に係る技術上の基準等について一般高圧ガス保安規則上正しいものはどれか。

イ．移動を開始するときは、その移動する高圧ガスの漏えい等の異常の有無を点検し、異常のあるときは、補修その他の危険を防止するための措置を講じなければならないが、移動を終了したときは、その定めはない。

ロ．質量3000キログラム以上の液化酸素を移動するときは、運搬の経路、交通事情、自然条件その他の条件から判断して、1人の運転者による連続運転時間が所定の時

間を超える場合は、交替して運転させるため、車両1台について運転者2人を充て
なければならない。

ハ．質量3000キログラム以上の液化アンモニアを移動するときは、所定の製造保安責
　　任者免状の交付を受けている者又は高圧ガス保安協会が行う移動に関する講習を受
　　け、その講習の検定に合格した者に、その移動について監視させなければならない。

　　(1) ロ　　(2) イ、ロ　　(3) イ、ハ　　(4) ロ、ハ　　(5) イ、ロ、ハ

〔正解〕(4) ロ、ハ
〔解説〕
法第23条第1項及び第2項に基づく一般則第49条に、車両に固定した容器（高圧ガス
を燃料として使用する車両に固定した燃料装置用容器を除く。）による高圧ガスの移
動に係る技術上の基準等が定められている。なお、「技術上の基準等」とは、高圧ガ
スを移動する容器に講じるべき保安上必要な措置及び車両による移動の積載方法並び
に移動方法に係る技術上の基準の両方をいう。

イ…×　一般則第49条第1項第十三号に、「移動を開始するとき及び移動を終了した
　　ときは、その移動する高圧ガスの漏えい等の異常の有無を点検し、異常のあるとき
　　は、補修その他の危険を防止するための措置を講ずること」と定められており、設
　　問の「移動を終了したときは、その定めはない」は、誤り。

ロ…○　一般則　第49条第1項第二十号ロに、「第十七号ロ（イ）所定の数量（液化酸
　　素の場合は3000キログラム）以上の高圧ガスを移動する者は、運搬の経路、交通事
　　情、自然条件その他の条件から判断して、所定の運転時間を超える場合には、交替
　　して運転させるため、車両1台につき運転者2名を充てなければならない」と設問
　　のとおり定められているので、設問は正しい。

ハ…○　一般則第49条第1項第十七号ロ（イ）に、「質量3000キログラム以上の可燃
　　性ガスである液化ガスを移動するときは、甲種化学責任者免状、乙種化学責任者免
　　状、丙種化学責任者免状、甲種機械責任者免状若しくは、乙種機械責任者免状の交
　　付を受けている者又は高圧ガス保安協会が行う高圧ガスの移動に関する講習を受け、
　　当該講習の検定に合格した者に当該高圧ガスの移動について監視させること」と定
　　められている。

　　可燃毒性の液化アンモニアはこの基準の適用を受けるので、設問は正しい。

問15　次のイ、ロ、ハの記述のうち、車両に積載した容器（内容積が47リットルのも
　　の）による高圧ガスの移動に係る技術上の基準等について一般高圧ガス保安規則上
　　正しいものはどれか。

イ．酸素を移動するときは、消火設備並びに災害発生防止のための応急措置に必要な
　　資材及び工具等を携行しなければならない。

ロ．高圧ガスの移動に係る技術上の基準等に従うべき高圧ガスは、液化ガスにあって
　　は質量1.5キログラム以上のものに限られている。

ハ．液化アンモニアを移動するときは、その充塡容器及び残ガス容器には木枠又はパ
　　ッキンを施さなければならない。

(1) イ　　　(2) イ、ロ　　　(3) イ、ハ　　　(4) ロ、ハ　　　(5) イ、ロ、ハ

［正解］(3) イ、ハ
［解説］
法第23条第１項及び第２項に基づく一般則第50条に、車両に積載した容器による高圧
ガスの移動に係る技術上の基準等が定められている。
イ…〇　　一般則第50条第九号に、「可燃性ガス、特定不活性ガス、酸素又は三フッ化
　　窒素の充填容器等を車両に積載して移動するときは、消火設備並びに災害発生防止
　　のための応急措置に必要な資材及び工具等を携行すること」と設問のとおり定めら
　　れているので、設問は正しい。
ロ…×　　一般則第50条では、容器の内容積25リットル以下の場合などは、警戒標の掲
　　示などの一部の基準が除外されるものの、移動に係る技術上の基準等には高圧ガス
　　の種類、及液化ガスの質量などを除外する規定はないので、設問は誤り。
　　　なお、設問の「液化ガスである質量1．5はキログラム以上のもの」は、貯蔵の基
　　準の適用を受けることになる質量（法第16条第３項）である。
ハ…〇　　一般則第50条第七号に、「毒性ガスの充填容器等（充填容器と残ガス容器）
　　には、木枠又はパッキンを施すこと」と定められている。
　　　毒性ガスであるアンモニアはこの基準の適用を受けるので、設問は正しい。

問16　次のイ、ロ、ハの記述のうち、高圧ガスの廃棄に係る技術上の基準について一
　　般高圧ガス保安規則上正しいものはどれか。
イ．高圧ガスであるアルゴンを廃棄する場合の廃棄の場所、数量、廃棄の方法につい
　　ての技術上の基準は、定められていない。
ロ．毒性ガスを大気中に放出して廃棄するときは、危険又は損害を他に及ぼすおそれ
　　のない場所で少量ずつ行わなければならない。
ハ．液化アンモニアを廃棄するため、充填容器又は残ガス容器を加熱するときは、温
　　度40度以下の温湯を使用することができる。
　　　(1) イ　　　(2) イ、ロ　　　(3) イ、ハ　　　(4) ロ、ハ　　　(5) イ、ロ、ハ

［正解］(5) イ、ロ、ハ
［解説］
イ…〇　　法25条に基づく一般則第61条に、「廃棄に係る技術上の基準に従うべき高圧
　　ガスとして、可燃性ガス、毒性ガス及び酸素とする」と３種類の高圧ガスが指定さ
　　れている。
　　　したがって、不活性ガスのアルゴンは廃棄に係る技術上の基準に従うべき高圧ガ
　　スに指定されていないので、設問の「・・・定められていない」は正しい。
ロ…〇　　法第25条に基づく一般則第62条第三号に、「毒性ガスを大気中に放出して廃
　　棄するときは、危険又は損害を他に及ぼすおそれのない場所で少量ずつすること」
　　と設問のとおり定められているので、正しい。

ハ…〇　液化アンモニアを廃棄するための方法として、法25条に基づく一般則第62条
　　　第八号ロに、充填容器等（充填容器又は残ガス容器）の加熱方法の一つに、「温度
　　　四十度以下の温湯その他の液体を使用する」と設問のとおり定められているので、
　　　正しい。

問17　次のイ、ロ、ハの記述のうち、高圧ガスの販売の方法に係る技術上の基準につ
　　　いて一般高圧ガス保安規則上正しいものはどれか。
イ．販売業者は、その販売する液化アンモニアを購入する者が他の販売業者である場
　　合であっても、その高圧ガスの引き渡し先の保安状況を明記した台帳を備えなけれ
　　ばならない。
ロ．販売業者は、残ガス容器の引き渡しであれば、外面に容器の使用上支障のある腐
　　食、割れ、すじ、しわ等があるものを引き渡してもよい。
ハ．販売業者は、圧縮天然ガスの充填容器及び残ガス容器の引渡しをするときは、そ
　　の容器の容器再検査の期間を６か月以上経過したものをもって行ってはならない。
　　　⑴　イ　　　⑵　イ、ロ　　　⑶　イ、ハ　　　⑷　ロ、ハ　　　⑸　イ、ロ、ハ

［正解］⑶　イ、ハ
［解説］
法第20条の６第１項に基づく一般則第40条に、高圧ガスの販売の方法に係る技術上の
基準が定められている。
イ…〇　一般則第40条第一号に、「販売業者等は、高圧ガスの引渡し先の保安状況を
　　　明記した台帳を備えること」と定められており、保安状況を明記した台帳を備える
　　　必要のない高圧ガスの種類や販売先の形態などを除外する規定はないので、設問の
　　　「・・・その高圧ガスの引き渡し先の保安状況を明記した台帳を備えなければなら
　　　ない」は、正しい。
　　　　なお、「販売業者等」とは、法第20条の４本文の規定により、高圧ガスの販売の
　　　事業を営む旨を都道府県知事に届け出た者（販売業者という。）と高圧ガスの販売
　　　の事業を営む第一種製造者であって、法第20条の４第一号の規定により、高圧ガス
　　　の販売の事業を営む旨を都道府県知事に届け出なくてもよい者の両者をいう。
ロ…×　一般則第40条第二号に、「充填容器等（充填容器び残ガス容器）の引渡しは、
　　　外面に容器の使用上支障のある腐食、割れ、すじ、しわ等がなく、かつ、そのガス
　　　が漏えいしていないものをもつてすること」と定められており、設問の「・・・残
　　　ガス容器の引き渡しであれば、外面に容器の使用上支障のある腐食、割れ、すじ、
　　　しわ等があるものを引き渡してもよい」は、誤り。
ハ…〇　一般則第40条第三号に、「圧縮天然ガスの充填容器等（充填容器又は残ガス
　　　容器）の引渡しは、その容器の容器再検査の期間を６か月以上経過していないもの
　　　であり、かつ、その旨を明示したものもつてすること」と設問のとおり定められい
　　　るので、正しい。

問18　次のイ、ロ、ハの記述のうち、高圧ガスの販売業者について正しいものはどれ
　　か。

イ．同一の都道府県内に複数の販売所を有する販売業者は、主たる販売所においての
　　み販売主任者を選任すればよい。

ロ．選任していた販売主任者を解任し、新たに販売主任者を選任した場合は、その解
　　任及び選任について、遅滞なく、都道府県知事等に届け出なければならない。

ハ．アンモニアの販売所の販売主任者には、第一種販売主任者免状の交付を受け、か
　　つ、アセチレン及び塩素の販売に関する6か月の経験を有する者を選任することが
　　できる。

　　　　⑴　イ　　　⑵　ロ　　　⑶　イ、ロ　　　⑷　ロ、ハ　　　⑸　イ、ロ、ハ

　［正解］⑵　ロ
　［解説］

イ…×　法第28条第1項に、「販売業者は、販売所ごとに、所定の免状の交付を受け、
　　かつ、所定の経験を有する者のうちから販売主任者を選任すること」と定められて
　　おり、設問の「・・・、主たる販売所においてのみ販売主任者を選任すればよい」
　　は、誤り。

ロ…○　法第28条第3項で販売主任者の選任又は解任したときの手続について法第27
　　条の2第5項を準用しており、法第27条の2第5項は、「販売業者は、法第28条第
　　1項の規定により販売主任者を選任したときは、遅滞なく、経済産業省令で定める
　　ところにより、その旨を都道府県知事に届け出なければならない。これを解任した
　　ときも、同様とする。」と読み替えることになり、解任及び選任した販売主任者に
　　ついても都道府県知事に届け出なければならないので、設問は正しい。

ハ…×　法第28条第1項に基づく一般則第72条第2項に、「アンモニアを販売する販
　　売所の販売主任者は、・・・又は第一種販売主任者免状の交付を受け、かつ、同項
　　の表の1番目、又は2番目の枠の下欄のガスの種類の製造又は販売に関する6か月
　　以上の経験を有する者を選任しなければならない」と定められている。

　　　しかし、設問の販売に関する6か月の経験では、同項の表の1番目、又は2番目
　　欄の下欄のガスの種類にアセチレン及び塩素が掲げられていないため、アンモニア
　　を販売する販売所の販売主任者の選任に必要な経験としてアセチレン及び塩素の販
　　売に関する6ヶ月以上の経験としては、認められない。

　　　したがって、設問の「アンモニを販売する販売所には、第一種販売主任者免状の
　　交付を受け、かつ、アセチレン及び塩素の販売に関する6ヶ月以上の経験を有する
　　者を販売主任者に選任することができる」は、誤り。

問19　次のイ、ロ、ハのうち、販売業者が販売する高圧ガスを購入して溶接又は熱切
　　断の用途に消費する者に対し、所定の方法により、その高圧ガスによる災害の発生
　　の防止に関し必要な所定の事項を周知させなければならない場合、その対象となる
　　高圧ガスとして一般高圧ガス保安規則上正しいものはどれか。

イ．酸素

ロ．二酸化炭素（炭酸ガス）

ハ．アルゴン

(1) イ　　(2) イ、ロ　　(3) イ、ハ　　(4) ロ、ハ　　(5) イ、ロ、ハ

［正解］(1) イ

［解説］

法第20条の5第1項に基づく一般則第39条第1項第1号に、「溶接又は熱切断の用途に消費する者に対し、周知させるべき高圧ガスとして、アセチレン、天然ガス、酸素」が定められている。

イ…○　酸素は、定められているので、正しい。

ロ…✕　二酸化炭素（炭酸ガス）は、定められていないので、誤り。

ハ…✕　アルゴンは、定められていないので、誤り。

問20　次のイ、ロ、ハの記述のうち、販売業者が販売する高圧ガスを購入して消費する者に対し、所定の方法により、その高圧ガスによる災害の発生の防止に関し必要な所定の事項を周知させなければならない場合、その周知について一般高圧ガス保安規則上正しいものはどれか。

イ．販売契約を締結したとき及び周知をしてから1年以上経過して高圧ガスを引き渡したときごとに、所定の事項を記載した書面を配布し、その事項を周知しなければならない。

ロ．「消費設備を使用する場所の環境に関する基本的な事項」は、消費設備の使用者が管理すべき事項であり、その周知させるべき事項ではない。

ハ．「消費設備の操作、管理及び点検に関し注意すべき基本的な事項」は、その周知させるべき事項の一つである。

(1) イ　　(2) ハ　　(3) イ、ハ　　(4) ロ、ハ　　(5) イ、ロ、ハ

［正解］(3) イ、ハ

［解説］

イ…○　法20条の5第1項に基づく一般則第38条に、「販売事業者等は、販売契約を締結したとき及び周知をしてから1年以上経過して高圧ガスを引き渡したときごとに、所定の事項を記載した書面を配布し、その事項を周知しなければならない」と設問のとおり定めれているので、正しい。

ロ…✕　法20条の5第1項に基づく一般則第39条第2項第三号に、「消費設備を使用する場所の環境に関する基本的な事項」は周知させるべき事項の一つとして定められている

したがって、設問の「・・・消費設備の使用者が管理すべき事項であり、その<u>周知させるべき事項ではない</u>」は、誤り。

ハ…〇　法20条の5第1項に基づく一般則第39条第2項第二号に、周知させるべき事項の一つとして「消費設備の操作、管理及び点検に関し注意すべき基本的な事項」が設問のとおり定められているので、正しい

令和5年度

法 令 試 験 問 題

（令和5年●●月●●日実施）

次の各問について、高圧ガス保安法に係る法令上正しいと思われる最も適切な答え
をその問の下に掲げてある(1)、(2)、(3)、(4)、(5)の選択肢の中から1個選びなさい。

なお、この試験は、次による。

(1) 令和5年4月1日現在施行されている高圧ガス保安法に係る法令に基づき出題
している。

(2) 経済産業大臣が危険のおそれのないと認めた場合等における規定は適用しない。

(3) 試験問題中、「都道府県知事等」とは、都道府県知事又は高圧ガス保安法に関
する事務を処理する指定都市の長をいう。

問1　次のイ、ロ、ハの記述のうち、正しいものはどれか。

イ．圧力が0.2メガパスカルとなる場合の温度が35度以下である液化ガスは、高圧ガ
スである。

ロ．高圧ガスの販売業者は、販売所ごとに帳簿を備え、その所有又は占有する第一種
貯蔵所又は第二種貯蔵所に異常があった場合、異常があった年月日及びそれに対し
てとった措置をその帳簿に記載し、販売事業の開始の日から10年間保存しなければ
ならない。

ハ．高圧ガス保安法は、高圧ガスによる災害を防止して公共の安全を確保する目的の
ために、高圧ガスの製造、貯蔵、販売、移動その他の取扱及び消費の規制をするこ
とのみを定めている。

　　　(1) イ　　　(2) ロ　　　(3) イ、ハ　　　(4) ロ、ハ　　　(5) イ、ロ、ハ

［正解］(1) イ

［解説］

イ…〇　高圧ガス保安法（以下「法」という）第2条第3号に、高圧ガスとしてこの
法の適用を受ける液化ガスが定義されている。

　　同号の前段（又はの前までの定義）では、常用の温度（容器の場合はその容器が
置かれている環境の温度、設備の場合はその設備が正常な状態で運転されていると
きの温度）において圧力が0.2メガパスカル以上となる液化ガスであって、現に
（現在の温度における）その圧力が0.2メガパスカル以上であるものが高圧ガスで
あると定義しており、また、同号の後段（又は・・・以降の定義）では、圧力（飽
和蒸気圧力）が0.2メガパスカル以上となる場合の温度が35度以下である液化ガス
は高圧ガスであると定義している。

　　液化ガスについては、この2つの定義のどちらか1つに該当すれば高圧ガスとな
る。

設問の液化ガスは、後段の定義に該当する高圧ガスなので、正しい。

なお、高圧ガスの定義における圧力はゲージ圧力をいう。

ロ…✕　高圧ガスの販売業者が、所有又は占有する第一種貯蔵所又は第二種貯蔵所に異常があった場合に記載する帳簿は、法第60条第1項に基づく一般高圧ガス保安規則（以下「一般則」という）第95条第2項に、記載すべき事項と帳簿の保存の期間が定められている。

その帳簿の保存期間は同条第2項本文に、同表第2項に掲げる「異常があった年月日及びそれに対してとった措置」を記載した帳簿は、「記載の日から10年間保存しなければならない」と定められている。設問の「・・・販売事業の開始の日から10年間保存・・・」は、誤り。

ハ…✕　法第1条に、この法律は、高圧ガスによる災害を防止するため、高圧ガスの製造、貯蔵、販売、移動その他の取扱い及び消費等の規制をするとともに、民間事業者及び高圧ガス保安協会による高圧ガスの保安に関する自主的な活動を促進し、もって公共の安全を確保することを目的とする」と定められている。

設問の「・・・消費の規制をすることのみを定めている」は、もう一つの柱である「民間事業者及び高圧ガス保安協会による高圧ガスの保安に関する自主的な活動を促進」が省かれているので、誤り。

問2　次のイ、ロ、ハの記述のうち、正しいものはどれか。

イ．高圧ガスの販売業者がその販売事業の全部を譲り渡したとき、その事業の全部を譲り受けた者はその販売業者の地位を承継する。

ロ．高圧ガスの販売業者は、その所有し、又は占有する高圧ガスについて災害が発生したときは、遅滞なく、その旨を都道府県知事等又は警察官に届け出なければならない。

ハ．高圧ガスの販売の事業を営もうとする者は、定められた場合を除き、販売所ごとに、事業開始の日の20日前までにその旨を都道府県知事等に届け出なければならない。

　　⑴ イ　　　⑵ ロ　　　⑶ イ、ハ　　　⑷ ロ、ハ　　　⑸ イ、ロ、ハ

［正解］⑸ イ、ロ、ハ

［解説］

イ…〇　法第20条の4の2第1項に、「販売事業の届出を行った者が当該届出に係る事業の全部を譲渡し、又は・・・・・・その事業の全部を承継した法人は、販売事業の地位を承継する」と定められているので、正しい。

ロ…〇　法第63条第1項第1号に、「販売業者は、その所有し、又は占有する高圧ガスについて災害が発生したときは、遅滞なく、その旨を都道府県知事又は警察官に届け出なければならない」と定められているので、正しい。

ハ…〇　法第20条の4本文に、「高圧ガスの販売の事業を営もうとする者は、特に定められた場合を除き、販売所ごとに、事業開始の日の20日前までにその旨を都道府県知事に届け出なければならない」と定められているので、正しい。

なお、「特に定められた場合」とは、同条第１号の、高圧ガスの充填所のような高圧ガスの製造の許可を受けた者がその製造をした高圧ガスをその事業所において販売するとき、及び同条第２号の医療用の圧縮酸素その他の政令第６条で定める高圧ガスの販売を営む者が、貯蔵数量が常時容積５立方メートル未満の販売所において販売するときをいい、これらの者は、都道府県知事への販売事業の届出は不要である。

問３　次のイ、ロ、ハの記述のうち、正しいものはどれか。

イ．第一種製造者は、高圧ガスの製造の許可を受けたところに従って貯蔵能力が３万キログラムの液化ガスを貯蔵するとき、都道府県知事等の許可を受けて設置する第一種貯蔵所において貯蔵する必要はない。

ロ．高圧ガスの販売業者は、その販売の方法を変更したときは、その旨を都道府県知事等に届け出なければならないが、その販売の事業を廃止したときはその旨を届け出なくてよい。

ハ．容器に充填された高圧ガスの輸入をした者は、輸入をした高圧ガス及びその容器について、指定輸入検査機関が行う輸入検査を受け、これらが輸入検査技術基準に適合していると認められ、その旨を都道府県知事等に届け出た場合は、都道府県知事等が行う輸入検査を受けることなく、その高圧ガスを移動することができる。

　　⑴　イ　　　⑵　ロ　　　⑶　イ、ハ　　　⑷　ロ、ハ　　　⑸　イ、ロ、ハ

［正解］⑶　イ、ハ
［解説］

イ…○　法16条ただし書きに、「・・・ただし、第一種製造者が、法５条第１項（高圧ガスの製造の許可）の許可を受けたところに従って高圧ガスを貯蔵するときは、・・・この限りでない」と定められている。
　　この限りでないとは、法16条（第一種貯蔵）許可を取得しなくてもよいとのことなので、設問の「・・・第一種貯蔵所において貯蔵する必要はない。」は、正しい。

ロ…×　高圧ガスの販売業者が、その販売の方法を変更したときは、法第20条の７に、「販売業者は、販売をする高圧ガスの種類を変更したときは、遅滞なく、その旨を都道府県知事に届け出なければならない」と定められている。
　　一方、その販売事業を廃止したときは、法21条第５項に、「販売業者は、高圧ガスの販売の事業を廃止したときは、遅滞なく、その旨を都道府県知事に届け出なければならない」と定められているので、設問の「・・・廃止したときはその旨を届け出なくてよい」は、誤り。

ハ…○　法第22条第１項に、「高圧ガスを輸入した者は、輸入をした高圧ガス及びその容器につき、都道府県知事が行う輸入検査を受け、これらが輸入検査技術基準に適合していると認められた後でなければ、これを移動してはならない」と定められており、設問のとおり輸入検査技術基準に適合していると認められた後は、これを移動することができるので、正しい。

問4　次のイ、ロ、ハの記述のうち、正しいものはどれか。

イ．常用の温度35度において圧力が1メガパスカルとなる圧縮ガス（圧縮アセチレン
　　ガスを除く。）であって、現在の圧力が0.9メガパスカルのものは高圧ガスではない。
ロ．車両により高圧ガスを移動するときは、その積載方法及び移動方法について所定
　　の技術上の基準に従って行わなければならない。
ハ．オートクレーブ内における高圧ガスのうち、水素、アセチレン及び塩化ビニルは、
　　高圧ガス保安法の適用を除外されている高圧ガスではない。
　　　　⑴ イ　　　⑵ ロ　　　⑶ イ、ハ　　　⑷ ロ、ハ　　　⑸ イ、ロ、ハ

［正解］⑷ ロ、ハ
［解説］
イ…✕　法第2条第1号に、高圧ガスとしてこの法の適用を受ける圧縮ガス（圧縮ア
　　セチレンガスを除く。）が定義されている。
　　　同号の前段（又はの前までの定義）では、常用の温度（容器の場合はその容器が
　　置かれている環境の温度、設備の場合はその設備が正常な状態で運転されていると
　　きの温度）において圧力が1メガパスカル以上となる圧縮ガスであって、現に（現
　　在の温度において）その圧力が1メガパスカル以上であるものが高圧ガスであると
　　定義しており、また、同号の後段（又は・・以降の定義）では、温度35度において
　　圧力が1メガパスカル以上となる圧縮ガスは高圧ガスであると定義している。圧縮
　　ガス（圧縮アセチレンガスを除く。）については、この2つの定義のどちらか1つ
　　に該当すれば高圧ガスとなる。
　　　設問の圧縮ガスは、現在の圧力が0.9メガパスカルであり、前段の定義には該当
　　しないが、温度35度において圧力が1メガパスカル以上となる圧縮ガスなので、後
　　段の定義には該当する高圧ガスであり、設問の「・・・高圧ガスではない。」は、
　　誤り。
ロ…〇　法第23条第2項に、「車両により高圧ガスを移動するときは、その積載方法
　　及び移動方法について所定の技術上の基準に従って行わなければならない。」と定
　　められているので、正しい。
　　　所定の技術上の基準とは、法第23条に基づく一般高圧ガス保安規則（以下「一般
　　則」という）第48条（移動に係る保安上の措置及び技術上の基準）、第49条（車両
　　に固定した容器による移動の基準等）及び第50条（車両に積載した容器による移動
　　の基準等）に定められている技術基準のことをいう。
ハ…〇　オートクレーブ内における高圧ガスは、高圧ガス保安法（以下「法」という）
　　第3条第1項第8号に基づく政令第2条第3項第6号に、「オートクレーブ内にお
　　ける高圧ガスは、水素、アセチレン、塩化ビニルを除く高圧ガスが適用除外である」
　　と定められている。
　　　したがって、設問に掲げられている水素、アセチレン及び塩化ビニルは、法の適
　　用を除外されていない高圧ガスなので、設問の「・・・適用を除外されている高圧
　　ガスではない。」は、正しい。

問5　次のイ、ロ、ハの高圧ガスを消費する者のうち、特定高圧ガス消費者に該当する者はどれか。

イ．他の事業所から導管により圧縮水素を受け入れて消費する者

ロ．モノシランを消費する者

ハ．貯蔵設備の貯蔵能力が質量3000キログラムである液化酸素を貯蔵して消費する者

　　⑴ イ　　⑵ ロ　　⑶ イ、ハ　　⑷ ロ、ハ　　⑸ イ、ロ、ハ

［正解］⑸ イ、ロ、ハ

［解説］

法第24条の2第1項に、政令第7条第1項で定められている特定高圧ガスを貯蔵（貯蔵数量の大小に関係なく）して消費する者、又は政令第7条第2項で定められている特定高圧ガスを定められた以上に貯蔵して消費する者を「特定高圧ガス消費者」と定めている。

イ…○　法第24条の2第1項に、「・・・その他の高圧ガスであってその消費に際し災害の発生防止するため特別の注意を要するものとして政令第7条第1項、第2項の特定高圧ガスを自事業所に貯蔵せずに、他の事業所から<u>導管により供給を受けて消費する者</u>は、特定高圧ガス消費者ある」と定められている。

　　　したがって、政令第7条第2項で定める高圧ガスに該当する圧縮水素を他の事業所から導管により供給を受けて消費する者は、特定高圧ガス消費者に該当するので、正しい。

ロ…○　モノシランを貯蔵して消費する者は、政令第7条第1項第1号に、モノシランが掲げられており、貯蔵数量に関係なく、特定高圧ガスを貯蔵して消費する者に該当するので、正しい。

ハ…○　貯蔵設備の貯蔵能力が質量3000キログラムの液化酸素を貯蔵して消費する者は、政令第7条第2項表下欄に掲げられた液化酸素の質量3000キログラム以上の特定高圧ガスを貯蔵して消費する者に該当するので、正しい。

問6　次のイ、ロ、ハの記述のうち、高圧ガスを充填するための容器（再充填禁止容器を除く。）について正しいものはどれか。

イ．容器に充填する液化ガスは、刻印等又は自主検査刻印等において示された容器の内容積に応じて計算した質量以下のものでなければならない。

ロ．容器の所有者は、その容器が容器再検査に合格しなかった場合であって、所定の期間内に高圧ガスの種類又は圧力の変更に伴う刻印等がされなかった場合には、遅滞なく、その容器をくず化し、その他容器として使用することができないように処分しなければならない。

ハ．容器の製造をした者は、その容器に自主検査刻印等をしたもの又はその容器が所定の容器検査を受け、これに合格し所定の刻印等がされているものでなければ、特に定められたものを除き、その容器を譲渡し、又は引き渡してはならない。

　　⑴ イ　　⑵ イ、ロ　　⑶ イ、ハ　　⑷ ロ、ハ　　⑸ イ、ロ、ハ

［正解］⑸ イ、ロ、ハ

［解説］

イ…○　法第48条第４項第１号に、「液化ガスを充塡するときは、刻印等又は自主検
　　査刻印等にて示された容器の内容積に応じて計算した質量以下のものであること。」
　　と定められているので、正しい。

ロ…○　法第56条第３項に「容器所有者は、容器検査に合格しなかった容器について
　　三月以内に刻印等がなされなかったときは、遅滞なく、これをくず化し、その他容
　　器として使用することができないように処分しなければならない」と定められてい
　　るので、正しい。

ハ…○　法第44条の本文に、「容器の製造又は輸入したものは、容器検査を受け、こ
　　れに合格したものとして法第45条第１項の刻印又は同条第２項の標章の掲示がされ
　　ているものでなければ、特に定められた容器を除き、容器を譲渡し、又は引き渡し
　　てはならない」と定められているので、正しい。

　　　なお、特に定められた容器とは、登録容器製造業者や外国登録容器製造業者が製
　　造した容器であって所定の刻印又は標章の掲示がされた容器や高圧ガスを充塡して
　　輸入された容器をいいます。

問７　次のイ、ロ、ハの記述のうち、高圧ガスを充塡するための容器（再充塡禁止容
　　器を除く。）及びその附属品について容器保安規則上正しいものはどれか。

イ．容器に装置されるバルブには、そのバルブが装置されるべき容器の種類の刻印は
　　されていない。

ロ．液化ガスを充塡する容器に刻印すべき事項の一つに、その容器に充塡することが
　　できる液化ガスの最大充塡質量（記号　Ｗ、単位　キログラム）がある。

ハ．液化アンモニアを充塡する容器の外面に表示すべき事項の一つに、アンモニアの
　　性質を示す文字「燃」及び「毒」の明示がある。

　　　⑴ イ　　　⑵ ハ　　　⑶ イ、ロ　　　⑷ ロ、ハ　　　⑸ イ、ロ、ハ

［正解］⑵ ハ

［解説］

イ…×　法第49条の３第１項に基づく容器保安規則（以下「容器則」という）第18条
　　第１項第７号に、附属品に刻印をすべき事項として、付属品が装置されるべき容器
　　の種類が定められており、設問の「・・・刻印をされていない」は、誤り。

ロ…×　液化ガスを容器に充塡する場合は、法第48条第４項第１号に基づき、最大の
　　充塡質量を算出するので、法第45条１項に基づく容器則第８条による刻印の事項に、
　　その計算において必要な容器の内容積（Ｖ）の刻印は同規則第８条第６号にあるも
　　のの、最大充塡質量（記号　Ｗ、単位　キログラム）に関する刻印の定めはない。

　　　したがって、設問の「・・・刻印すべき事項の一つに、その容器に充塡すること
　　ができる液化ガスの最大充塡質量（記号　Ｗ、単位　キログラム）がある。」は、
　　誤り。

ハ…〇　法第46条第1項に基づく容器則第10条第1項第2号ロに、可燃性ガスを充填する容器に表示すべき事項の一つに、その高圧ガスの性質を示す文字「燃」及び「毒」の明示が、定められている。

　　　設問の可燃性ガスかつ毒性ガスである液化アンモニアは、その容器の外面に「燃」及び「毒」の明示が必要となるので、正しい。

問8　次のイ、ロ、ハの記述のうち、特定高圧ガス消費者に係る技術上の基準について一般高圧ガス保安規則上正しいものはどれか。

イ．貯蔵能力が1000キログラム以上3000キログラム未満の液化塩素の消費施設であっても、その貯蔵設備及び減圧設備の外面から、第一種保安物件に対し第一種設備距離以上、第二種保安物件に対し第二種設備距離以上の距離を有しなければならない。

ロ．特殊高圧ガス、液化アンモニア又は液化塩素の消費設備に係る減圧設備とこれらのガスの反応（燃焼を含む。）のための設備との間の配管には、逆流防止装置を設けなければならない。

ハ．消費設備の使用開始時及び使用終了時にその設備の属する消費施設の異常の有無を点検するほか、1日に1回以上消費をする特定高圧ガスの種類及び消費設備の態様に応じ頻繁に消費設備の作動状況について点検し、異常があるときは、その設備の補修その他の危険を防止する措置を講じて消費しなければならない。

　　(1)　ハ　　　(2)　イ、ロ　　　(3)　イ、ハ　　　(4)　ロ、ハ　　　(5)　イ、ロ、ハ

［正解］(5)　イ、ロ、ハ

［解説］

第24条の3第1項及び第2項に基づく一般高圧ガス保安規則（以下一般則という）第55条に、特定高圧ガスの消費者に係る技術上の基準が定められている。

イ…〇　貯蔵能力が1000キログラ以上の液化塩素の消費施設は、法第24条の2第1項に基づく、政令第7条第2項で定められている特定高圧ガス消費者に該当する。

　　　したがって、一般則第55条第1項第2号の基準の適用を受け、「消費施設（液化塩素）は、その貯蔵施設及び減圧設備の外面から第一種保安物件及び第二種保安物件に対して有すべき距離を有すること。」と定められているので、正しい。

ロ…〇　一般則第55条第1項第15号に、「特殊高圧ガス、液化アンモニア又は液化塩素の消費設備に係る減圧設備とこれらのガスの反応（燃焼を含む。）のための設備との間の配管には、逆流防止装置を設けなければならない。」と定められているので、正しい。

ハ…〇　一般則第55条第2項第3号に、「特定高圧ガスの消費は、消費設備（家庭用設備を除く。）の使用開始時及び使用終了時に消費施設の異常の有無を点検するほか、1日に1回以上消費設備の作動状況について点検し、異常のあるときは、その設備の補修その他の危険を防止する措置を講じてすること。」と定められているので、正しい。

問9　次のイ、ロ、ハの記述のうち、特定高圧ガス消費者が消費する特定高圧ガス以外の高圧ガスの消費に係る技術上の基準について一般高圧ガス保安規則上正しいものはどれか。

イ．消費に係る技術上の基準に従うべき高圧ガスは、可燃性ガス（高圧ガスを燃料として使用する車両において、その車両の燃料の用のみに消費される高圧ガスを除く。）、毒性ガス及び酸素に限られる。

ロ．充填容器及び残ガス容器のバルブは、静かに開閉しなければならない。

ハ．消費設備に設けたバルブを操作する場合にバルブの材質、構造及び状態を勘案して過大な力を加えないよう必要な措置を講じなければならない。

　　(1) ロ　　(2) イ、ロ　　(3) イ、ハ　　(4) ロ、ハ　　(5) イ、ロ、ハ

［正解］(4) ロ、ハ

［解説］

イ…×　法第24条の5に基づく一般則第59条に、「特定高圧ガス以外の高圧ガスの消費に係る技術上の基準に従うべき高圧ガスは、可燃性ガス、毒性ガス、酸素及び空気とする」と定められており、設問の「可燃性ガス、毒性ガス及び酸素に限られている。」は、空気が除かれているので、誤り。

ロ…○　法第24条の5に基づく一般則第60条第1項第1号に、「充填容器等（充填容器及び残ガス容器）のバルブは、静かに開閉すること。」と定められているので、正しい。

ハ…○　法第24条の5に基づく一般則第60条第1項第6号に、「消費設備に設けたバルブを操作する場合にバルブの材質、構造及び状態を勘案して過大な力を加えないよう必要な措置を講ずること。」と定められているので、正しい。

問10　次のイ、ロ、ハの記述のうち、特定高圧ガス消費者が消費する特定高圧ガス以外の高圧ガスの消費に係る技術上の基準について一般高圧ガス保安規則上正しいものはどれか。

イ．酸素の消費は、バルブ及び消費に使用する器具の石油類、油脂類その他可燃性の物を除去した後に行わなければならない。

ロ．溶接又は熱切断用のアセチレンガスの消費は、アセチレンガスの逆火、漏えい、爆発等による災害を防止するための措置を講じて行わなければならないが、溶接又は熱切断用の天然ガスの消費については、漏えい、爆発等による災害を防止するための措置を講じて行うべき旨の定めはない。

ハ．酸素の消費は、消費設備の使用開始時又は使用終了時のいずれかに、消費施設の異常の有無を点検しなければならないと定められている。

　　(1) イ　　(2) ロ　　(3) ハ　　(4) イ、ハ　　(5) ロ、ハ

［正解］(1) イ

［解説］
法第24条の5に基づく一般則第60条に、特定高圧ガス消費者が消費する特定高圧ガス以外の高圧ガス（可燃性ガス、毒性ガス、酸素及び空気）の消費に係る技術上の基準が定められている。

イ…〇　一般則第60条第1項第15号に、「酸素又は三フッ化窒素の消費は、バルブ及び消費に使用する器具の石油類、油脂類その他可燃性の物を除去した後にすること。」と定められているので、正しい。

ロ…×　溶接又は熱切断用の天然ガスの消費については、一般則第60条第1項第14号に、「溶接又は熱切断用の天然ガスの消費は、当該ガスの逆火、漏えい、爆発等による災害を防止するための措置を講じて行うこと。」と定められているので、設問の「・・・講じて行うべき旨の定めはない。」は、誤り。

　　一方、溶接又は熱切断用のアセチレンガスの消費については、一般則第60条第1項第13号に、天然ガスと同様な定めがある。

ハ…×　一般則第60条第1項第18号に、「消費設備の使用開始時及び使用終了時に、消費施設の異常の有無を点検するほか、・・・」と定められており、設問の「使用開始時又は使用終了時のいずれかに消費設備の異常の有無を点検・・・」は、誤り。

問11　次のイ、ロ、ハの記述のうち、販売業者が容積0.15立方メートルを超える高圧ガスを容器（高圧ガスを燃料として使用する車両に固定した燃料装置用容器を除く。）により貯蔵する場合の技術上の基準について一般高圧ガス保安規則上正しいものはどれか。

イ．充塡容器及び残ガス容器を車両に積載して貯蔵することは、特に定められた場合を除き、禁じられている。

ロ．空気は、一般高圧ガス保安規則に定められている貯蔵の方法に係る技術上の基準に従って貯蔵すべき高圧ガスである。

ハ．毒性ガスの貯蔵は、漏えいしたガスが周囲に拡散しないような密閉構造の場所で行わなければならない。

　　　⑴ イ　　　⑵ イ、ロ　　　⑶ イ、ハ　　　⑷ ロ、ハ　　　⑸ イ、ロ、ハ

［正解］⑵ イ、ロ
［解説］
法第15条第1項に基づく一般則第18条第2号に、0.15立方メートルを超える高圧ガスを容器（高圧ガスを燃料として使用する車両に固定した燃料装置用容器を除く。）により貯蔵する場合の技術上の基準が定められている。

イ…〇　一般則第18条第2号ホに、「貯蔵は、船、車両若しくは鉄道車両に固定し、又は積載した容器によりしないこと。」と設問のとおり定められているので、正しい。

　　なお、特に定められた場合を除きとは、「法16条第1項（第一種貯蔵所）の許可を受け、又は法17条の2第1項（第二種貯蔵所）の届出を行ったところに従って貯蔵すること。」をいう。

ロ…〇　一般則第18条第2号の基準の適用を受けない高圧ガスを除外する規定はなく、空気を含めすべての高圧ガスが適用を受けるので、正しい。

ハ…✕　一般則第18条第2号イに、「可燃性ガス及び毒性ガスの充塡容器等（充塡容器及び残ガス容器）の貯蔵は、通風良い場所ですること。」と定めており、設問の「毒性ガスの貯蔵は、漏えいしたガスが周囲に拡散しないよう密閉構造の場所で行わなければならない。」は、誤り。

問12　次のイ、ロ、ハの記述のうち、販売業者が容積0.15立方メートルを超える高圧ガスを容器（高圧ガスを燃料として使用する車両に固定した燃料装置用容器を除く。）により貯蔵する場合の技術上の基準について一般高圧ガス保安規則上正しいものはどれか。

イ．液化アンモニアの容器置場には、携帯電燈以外の燈火を携えて立ち入ってはならない。

ロ．アルゴンは、充塡容器及び残ガス容器にそれぞれ区分して容器置場に置くべき高圧ガスである。

ハ．液化アンモニアと液化塩素の残ガス容器は、それぞれ区分して容器置場に置かなければならない。

　　(1) イ　　　(2) ロ　　　(3) イ、ハ　　　(4) ロ、ハ　　　(5) イ、ロ、ハ

［正解］(5) イ、ロ、ハ
［解説］
法第15条第1項に基づく一般則第18条第2号に、容積0.15立方メートルを超える高圧ガスを容器（高圧ガスを燃料として使用する車両に固定した燃料装置用容器を除く。）により貯蔵する場合の技術上の基準が定められている。

イ…〇　一般則第18条第2号ロで準用する一般則第6条第2項第8号チに、「可燃性ガスの容器置場には、携帯電燈以外の燈火を携えて立ち入らないこと。」と定められている。
　　　　可燃性ガスのアンモニアは適用を受けるので、正しい。

ロ…〇　一般則第18条第2号ロで準用する一般則第6条第2項第8号イに、「充塡容器等（充塡容器及び残ガス容器）は、充塡容器及び残ガス容器にそれぞれ区分して容器置場に置くこと」と定められている。この基準は高圧ガスの種類に関係なく、すべての高圧ガスが適用を受けるので、正しい。

ハ…〇　一般則第18条第2号ロで準用する一般則第6条第2項第8号ロに、「可燃性ガス、毒性ガス、特定不活性ガス及び酸素の充塡容器等（充塡容器及び残ガス容器）は、それぞれ区分して容器置場に置くこと。」と定められており、設問の可燃毒性の液化アンモニア及び毒性ガスの液化塩素の充塡容器は適用を受けるので、正しい。

問13　次のイ、ロ、ハの記述のうち、容器（配管により接続されていないものに限る。）により高圧ガスを貯蔵する第二種貯蔵所に係る技術上の基準について一般高圧ガス保安規則上正しいものはどれか。

イ．圧縮アセチレンガスの容器置場は、そのガスが漏えいしたとき滞留しないような
　構造としなければならない。
ロ．圧縮アセチレンガスの容器置場には、直射日光を遮るための所定の措置を講じな
　ければならないが、その措置は、その圧縮アセチレンガスが漏えいし爆発したとき
　に発生する爆風を封じ込めるため、爆風が上方向に解放されないようなものでなけ
　ればならない。
ハ．可燃性ガス及び酸素の容器置場は、特に定められた場合を除き、１階建てとしな
　ければならないが、酸素及び窒素を貯蔵する容器置場は２階建とすることができる。
　　(1) イ　　　(2) ロ　　　(3) イ、ハ　　　(4) ロ、ハ　　　(5) イ、ロ、ハ

［正解］(3) イ、ハ
［解説］
容器により高圧ガスを貯蔵する第二種貯蔵所である容器置場は、法18条第２項に基づ
く一般則第26条第２号に、「一般則第23条の第一種貯蔵所に係る技術上の基準に適合
すること」と定められており、一般則第23条第３号に、「容器が配管により接続され
ていないものにあっては、一般則第６条第１項第42号の容器置場に係る技術上の基準
に適合すること」と定められている。
イ…○　一般則第６条第１項第42号へに、「可燃性ガス及び特定不活性ガスの容器置
　場は、通風良い場所ですること。」と定めている。
　　可燃性ガスである圧縮アセチレンは適用されるので、設問は正しい。
ロ…×　一般則第６条第１項第42号ホに、「充填容器等に係る容器置場（可燃性ガス
　及び酸素のものに限る。）には、直射日光を遮るための措置（当該ガスが漏えいし、
　爆発したときに発生する爆風が上方向に解放されることを妨げないものに限る。）
　を講ずること」と定められている。
　　この基準の適用を受ける可燃性ガスの圧縮アセチレン容器置場は、爆発したとき
　に発生する爆風が上方向に解放されることを妨げないものでならないものでなけれ
　ばならないので、設問の「・・・解放されないようなものでなければならない。」
　は、誤り。
ハ…○　一般則第６条第１項第42号ロに、「可燃性ガス及び酸素の容器置場は、特に
　定められた場合を除き、１階建とする。ただし・・・又は酸素のみを貯蔵する容器
　置場（不活性ガスを同時に貯蔵するものを含む。）にあっては、２階建以下とする」
　と定められている。
　　設問の前段の「可燃性ガス及び酸素の容器置場は、特に定められた場合を除き、
　１階建てとしなければならない」は、一般則第６条第１項第42号ロ本文の基準の適
　用を受け、設問の後段の「・・・・酸素と不活性ガスの窒素を貯蔵する容器置場は
　２階建とすることができる。」は、第42号ロただし書きの基準の適用し、「酸素のみ
　を貯蔵する容器置場（不活性ガスを同時に貯蔵するものを含む。）にあっては、２
　階建以下とする。」と定められているので、正しい。
　　なお、特に定められた場合とは充填容器等が断熱材で被覆してあるもの及びシリ
　ンダーキャビネットに収納されているものいう。

問14　次のイ、ロ、ハの記述のうち、車両に固定した容器（高圧ガスを燃料として使用する車両に固定した燃料装置用容器を除く。）による高圧ガスの移動に係る技術上の基準等について一般高圧ガス保安規則上正しいものはどれか。

イ．駐車中は、特に定められた場合を除き、移動監視者又は運転者はその車両を離れてはならない。

ロ．三フッ化窒素を移動するときは、消火設備並びに災害発生防止のための応急措置に必要な資材及び工具等を携行するほかに、防毒マスク、手袋その他の保護具並びに災害発生防止のための応急措置に必要な資材、薬剤及び工具等も携行しなければならない。

ハ．特殊不活性ガス以外の不活性ガスは、高圧ガスの名称、性状及び移動中の災害防止のために必要な注意事項を記載した書面を運転者に交付し、移動中携行させ、これを遵守させるべき高圧ガスとして定められていない。

　　　(1) イ　　(2) ロ　　(3) イ、ロ　　(4) ロ、ハ　　(5) イ、ロ、ハ

［正解］(5) イ、ロ、ハ
［解説］
法第23条第1項及び第2項に基づく一般則第49条に、車両に固定した容器（高圧ガスを燃料として使用する車両に固定した燃料装置用容器を除く。）による高圧ガスの移動に係る技術上の基準等が定められている。なお「技術上の基準等」とは、高圧ガスの移動する容器に講じるべき保安上必要な措置、及び車両による移動の積載方法、並びに移動方法に係る技術上の基準の両方をいう。

イ…〇　一般則第49条第1項第16号に、「・・・また、駐車中移動監視者又は運転者は、食事その他やもえない場合を除き、当該車両をはなれないこと。」と定められているので、正しい。

　　　特に定められた場合を除きとは、当該充填容器等に高圧ガスを受け入れ、又は当該充填容器等から高圧ガスを送り出すときを除きをいう。

ロ…〇　一般則第49条第1項第14号に、「・・・酸素又は三フッ化窒素を移動するときは、消火設備並びに災害発生防止のための応急措置に必要な資材及び工具等を携行すること。」と定められている。さらに、毒性ガスでもある三フッ化窒素は、同項第15号に定める基準「毒性ガスを移動するときは、当該毒性ガスの種類に応じた防毒マスク、手袋その他の保護具並びに災害発生防止のための応急措置に必要な資材、薬剤及び工具等も携行すること。」の適用も受けることになる。

　　　設問のとおり「三フッ化窒素を移動するときは、消火設備並びに災害発生防止のための応急措置に必要な資材及び工具等を携行する（第14号の基準）ほかに、防毒マスク、手袋その他の保護具並びに災害発生防止のための応急措置に必要な資材、薬剤及び工具等も携行しなければならない（第15号の基準）」と双方の基準が適用されるので、正しい。

ハ…〇　一般則第49条第1項第21号に、「可燃性ガス、毒性ガス、特定不活性ガス又は酸素の高圧ガスを移動する時は、その高圧ガスの名称、性状及び移動中の災害防止のために必要な注意事項を記載した書面（通称「イエローカード」）を運転者に

交付し、移動中携帯させ、これを遵守させること」と定められているが、この基準の適用を受ける高圧ガスに、特定不活性以外の不活性ガスは指定されていないので、設問は、正しい。

問15　次のイ、ロ、ハの記述のうち、車両に積載した容器（内容積が47リットルのもの）による高圧ガスの移動に係る技術上の基準等について一般高圧ガス保安規則上正しいものはどれか。

イ．特殊高圧ガスを車両により移動するときは、あらかじめ、そのガスの移動中、充填容器及び残ガス容器に係る事故が発生した場合における荷送人へ確実に連絡するための措置を講じて行わなければならない。

ロ．酸素の残ガス容器とメタンの残ガス容器を同一の車両に積載して移動するときは、これらの容器のバルブが相互に向き合わないようにする必要はない。

ハ．高圧ガスを移動するとき、その車両の見やすい箇所に警戒標を掲げるべき高圧ガスは、可燃性ガス、毒性ガス、酸素及び三フッ化窒素に限られる。

　　⑴　イ　　　⑵　ロ　　　⑶　イ、ロ　　　⑷　イ、ハ　　　⑸　イ、ロ、ハ

［正解］⑴　イ
［解説］
法第23条第１項及び第２項に基づく一般則第50条に、車両に積載した容器による高圧ガスの移動に係る技術上の基準等が定められている。

イ…○　一般則第50条第13号に、同規則第49条第17号に該当する高圧ガスを移動するときは、同規則第49条第17号から20号の基準を準用すると定められている。
　　同規則第49条第19号に、「あらかじめ、講じるべき措置の一つとして、充填容器又は残ガス容器に係る事故が発生した場合における荷送人へ確実に連絡するための措置」が定められている。
　　設問の特殊ガスの移動は、一般則第49条第１項第17号ハに該当する高圧ガスであり、一般則第50条第１項第13号の基準が適用されるので正しい。

ロ…×　一般則第50条第７号に「可燃性ガス（メタン）の充填容器等（充填容器及び残ガス容器）と酸素の充填容器等（充填容器及び残ガス容器）を同一車両に積載して移動するときは、これらの充填容器等のバルブの向き合わないようにすること。」と定められているので、設問の「・・・向き合わないようにする必要はない」は、誤り。

ハ…×　一般則第50条第１号に、「充填容器等（高圧ガス）を車両に積載して移動するときは、当該車両の見やすい箇所に警戒標を掲げること」と定められている。また、この基準の適用を受けない高圧ガスの種類に関する指定がない。
　　したがって、すべての高圧ガスに適用されるので、設問の「・・・可燃性ガス、毒性ガス、酸素及び三フッ化窒素に限られる。」は、誤り。

問16　次のイ、ロ、ハの記述のうち、高圧ガスの廃棄に係る技術上の基準について一般高圧ガス保安規則上正しいものはどれか。

イ．ヘリウムは、一般高圧ガス保安規則に定められている廃棄に係る技術上の基準に従うべき高圧ガスの種類に該当する。

ロ．塩素を廃棄するため、充填容器又は残ガス容器を加熱するときは、熱湿布を使用することができる。

ハ．バルブ及び廃棄に使用する器具の石油類、油脂類その他の可燃性の物を除去した後に廃棄すべき高圧ガスは、酸素に限られる。

　　(1) イ　　(2) ロ　　(3) イ、ロ　　(4) ロ、ハ　　(5) イ、ロ、ハ

［正解］(2) ロ

［解説］

イ…✕　法第25条に基づく一般則第61条に、「廃棄に係る技術上の基準に従うべき高圧ガスとして、<u>可燃性ガス、毒性ガス及び酸素</u>とする。」と３種類の高圧ガスが指定されている。

　　不活性ガスのヘリウムは廃棄に係る技術上の基準に従うべき高圧ガスに指定されていないので、設問の「・・・廃棄に係る技術上の基準に従うべき<u>高圧ガスの種類に該当する。</u>」は、誤り。

ロ…〇　法第25条に基づく一般則第62条第８号イに、充填容器等（充填容器又は残ガス容器）の加熱法の一つとして、「熱湿布を使用すること」が定められているので、正しい。

ハ…✕　法25条に基づく一般則第62条第５号に、「<u>酸素又は三フッ化窒素の廃棄</u>は、バルブ及び廃棄に使用する器具の石油類、油脂類をその他の可燃性の物を除去した後にすること。」と定められており、三フッ化窒素の廃棄もこの基準の適用を受けるので、設問の「・・・<u>酸素に限られる。</u>」は、誤り。

問17　次のイ、ロ、ハの記述のうち、高圧ガスの販売の方法に係る技術上の基準について一般高圧ガス保安規則上正しいものはどれか。

イ．販売業者は、他の高圧ガスの販売業者にヘリウムを販売する場合、その引き渡し先の保安状況を明記した台帳を備える必要はない。

ロ．圧縮天然ガスの充填容器又は残ガス容器の引渡しは、その容器の容器再検査の期間を６か月以上経過していないものであり、かつ、その旨を明示したものをもって行わなければならない。

ハ．圧縮天然ガスを燃料の用に供する一般消費者に圧縮天然ガスを販売するときは、消費のための設備について、硬質管以外の管と硬質管又は調整器とを接続する場合にその部分がホースバンドで締め付けられていることを確認した後にしなければならない。

　　(1) ロ　　(2) ハ　　(3) イ、ハ　　(4) ロ、ハ　　(5) イ、ロ、ハ

［正解］(4) ロ、ハ

［解説］

法第20条の6第1項に基づく一般則第40条に、高圧ガスの販売業者等に係る技術上の基準等が定められている。

イ…✕　一般則第40条第1号に、「販売業者等は、高圧ガスの引渡し先の保安状況を明記した台帳を備えること。」と定められており、この基準は高圧ガスの種類にかかわらず、すべての種類の高圧ガスが適用されるとともに、また除外される販売先の種類（消費者、他の販売業者など）も指定されていないので、設問の「・・・他の高圧ガスの販売業者にヘリウムを販売する場合、その引き渡し先の保安状況を明記した台帳を備える必要はない。」は、誤り。

ロ…〇　一般則第40条第3号に、「圧縮天然ガスの充塡容器等（充塡容器又は残ガス容器）の引渡しは、その容器の容器再検査の期間を6月以上経過していないものであり、かつ、その旨を明示したものもつてすること。」と定められているので、正しい。

ハ…〇　一般則第40条第4号に、圧縮天然ガスを燃料の用に供する一般消費者に圧縮天然ガスを販売するときの基準が定められている。その基準の一つとして、同規則第40条第4号トに、「硬質管以外の管と硬質管又は調整器とを接続する場合にその部分がホースバンドで締め付けること。」と定められているので、正しい。

問18　次のイ、ロ、ハの記述のうち、高圧ガスの販売業者について正しいものはどれか。

イ．アセチレン及び酸素の販売をする販売業者が新たに販売する高圧ガスにメタンを追加したときは、遅滞なく、その旨を都道府県知事等に届け出なければならない。

ロ．塩素を販売する販売所の販売主任者には、第一種販売主任者免状の交付を受け、かつ、アンモニアの販売に関する6か月以上の経験を有する者を選任することができる。

ハ．選任していた販売主任者を解任し、新たに販売主任者を選任した場合には、その新たに選任した販売主任者についてのみ、その旨を都道府県知事等に届け出なければならない。

　　(1) イ　　(2) イ、ロ　　(3) イ、ハ　　(4) ロ、ハ　　(5) イ、ロ、ハ

［正解］(2) イ、ロ

［解説］

イ…〇　法第20条の7に、「販売業者は、販売をする高圧ガスの種類を変更したときは、遅滞なく、その旨を都道府県知事に届け出なければならない。」と定められているので、正しい。

　　なお、参考までに、「高圧ガス保安法及び関係政省令の運用及び解釈について（内規）」で、次の（イ）から（ハ）までに掲げる同一区分内の高圧ガスの種類の変更は、都道府県知事への届出が免除されている。

　　（イ）冷凍設備内の高圧ガス

（ロ）液化石油ガス（炭素数３又は４の炭化水素を主成分とするもの限り、（イ）
　　を除く。）
　（ハ）不活性ガス（（イ）を除く。）
ロ…〇　法第28条第１項に基づく一般則第72条第２項に、塩素の販売所の販売主任者
　は、第一種販売主任者免状の交付を受け、かつ、同項の表の１番目、２番目又は４
　番目の枠の下欄のガスの種類の製造又は販売に関する６月以上の経験を有する者を
　選任しなければならないと定められている。
　　アンモニアは２番目の下欄に掲げられており、塩素の販売に関する経験として認
　められる。
　　したがって、第一種販売主任者免状の交付を受けたもので、アンモニアの製造又
　は販売に関する６か月以上の経験を有する者は、設問の塩素を販売する販売所の販
　売主任者に選任できるので、正しい。
ハ…✕　法第28条第３項で販売主任者の選任又は解任したときの手続について法第27
　条の２第５項を準用しており、法第27条の２第５項は、「販売業者は、法第28条第
　１項の規定により販売主任者を選任したときは、遅滞なく、経済産業省令で定める
　ところにより、その旨を都道府県知事に届け出なければならない。これを解任した
　ときも、同様とする。」と読み替えることになり、解任した販売主任者についても
　都道府県知事に届け出なければならないので、設問の「選任していた販売主任者を
　解任し、新たに販売主任者を選任した場合には、新たに選任した販売主任者につい
　てのみ、その旨を都道府県知事等に届け出なければならない」は、解任した旨の届
　出も必要となるので、誤り。

問19　次のイ、ロ、ハのうち、販売業者が販売する高圧ガスを購入して溶接又は熱切
　　断の用途に消費する者に対し、所定の方法により、その高圧ガスによる災害の発生
　　の防止に関し必要な所定の事項を周知させなければならない場合、その対象となる
　　高圧ガスとして一般高圧ガス保安規則上正しいものはどれか。
イ．天然ガス
ロ．水素
ハ．エチレン
　　⑴　イ　　　⑵　イ、ロ　　　⑶　イ、ハ　　　⑷　ロ、ハ　　　⑸　イ、ロ、ハ

　［正解］⑴　イ
　［解説］
法第20条の５第１項に基づく一般則第39条第１項第１号に、「溶接又は熱切断の用途
に消費する者に対し、周知させるべき高圧ガスとして、アセチレン、天然ガス、酸素」
が定められている。
イ…〇　天然ガスは、定められているので、正しい。
ロ…✕　水素は、定められていないので、誤り。
ハ…✕　エチレンは、定められていないので、誤り。

問20 次のイ、ロ、ハの記述のうち、販売業者が販売する高圧ガスを購入して消費する者に対し、所定の方法により、その高圧ガスによる災害の発生の防止に関し必要な所定の事項を周知させなければならない場合、その周知について一般高圧ガス保安規則上正しいものはどれか。

イ．消費設備を使用する場所の環境に関する基本的な事項」は、その周知させるべき事項に該当する。

ロ．消費設備の操作、管理及び点検に関し注意すべき基本的な事項は、その周知させるべき事項に該当しない。

ハ．ガス漏れを感知した場合その他高圧ガスによる災害が発生し、又は発生するおそれがある場合に消費者がとるべき緊急の措置及び販売業者に対する連絡に関する基本的な事項は、その周知させるべき事項に該当しない。

   (1) イ   (2) イ、ロ   (3) イ、ハ   (4) ロ、ハ   (5) イ、ロ、ハ

［正解］(1) イ
［解説］
法20条の5第1項に基づく一般則第39条第2項に、当該高圧ガスによる災害の発生防止に関し、必要な所定の事項を周知させなければならない場合、その周知させるべき事項が定められている。

イ…〇　一般則第39条第2項第3号に、「消費設備を使用する場所の環境に関する基本的な事項」は周知させるべき事項の一つとして定められているので、正しい。

ロ…×　法20条の5第1項に基づく一般則第39条第2項第2号に、「消費設備の操作、管理及び点検に関し注意すべき基本的な事項」は、周知させるべき事項の一つとして定められており、設問の「・・・周知させるべき事項に該当しない」は、誤り。

ハ…×　一般則第39条第2項第5号に、「ガス漏れを検知した場合その他高圧ガスによる災害が発生し、又は発生する恐れがある場合に消費者がとるべき緊急の措置及び販売業者等に対する連絡に関する基本的な事項」は、周知させるべき事項の一つとして定められており、設問の「・・・周知させるべき事項に該当しない」は、誤り。

保安管理技術試験問題

（国 家 試 験 問 題）

平成３０年度

保 安 管 理 技 術 試 験 問 題

（平成３０年１１月１１日実施）

次の各問について、正しいと思われる最も適切な答えをその問の下に掲げてある(1)、
(2)、(3)、(4)、(5)の選択肢の中から１個選びなさい。

問１　標準状態（０℃、0.1013MPa）において、５m^3のアルゴンと３kgの酸素を混合
　　すると、この混合気体の平均分子量はおよそいくらか。ただし、アルゴンの分子量
　　は40とし、理想気体として計算せよ。

　　　(1) 33　　(2) 34　　(3) 36　　(4) 38　　(5) 39

［正解］(4) 38

［解説］

アルゴンと酸素の混合気体の平均分子量は、それぞれの分子の体積割合から計算する。
「すべての気体１molは、標準状態において、22.4Lの体積を占める。」（テキスト９
頁：アボガドロの法則）。また、「物質１molの質量（g/mol）は、その分子量と同じ数
値となる。」（テキスト９頁）

よって、３kg（＝3000g）の酸素は3000÷32＝93.75 mol、93.75×22.4＝2100Lであ
る。

アルゴン５m^3＝5000 Lの体積割合は5000÷（5000＋2100）≒ 0.70

酸素の体積割合は2100÷（5000＋2100）≒ 0.30

平均分子量＝アルゴン分子量×アルゴンの割合＋酸素分子量×酸素の割合

　　　　＝ 40 × 0.70 ＋ 32 × 0.30 ＝ 37.6 ≒ 38

よって、正解は　(4) 38　である。

問２　次のイ、ロ、ハ、ニの記述のうち、正しいものはどれか。

イ．酸素は２種類の元素からできている。

ロ．アセチレンは炭素と水素の混合物である。

ハ．原子量には単位がない。

ニ．アボガドロの法則によれば、すべての気体において、同じ温度、同じ圧力のもと
　　で、同じ体積中に含まれる分子の数は常に同じである。

　　　(1) イ、ロ　　(2) イ、ニ　　(3) ロ、ハ　　(4) ハ、ニ　　(5) イ、ハ、ニ

［正解］(4) ハ、ニ

［解説］

イ…×　酸素（O_2）は、酸素という１種類の元素からできている。（テキスト７頁参
　　照）

ロ…× アセチレン（C_2H_2）は炭素元素と水素元素の2種の元素からできている「化合物」である。「混合物」は2種類以上の物質が共存しているものをいう。（テキスト7、8頁参照）

ハ…〇 設問のとおり。原子は炭素原子に12という数値を与え、他の原子の質量は、これを基準に表すことに決められており単位がない。（テキスト7頁参照）

ニ…〇 設問のとおり。同じ体積中に含まれる分子の数は物質の種類に関係なく同じである。（テキスト9頁参照）

問3 次のイ、ロ、ハ、ニの記述のうち、単位などについて正しいものはどれか。

イ．1Nの力を質量1kgの物体に作用させると1m/s²の加速度を生じる。

ロ．1Paは物体の単位面積1cm²当たりに1Nの力が垂直に作用するときの圧力を表す。

ハ．【J/(kg・K)】という単位は、1kgの物質の温度を1K変化させるのに必要な熱量を表すときに使用される。

ニ．セルシウス温度0℃を熱力学温度（絶対温度）に換算すると、およそ－273Kとなる。

　　　(1) イ、ハ　　(2) ロ、ハ　　(3) ロ、ニ　　(4) ハ、ニ　　(5) イ、ロ、ハ

［正解］(1) イ、ハ

［解説］

イ…〇 設問のとおり。（テキスト12頁参照）

ロ…× 1Paは物体の単位面積1m²当たりに1Nの力が働くときの圧力を表す。
　　　　1Pa ＝ 1N/m²　　（テキスト10頁参照）

ハ…〇 設問のとおり。（テキスト11頁参照）

ニ…× 絶対温度T（K）とセ氏温度t（℃）との間には次の関係がある。
　　　　　　　　T ＝ t ＋ 273.15

　よって、セルシウス温度0℃は、0 ＋ 273.15 ＝273.15となり、絶対温度でおよそ273 Kである。（テキスト12頁参照）

問4 標準状態（0℃、0.1013において密度が1.96kg/m³である気体の分子量はおよそいくらか。理想気体として計算せよ。

　　　(1) 16　　(2) 17　　(3) 28　　(4) 32　　(5) 44

［正解］(5) 44

［解説］

密度は、単位体積当りの質量である。

また、「物質1モル（mol）の質量（g/mol）は、その分子量と同じ数値となる。」（テキスト9頁）また、「すべての気体1モル（mol）は、標準状態において、22.4Lの体積を占める。」（テキスト9頁：アボガドロの法則）より、22.4Lあたりの質量を求める。

　　　1.96 kg/m³ ＝ 1.96 g/L

$$1.96 \times 22.4 = 43.9 \fallingdotseq 44$$

よって、正解は (5) 44 である。

問5 標準状態（ 0 ℃、0.1013MPa）で4.50m³の窒素がある。この窒素を20℃、
19.5MPa（絶対圧力）の状態で充塡するために必要な容器の内容積はおよそいくら
か。理想気体として計算せよ。

　(1) 20L　　(2) 25L　　(3) 30L　　(4) 35L　　(5) 40L

［正解］(2) 25L

［解説］

ボイル-シャルルの法則 $p_1 \cdot V_1 / T_1 = p_2 \cdot V_2 / T_2$ により求める。（テキスト14頁参照）

この式では、圧力は絶対圧力abs 、温度は絶対温度（K）である。

標準状態をp_1、V_1、T_1、充塡されたときをp_2、V_2、T_2とすると

標準状態のp_1 ＝0.1013 MPa、T_1 ＝ 0 ℃＝ 273 K　である。

　　V_1 ＝4.50m³ ＝ 4500 L

　　p_2 ＝ 19.5 MPa

　　T_2 ＝ 20 + 273 ＝ 293 K

これらの数値を式に代入すると

　　$0.1013 \times 4500 / 273 = 19.5 \times V_2 / 293$

　　$\therefore V_2 = 0.1013 \times 4500 \times 293 \div 273 \div 19.5 = 25.08 \fallingdotseq 25 \ L$

よって、正解は (2) 25L　である。

問6　次のイ、ロ、ハ、ニの記述のうち、正しいものはどれか。

イ．単一物質の液化ガスの蒸気圧は、温度が一定であればその液体の量が多いほど低
　くなる。

ロ．気体はその臨界温度を超えると圧縮しても液化しない。

ハ．液化ガスの沸点は、液面に加わる圧力が高くなるほど高くなる。

ニ．LPガスのように混合物の液化ガスが密閉した容器に充塡され、液相部と気相部が
　存在しているときは、一般に液相部の組成と気相部の組成は同じである。

　　(1) イ、ロ　　(2) イ、ニ　　(3) ロ、ハ　　(4) ハ、ニ　　(5) ロ、ハ、ニ

［正解］(3) ロ、ハ

［解説］

イ…×　蒸気圧は液体の種類により固有の値である。温度が一定であれば、密閉さ
　れた容器内の液化ガスの示す圧力は、液体が存在する限り、液体の量の多い少ない
　に関係なく一定である。（テキスト20頁参照）

ロ…〇　設問のとおり。温度が臨界温度より高い場合には、いくら圧力を加えても液
　化しない。（テキスト19頁参照）

ハ…〇　設問のとおり。液化ガスの液面に加わる圧力が低くなれば、沸騰が起こる温度は低くなり、逆に液面に加わる圧力が高くなるほど、沸騰が起こる温度は高くなる。（テキスト19頁参照）

ニ…×　LPガスのように混合物の液化ガスが密閉した容器に充填され、液相部と気相部が存在しているときは、一般に液相部と気相部の組成は異なる。（テキスト21頁参照）

問7　次のイ、ロ、ハ、ニ記述のうち、正しいものはどれか。

イ．アセチレンは、発火源があると、支燃物がなくても分解反応によって多量の熱を発生して火炎を生じるおそれのあるガスである。

ロ．発火点が−10℃のガスであれば、20℃の大気中に流出しても発火することはない。

ハ．換気の悪い空間でブタンを燃焼させると一酸化炭素が発生することがある。

ニ．大気圧（0.1013MPa）下において、体積の割合がプロパン30％、空気70％である混合気体は爆発範囲内にある。

　　　⑴　イ、ロ　　⑵　イ、ハ　　⑶　ロ、ハ　　⑷　ハ、ニ　　⑸　イ、ロ、ニ

［正解］⑵　イ、ハ

［解説］

イ…〇　設問のとおり。アセチレンは空気と混合しなくても分解爆発を起こす性質がある。（テキスト22参照）

ロ…×　発火点（発火温度）が常温以下のガスは、大気中に流出すると直ちに発火する性質がある。
　　このようなガスを自然発火性ガスという。（テキスト23頁参照）

ハ…〇　設問のとおり。ブタンなどの炭化水素類のガスが不完全燃焼すると、酸素が不足するためすべて二酸化炭素（CO_2）にならず、一酸化炭素（CO）やすす（C）が残る。（テキスト23頁参照）

ニ…×　プロパンの常温、標準大気圧の空気中における爆発範囲は2.1〜9.5％であるので、プロパン30％、空気70％の混合気体は爆発範囲外である。（テキスト24頁の表を参照）

問8　次のイ、ロ、ハ、ニの記述のうち、容器について正しいものはどれか。

イ．溶接容器には、二部構成容器はあるが、三部構成容器はない。

ロ．アルミニウム合金は、継目なし容器の材料として使用されている。

ハ．溶接容器は、主としてLPガスやフルオロカーボンなどの低圧の液化ガス用あるいは、溶解アセチレン用に使用される。

ニ．救急用の空気呼吸器用容器に使用されている繊維強化プラスチック複合容器（フルラップ容器）の質量は、最高充填圧力、内容積が同じ場合、鋼製継目なし容器の質量に比べおよそ1/2である。

　　　⑴　イ、ロ　　⑵　イ、ハ　　⑶　ハ、ニ　　⑷　イ、ロ、ニ　　⑸　ロ、ハ、ニ

［正解］⑸ ロ、ハ、ニ
［解説］
イ…× 溶接容器には二部構成容器（カプセルタイプ容器）と三部構成容器がある。
　（テキスト42頁参照）
ロ…○ 設問のとおり。アルミニウム合金はスクーバ用容器、医療用に使用される。
　（テキスト41頁参照）
ハ…○ 設問のとおり。（テキスト23頁参照）
ニ…○ 設問のとおり。（テキスト44頁参照）

問9　次のイ、ロ、ハ、ニの記述のうち、容器用バルブに装着されている安全弁につ
　いて正しいものはどれか。
イ．溶栓（可溶合金、ヒューズメタル）式安全弁は、容器温度が規定温度に達した場
　合、可溶合金が溶融して容器内のガスを外部に放出する。
ロ．ばね（スプリング）式安全弁は、容器内圧力が上昇し、安全弁の吹始め圧力に達
　すると容器内のガスを外部に放出し、それによって吹止まり圧力まで容器内圧力が
　下がればガスの放出を停止する。
ハ．安全弁は、装着されている容器用バルブが閉のときには作動するが、開のときに
　は作動しない。
ニ．安全弁の種類には、ばね式のほか、破裂板（ラプチャディスク）式と溶栓式があ
　るが、破裂板と溶栓の併用式はない。
　　　⑴ イ、ロ　　⑵ イ、ハ　　⑶ ロ、ハ　　⑷ ロ、ニ　　⑸ ハ、ニ

［正解］⑴ イ、ロ
［解説］
イ…○ 設問のとおり。溶栓式安全弁には、可溶合金（ヒューズメタル）が用いられ、
　容器温度が規定温度以上に上昇した場合に、可溶栓が溶融してガスを外部に噴出さ
　せる。圧力が上昇しただけでは作動しない。（テキスト42頁参照）
ロ…○ 設問のとおり。ばね（スプリング）式安全弁は、容器内圧力が上昇して規定
　圧力に達すると、ばねが押し上げられて弁が開き、ガスが外部に放出される安全弁
　である。一定の圧力まで下がると噴出は停止する。（テキスト53〜54頁参照）
ハ…× 安全弁は、いかなる場合にも作動しなければならず、容器用バルブが開の
　ときに作動しないのでは、容器内の圧力上昇時に安全弁の役目を果さない。
　（テキストに直接の記述はない。テキスト51頁の図参照）
ニ…× 酸素、窒素、水素等の圧縮ガス容器の安全装置として破裂板の他、破裂板
　と溶栓との併用式が用いられている。破裂板と溶栓併用式安全弁は、破裂板の疲労
　による作動圧力の低下を防ぐため、破裂板の背後に可溶合金を封入し、破裂板の膨
　らみを抑え、安全性を高めたものである。（テキスト53頁参照）

問10　次のイ、ロ、ハ、ニの記述のうち、容器用バルブについて正しいものはどれか。

イ．容器取付部（容器との接続部）が平行ねじのものは、アルミニウム合金の容器に使用される場合が多い。

ロ．開閉機構には、パッキン式、バックシート式、Oリング式などがあり、ダイヤフラム式はない。

ハ．医療用小容器用バルブや溶解アセチレン容器用バルブなどのヨーク式バルブは、充填口にねじがない。

ニ．充填口のねじに、めねじは使用されていない。

　　　⑴　イ、ロ　　　⑵　イ、ハ　　　⑶　ロ、ハ　　　⑷　ハ、ニ　　　⑸　イ、ロ、ニ

［正解］⑵　イ、ハ

［解説］

イ…○　設問のとおり。容器取付部のねじは、テーパねじと平行ねじがあり、平行ねじは、アルミニウム合金の容器に使用される場合が多い。（テキスト52頁参照）

ロ…×　開閉操作の際の気密性を保持するバルブの開閉機構部の種類は、パッキン式、バックシート式、Oリング式の他、ダイヤフラム式がある。（テキスト52頁参照）

ハ…○　設問のとおり。容器バルブの充填口部の構造には、ねじ式とヨーク式があり、医療用小容器用バルブや溶解アセチレン容器用バルブなどに使用されるヨーク式は充填口にねじがない。（テキスト52頁参照）

ニ…×　充填口のねじは、一般にはおねじであるが、LPガス用はめねじである。（テキスト52頁参照）

問11　次のイ、ロ、ハ、ニの記述のうち、高圧用の圧力調整器について正しいものはどれか。

イ．圧力調整ハンドルを反時計回りに回して緩めることにより、弁（バルブ）と弁座（シート）の状態が開になる。

ロ．圧力調整器の弁と弁座の状態を閉にしたが、一次側（高圧側）から二次側にガスが流れていたので、その調整器の使用をやめて交換した。

ハ．容器バルブに取り付けた圧力調整器の一次側に圧力計があれば、その圧力計を容器内圧力の確認に使用することができる。

ニ．圧力調整器を容器バルブへ取り付けるためのねじは、酸素ガス用では左ねじ、可燃性ガス用では右ねじで統一されている。

　　　⑴　イ、ロ　　　⑵　イ、ニ　　　⑶　ロ、ハ　　　⑷　ハ、ニ　　　⑸　イ、ロ、ハ

［正解］⑶　ロ、ハ

［解説］

イ…×　圧力調整器はハンドルを反時計回りに回して緩めることにより、弁（バルブ）と弁座（シート）の状態が閉となる。（テキスト63頁参照）

ロ…〇　正しい措置である。二次側にガスが流れている場合には、一次側の圧力が減圧調整部（シート）から漏れているか、一次側と二次側との隔壁に異常があることが予想される。（テキスト63頁参照）

ハ…〇　設問のとおり。一次側に圧力計が取り付けられている調整器では、一次側の圧力計で容器内圧力を確認できる。（テキスト63頁参照）

ニ…×　酸素ガス用圧力調整器の入口側取付部のねじは右ねじで製造されており、可燃性ガス用は一般に左ねじになっている。（テキスト62頁参照）

問12　次のイ、ロ、ハ、ニの記述のうち、保安機器・設備について正しいものはどれか。

イ．マノメータは、液柱の高さで圧力を測定するもので、低圧のガスに用いられる。

ロ．抵抗温度計は、熱起電力を利用して温度を測定する。

ハ．ベンチュリメータは、面積式流量計である。

ニ．ガス漏えい検知警報設備は、検知素子を用いてガス濃度を測定し、警報を発する設備である。

　　　(1) イ　　(2) イ、ロ　　(3) イ、ニ　　(4) ロ、ハ　　(5) ハ、ニ

［正解］(3) イ、ニ

［解説］

イ…〇　設問のとおり。マノメータは水または水銀などの液柱の高さで圧力を測定するもので、低圧のガスの圧力測定に用いられる。（テキスト68頁参照）

ロ…×　抵抗温度計は、金属の電気抵抗が温度上昇により増大することを利用した温度計である。（テキスト72頁参照）

ハ…×　ベンチュリメータは、流体の流れる管内を管の断面積より小さくして、狭くなった前後の圧力差を測定する差圧式流量計である。管の断面積が連続的に変化するベンチュリ管が用いられている。（テキスト74頁参照）

ニ…〇　設問のとおり。（テキスト74頁参照）

問13　次のイ、ロ、ハ、ニの記述のうち、高圧ガスの販売、充填、移動について正しいものはどれか。

イ．販売の形態には、充填容器による販売、タンクローリなどによる販売、導管による販売などがある。

ロ．高圧ガスを販売業者が所有する容器により販売する場合は、販売業者は、使用済み容器が返却されずに放置されることのないように、帳簿によって十分な容器管理を行わなければならない。

ハ．誤って、規定された充填量を超えて容器に液化ガスを充填してしまうと、容器の温度が上昇した場合、液膨張により容器内が液で満たされ圧力が急激に上昇することがある。

ニ．内容積47Lの継目なし容器に容器バルブを保護するためのキャップを装着したので、容器を胴部が地盤面に接するように倒し、転がして移動した。

(1) イ、ロ　　(2) イ、ハ　　(3) ロ、ニ　　(4) ハ、ニ　　(5) イ、ロ、ハ

［正解］(5) イ、ロ、ハ
［解説］

イ…○　設問のとおり。一般に高圧ガスは容器に充填され、その容器の中身のガスだけが販売されるが、容器ごと販売する場合や導管によりガスを販売する場合がある。（テキスト79頁参照）

ロ…○　設問のとおり。使用済み容器が返却されずに放置されることのないよう返却された容器も容器授受簿へ記載し、管理する。（テキスト84頁参照）

ハ…○　設問のとおり。液膨張により容器が破裂するおそれがあるため、規定された充填量を超える過充填は絶対に避けなければならない。（テキスト92頁参照）

ニ…×　充填容器等を地盤面状で移動するときは、キャップの有無にかかわらず、容器の胴部が地盤面に接しないようにして行う。（テキスト109頁参照）

問14　次のイ、ロ、ハ、ニの記述のうち、高圧ガスの消費に関する形態、廃棄について正しいものはどれか。

イ．CE（コールドエバポレータ）方式は、内部に貯蔵している低温の液化ガスの一部を気化させる加圧蒸発器により、貯槽の圧力を一定に保って液化ガスを送りだす。

ロ．消費量が多いアセチレンの供給に、集合装置による方法（マニホールド方式）は適していない。

ハ．容器収納筒（デバルバー）は、毒性ガスが漏えいしている容器や腐食してガス名の判別できない容器などを内部に収納し、専門の業者によって安全に処理するためのものである。

ニ．酸素の廃棄に使用する器具には、発火事故の原因となる可燃性のパッキンやガスケットなどは用いない。

(1) イ、ロ　　(2) イ、ハ　　(3) ロ、ニ　　(4) イ、ハ、ニ　　(5) ロ、ハ、ニ

［正解］(4) イ、ハ、ニ
［解説］

イ…○　設問のとおり。CEは、二重殻になった貯槽内の低温の液化ガスを外気との温度差により一部気化させる加圧蒸発器により、貯槽内の圧力を一定に保って液化ガスを送り出し供給する方式である。ガスで供給する場合は熱源または外気との温度差を利用してガス化している。（テキスト115頁参照）

ロ…×　アセチレンガスは分解爆発性があるため、大型容器を利用することができない。そのため、大量消費には、集合装置による方法（マニホールド方式）が適している。（テキスト113頁参照）

ハ…○　設問のとおり。（テキスト125頁参照）

ニ…○　設問のとおり。酸素の廃棄は、バルブおよび廃棄に使用する器具の石油類、油脂類その他の可燃性の物を除去したのちにする。（テキスト126頁参照）

問15　次のイ、ロ、ハ、ニの記述のうち、高圧ガスの取扱いなどについて正しいもの
　　はどれか。

イ．液化窒素を取り扱う際、専用の革手袋と保護めがねを使用した。

ロ．ヘリウムを水素配管の気密試験に使用した。

ハ．アセチレン容器を横置きにして歯止めを施し、使用した。

ニ．毒性ガスには刺激臭があるため、微量の漏えいでも容易に気付くことができる。

　　⑴　イ、ロ　　　⑵　イ、ハ　　　⑶　イ、ニ　　　⑷　ロ、ハ　　　⑸　ハ、ニ

　［正解］⑴　イ、ロ

　［解説］

イ…○　正しい措置である。液化窒素は－196℃の低温液化ガスであり、直接身体に
　　触れないよう専用の革手袋と保護めがねを使用する。（テキスト130頁参照）

ロ…○　正しい措置である。気密試験用ガスにはヘリウムなどの不燃性ガスを使用す
　　る。可燃性ガスや酸素ガスを使用してはならない。（テキスト128頁参照）

ハ…×　アセチレン容器は多孔質物に溶剤を浸潤させているので、必ず立てて使用
　　する。（テキスト140頁参照）

ニ…×　毒性ガスの中には一酸化炭素のように無臭のものもある。毒性ガスは、す
　　べて臭いがあるものと勘違いしていると、事故をまねくことになるので、ガスの性
　　質を熟知しておくことが重要である。（テキスト127頁参照）

問16　次のイ、ロ、ハ、ニの記述のうち、酸素について正しいものはどれか。

イ．可燃性ガスを燃焼させるとき、空気に酸素を加え酸素の割合を大きくすると火炎
　　温度、発火温度はともに上昇する。

ロ．作業環境中の酸素の濃度が低いときは酸素欠乏症に注意する必要があるが、酸素
　　の濃度が高いときは人体に対する影響に注意する必要はない。

ハ．酸素は支燃性であるため、酸素だけでは燃焼も爆発も起こらない。

ニ．液化酸素の配管に銅管を使用した。

　　⑴　イ、ロ　　　⑵　イ、ハ　　　⑶　イ、ニ　　　⑷　ロ、ニ　　　⑸　ハ、ニ

　［正解］⑸　ハ、ニ

　［解説］

イ…×　酸素の割合を大きくすると、物質の燃焼速度が大きくなり、発火温度は低
　　くなり、火炎温度は上がる。（テキスト133頁参照）

ロ…×　高濃度の酸素を長時間吸入すると、全身けいれん、めまい、筋けいれんな
　　どの高濃度中毒症状を起こす。（テキスト134頁参照）

ハ…○　設問のとおり。（テキスト133頁参照）

ニ…○　正しい措置である。液化酸素の配管には低温脆性を示さない材料の銅、アル
　　ミニウム合金、18-8ステンレス鋼などを使用する。（テキスト136頁参照）

問17　次のイ、ロ、ハ、ニの記述のうち、正しいものはどれか。

イ．常温、標準大気圧（0.1013MPa）下において、水素とメタンの爆発範囲をくらべると、水素の方が広い。

ロ．アセチレンは鉄と反応して爆発性化合物であるアセチリドを生成する。

ハ．メタンは天然ガスの主成分で、完全燃焼すると水と二酸化炭素を生成するが、不完全燃焼すると一酸化炭素、水素、炭素（すす）なども生成する。

ニ．水素は完全燃焼すると水と二酸化炭素を生成するが、不完全燃焼すると一酸化炭素も生成する。

　　　⑴　イ、ロ　　　⑵　イ、ハ　　　⑶　ロ、ハ　　　⑷　ロ、ニ　　　⑸　ハ、ニ

［正解］⑵　イ、ハ

［解説］

イ…〇　設問のとおり。水素とメタンの常温、標準大気圧の空気中における爆発範囲は、水素＝4～75vol％、メタン＝5～15vol％（テキスト24頁の表2.6参照）。よって、爆発範囲が広いのは、水素である。

ロ…×　アセチレンは、銅・銀などの金属に作用して爆発性化合物であるアセチリドを生成する。（テキスト137頁参照）

ハ…〇　設問のとおり。メタンなどの炭化水素類のガスは、完全燃焼すると水と二酸化炭素を生成するが、不完全燃焼すると一酸化炭素、水素、炭素（すす）なども生成する。（テキスト23頁参照）

ニ…×　水素は完全燃焼すると二酸化炭素は生成せず水を生成する。不完全燃焼しても一酸化炭素は生成しない。（テキスト141頁参照）

問18　次のイ、ロ、ハ、ニの記述のうち、塩素について正しいものはどれか。

イ．気体は、黄緑色で激しい刺激臭がある。

ロ．水分を含む塩素は、常温では金属への腐食性はない。

ハ．毒性を有するが、有機化合物と反応することはない。

ニ．除害剤には、カセイソーダ水溶液、消石灰などが用いられる。

　　　⑴　イ、ロ　　　⑵　イ、ニ　　　⑶　ロ、ハ　　　⑷　ハ、ニ　　　⑸　イ、ハ、ニ

［正解］⑵　イ、ニ

［解説］

イ…〇　設問のとおり。塩素は、黄緑色の刺激臭のあるガスで、支燃性で毒性のガスである。（テキスト145頁参照）

ロ…×　水分を含む塩素は、常温でも多くの金属を腐食する。なお、チタンは水分を含んだ塩素には腐食されにくいが、水分を含まない塩素とは常温でも激しく反応し腐食される。（テキスト146頁参照）

ハ…×　塩素は毒性ガスであり、有機化合物と反応して発熱反応を起こす。（テキスト146頁参照）

ニ…○　設問のとおり。塩素の除害には酸類ではなく、カセイソーダ（水酸化ナトリウム）や炭酸ソーダ（炭酸ナトリウム）水溶液などのアルカリ性水溶液および消石灰などが用いられる。（テキスト146頁参照）

問19　次のイ、ロ、ハ、ニの記述のうち、正しいものはどれか。
イ．アンモニアの配管に鋼管を用いた。
ロ．アンモニアとクロルメチル（塩化メチル）の除害剤としては、いずれも消石灰が適している。
ハ．アンモニアは、支燃性、毒性のガスである。
ニ．クロルメチル（塩化メチル）とシアン化水素は、いずれも可燃性、毒性のガスである。
　　(1) イ、ロ　　(2) イ、ハ　　(3) イ、ニ　　(4) ロ、ハ　　(5) ロ、ニ

［正解］(3) イ、ニ
［解説］
イ…○　正しい措置である。アンモニアは、銅、アルミニウムおよびその合金を著しく腐食するので、配管はもとよりバルブや圧力計などに銅、アルミニウムおよびその合金製のものは使用できない。（テキスト149頁参照）
ロ…×　アンモニアとクロルメチルの除害には、大量の水が用いられる。（テキスト149、151頁参照）
ハ…×　アンモニアは、強い刺激臭のある可燃性、毒性ガスである。（テキスト148頁参照）
ニ…○　設問のとおり。クロルメチルとシアン化水素は、無色で特有の臭気をもつ可燃性、毒性のガスである。（テキスト150、151頁参照）

問20　次のイ、ロ、ハ、ニの記述のうち、正しいものはどれか。
イ．モノシランは、空気中で燃焼すると白煙のように見える二酸化ケイ素（SiO_2）の粉末を生じる。
ロ．ホスフィンは、毒性、自然発火性のガスである。
ハ．ジボランは、酸素とは反応しない。
ニ．三フッ化窒素は、毒性、可燃性のガスである。
　　(1) イ、ロ　　(2) イ、ハ　　(3) ロ、ニ　　(4) ハ、ニ　　(5) イ、ロ、ハ

［正解］(1) イ、ロ
［解説］
イ…○　設問のとおり。モノシランは、燃焼するとSiO_2（二酸化ケイ素）の粉末を生じる。SiO_2は白煙のように見える。（テキスト155頁参照）
ロ…○　設問のとおり。（テキスト154頁の表13.1参照）
ハ…×　ジボランは、酸素、三フッ化窒素等の支燃性物質と激しく反応する。（テキスト158頁参照）

ニ…×　三フッ化窒素は、支燃性の毒性ガスである。（テキスト164頁参照）

令和元年度

保 安 管 理 技 術 試 験 問 題

（令和元年11月10日実施）

　次の各問について、正しいと思われる最も適切な答えをその問の下に掲げてある(1)、(2)、(3)、(4)、(5)の選択肢の中から1個選びなさい。

問1　標準状態（0℃、0.1013MPa）において、5.0㎥の窒素と300molの酸素を混合すると、この混合気体の質量はおよそいくらか。理想気体として計算せよ。

　　(1) 14kg　　(2) 16kg　　(3) 18kg　　(4) 20kg　　(5) 22kg

［正解］(2) 16kg

［解説］

分子の1モル(mol)は、その分子量にグラム(g)を付した質量に相当する。（テキスト8頁）また、すべての気体1molは、標準状態において、22.4Lの体積を占める。（テキスト9頁：アボガドロの法則）

5㎥（＝ 5000L）の窒素は、5000 ÷ 22.4 ≒ 223.2mol　になる。

さらに　窒素1molは28gであるから、223.2molの窒素は

　　223.2 × 28 ＝ 6249.6g ≒ 6.25kg

また酸素1molは32gであるから、300molの酸素は

　　300 × 32 ＝ 9600g ＝ 9.6kg

よって、窒素と酸素の混合気体の質量は、

　　6.25kg ＋ 9.6kg ＝ 15.85kg ≒ 16kg

したがって、正解は　(2) 16kg　である。

問2　次のイ、ロ、ハ、ニの記述のうち、正しいものはどれか。

イ．プロパンは2種類の元素からできている化合物である。

ロ．酸素1molの分子の数は、温度が上昇すると増加する。

ハ．ある物質の固有の特性を示す最小の基本粒子を原子という。

ニ．物質の状態は、臨界温度以下では、温度・圧力の変化によって、固体、液体、気体の3つの状態の間で変化する。

　　(1) イ、ロ　　(2) イ、ニ　　(3) ロ、ハ　　(4) ハ、ニ　　(5) イ、ハ、ニ

［正解］(2) イ、ニ

［解説］

イ…○　設問のとおり。プロパンは炭素と水素の元素からできている化合物である。なお、化合物に対し単一の元素からなる物質を単体という。（テキスト7頁参照）

ロ…×　1molに含まれる分子の数は6.02×10²³個（アボガドロ定数）であり、温度により増減することはない。（テキスト9頁参照）

ハ…×　ある物質の固有の特性を示す最小の基本粒子は分子という。（テキスト7頁参照）

ニ…〇　設問のとおり。ガスを液化することのできる最高の温度が臨界温度であり、臨界温度以下であれば、物質は温度・圧力の変化によって、固体、液体、気体の3つの状態の間で変化する。（テキスト18頁参照）

問3　次のイ、ロ、ハ、ニの記述のうち、単位などについて正しいものはどれか。

イ．セルシウス温度の1度の幅と、熱力学温度（絶対温度）のそれとは異なる。

ロ．絶対圧力は、ゲージ圧力から大気圧を差し引いた圧力である。

ハ．単位質量の物質の温度を1℃上昇させるのに必要な熱量をその物質の比熱容量（比熱）という。

ニ．密度の単位としてkg/㎥を用いた。

　　⑴　イ、ロ　　　⑵　イ、ニ　　　⑶　ロ、ハ　　　⑷　ハ、ニ　　　⑸　ロ、ハ、ニ

［正解］⑷　ハ、ニ

［解説］

イ…×　セルシウス温度と熱力学温度（絶対温度）のそれぞれの1度の幅は同じである。（テキスト12頁参照）

ロ…×　絶対圧力はゲージ圧力に大気圧を加えた圧力である。（テキスト11頁参照）

ハ…〇　設問のとおり。物質1gの温度を1℃上昇させるために必要な熱量を比熱といい、物質により異なる。（テキスト12頁参照）

ニ…〇　設問のとおり。物質の単位体積当たりの質量を密度といい、単位としてkg/㎥などが用いられる。（テキスト12頁参照）

問4　体積の割合が窒素60%、水素40%である混合気体の平均分子量はおよそいくらか。理想気体として計算せよ。

　　⑴　9　　　⑵　12　　　⑶　15　　　⑷　18　　　⑸　21

［正解］⑷　18

［解説］

混合気体の平均分子量はそれぞれの分子量を体積割合で計算する。

平均分子量＝窒素分子量×窒素の割合＋水素分子量×水素の割合

　　　　　＝28 × 0.6 + 2 × 0.4 = 16.8 + 0.8 = 17.6 ≒ 18

よって、正解は　⑷　18　である。

問5　内容積40Lの容器に、温度23℃、ゲージ圧力4.0MPaで充填された酸素がある。この酸素の標準状態（0℃、0.1013MPa）における体積はおよそ何㎥か。大気圧は0.1013MPaとし、理想気体として計算せよ。

(1) 1.1㎥ (2) 1.3㎥ (3) 1.5㎥ (4) 1.7㎥ (5) 1.9㎥

[正解] (3) 1.5㎥
[解説]
ボイル-シャルルの法則$p_1 \cdot V_1 / T_1 = p_2 \cdot V_2 / T_2$により求める。（テキスト14頁参照）
この式では、圧力は絶対圧力（abs）、温度は絶対温度（K）である。
充填されたときをp_1、V_1、T_1、標準状態をp_2、V_2、T_2とすると
$p_1 = 4.0 + 0.1013 = 4.1013$MPa abs、$V_1$は容器の内容積の40L、$T_1 = 23℃ = T_1 = 296$Kとなる。
標準状態は、$p_2 = 0.1013$MPa abs、$T_2 = 0℃ = 273$Kである。
これらの数値を式に代入すると
$$4.1013\text{MPa abs} \times 40\text{L}/300\text{K} = 0.1013\text{MPa abs} \times V_2/273\text{K}$$
$\therefore$ $V_2 = 4.1013 \times 40 \times 273 \div 300 \div 0.1013 ≒ 1474$L $= 1.5$㎥
よって、正解は (3) 1.5㎥ である。

問6　次のイ、ロ、ハ、ニの記述のうち、正しいものはどれか。
イ．気体は、その臨界温度を超えた温度においても圧縮すれば変化する。
ロ．ＬＰガスのような混合物の飽和蒸気圧は、液相の温度に加え液相の組成によって
　　も変化する。
ハ．気体の酸素は、標準大気圧下でも沸点以下に冷却すれば液化が始まる。
ニ．温度一定のまま、物質が状態変化（相変化）するときに出入りする熱量を、顕熱
　　という。
　　　(1) イ、ロ　　(2) イ、ハ　　(3) イ、ニ　　(4) ロ、ハ　　(5) ロ、ハ、ニ

[正解] (4) ロ、ハ
[解説]
イ…×　ガスを液化することのできる最高の温度が臨界温度であり、臨界温度以下
　　で圧縮すれば液化するが、臨界温度を超えた温度ではいくら圧縮しても液化しない。
　　（テキスト18頁参照）
ロ…○　設問のとおり。なお、組成が一定に保たれていれば、蒸気圧は温度により一
　　定となる。（テキスト21頁参照）
ハ…○　設問のとおり。酸素の沸点は－183℃であり、大気圧下で沸点以下に冷却す
　　れば液化する。（テキスト18頁参照）
ニ…×　温度一定のまま、物質が状態変化（相変化）するときに出入りする熱量は、
　　潜熱である。顕熱は、ガスの温度が上昇することによるそのガスの保有熱量の増加
　　分の熱量である。（テキスト19頁参照）

問7　次のイ、ロ、ハ、ニの記述のうち、燃焼と爆発について正しいものはどれか。
イ．断熱圧縮による昇温は、発火源とはならない。
ロ．単位質量当たりの総発熱量は、メタンに比べ水素の方が大きい。

ハ．自然発火性ガスは、酸素や空気などの支燃物がなくても分解反応によって分解爆発を起こす性質を持ったガスである。

ニ．水素は、常温、標準大気圧、空気中において、アセチレンより爆発範囲（燃焼範囲）が狭い。

    (1) イ、ロ   (2) イ、ハ   (3) イ、ニ   (4) ロ、ハ   (5) ロ、ニ

［正解］(5) ロ、ニ

［解説］

イ…×　発火するには、一定のエネルギーが必要であり、エネルギーとしては、火炎の他に断熱圧縮による温度上昇や赤外線などの光もエネルギーとなり発火源となる。（テキスト24頁参照）

ロ…○　設問のとおり。水素の単位質量当たりの発熱量は142MJ/kg、メタンは56MJ/kgであり水素の方が大きい。単位体積当たりの発熱量は、逆にメタンの方が大きい。（テキスト23頁参照）

ハ…×　自然発火性ガスは、発火温度が常温以下のガスであり、常温の空気中に漏えいすると自然発火するガスをいい、モノシラン、ジシラン、ホスフィンなどが該当する。（テキスト23頁参照）

ニ…○　設問のとおり。水素とアセチレンの空気中における爆発範囲は、水素＝4〜75％（範囲71％）、アセチレン＝2.5〜100％（範囲97.5％）である。（テキスト24頁の表を参照）よって、爆発範囲が狭いのは水素である。

問8　次のイ、ロ、ハ、ニの記述のうち、容器について正しいものはどれか。

イ．ステンレス鋼製継目なし容器は、半導体製造などに使用されるガスを充填する容器として容器内面の平滑度、清浄さ、耐食性などが要求される場合に使用される。

ロ．溶接容器は、内容積が120L未満の容器だけに用いられるものであり、タンクローリのような大型の容器には使用されない。

ハ．炭素鋼は、溶接容器の材料として使用されている。

ニ．超低温容器は、液化酸素、液化窒素などの超低温の液化ガスを充填するため、二重殻構造とし断熱措置を施した容器である。

    (1) イ、ロ   (2) ロ、ハ   (3) ハ、ニ   (4) イ、ロ、ニ   (5) イ、ハ、ニ

［正解］(5) イ、ハ、ニ

［解説］

イ…○　設問のとおり。半導体製造などに使用する特殊材料ガスの充填容器として用いられている。（テキスト41頁参照）

ロ…×　溶接容器は、継目なし容器より大きいものを製作することができ、タンクローリや鉄道車両のタンクなどは溶接容器である。（テキスト41〜43頁参照）

ハ…○　設問のとおり。溶接容器の材料として、炭素鋼、ステンレス鋼、アルミニウム合金が使用される。（テキスト43頁参照）

ニ…○　設問のとおり。超低温容器は、−50℃以下の液化ガスを充填する容器で、内槽と外槽からなる二重殻構造であり、その間に断熱材を充填し真空にしてある。（テキスト44頁参照）

問9　次のイ、ロ、ハ、ニの記述のうち、容器バルブの安全弁について正しいものはどれか。

イ．シアン化水素、三フッ化塩素のバルブには、安全弁がついていない。

ロ．破裂板と溶栓の併用式の安全弁は、破裂板の疲労による破裂圧力の低下を防ぐため、安全弁の吹出し孔内に可溶合金を充填して、圧力による破裂板のふくらみを抑えている。

ハ．破裂板式安全弁の破裂板の材料には、銅、ニッケルなどが使用されている。

ニ．溶解アセチレン容器の溶栓式安全弁が作動した場合、ガスの噴出方向は容器の軸心に対して直角である。

　　(1) イ、ロ　　(2) ハ、ニ　　(3) イ、ロ、ハ　　(4) イ、ハ、ニ　(5) ロ、ハ、ニ

［正解］(3) イ、ロ、ハ

［解説］

イ…○　設問のとおり。シアン化水素、三フッ化塩素の容器バルブには安全弁を取り付けない。（テキスト52頁参照）

ロ…○　設問のとおり。破裂板と溶栓式併用式の安全弁は、安全性を高めた安全弁である。（テキスト54頁参照）

ハ…○　設問のとおり。破裂板（ラプチャーディスク）式安全弁は、容器内圧力が規定作動圧力に達したとき、薄板が破壊されてガスがなくなるまで放出される。破裂板には、銅、ニッケルなどが一般に用いられる。（テキスト53頁参照）

ニ…×　溶解アセチレン容器の溶栓式安全弁が作動した場合、そのガスの噴出方向は容器の軸心に対して30度以内の上方になっている。（テキスト53頁参照）

問10　次のイ、ロ、ハ、ニの記述のうち、容器用バルブについて正しいものはどれか。

イ．ガスの入口（容器取付部）が平行ねじのものは、アルミニウム合金の容器に使用される場合が多い。

ロ．溶解アセチレン用のバルブの材料には、純銅を使用してはならない。

ハ．可燃性ガス用のバルブには、必ずハンドルがついている。

ニ．ハンドルのついていないバルブを閉める際、所定のレンチがなかったので、アームの長いレンチを使用し、通常より強く閉めた。

　　(1) イ、ロ　　(2) イ、ハ　　(3) イ、ニ　　(4) ロ、ハ　　(5) ハ、ニ

［正解］(1) イ、ロ

［解説］

イ…○　設問のとおり。容器取付部のねじには、テーパねじと平行ねじがあり、平行ねじはアルミニウム合金の容器に使用される場合が多い。（テキスト52頁参照）

ロ…〇　設問のとおり。ガスの性質により使用できない材料があり、アセチレン用には、銅または銅の含有量が62％を超える銅合金の使用は禁じられている。（テキスト54〜55頁参照）

ハ…✕　アセチレンガス用のバルブ等、ハンドルがついていないバルブもある。（テキスト51頁参照）

ニ…✕　そのバルブに適したトルク以上の過大なトルクでバルブを閉めると、弁座シートを損傷し、ガス漏れを起こす原因となる。むやみにアームの長いレンチを用いることなく、適切な所定のL型レンチを用意して作業を行うことが必要である。（テキスト56頁参照）

問11　次のイ、ロ、ハ、ニの記述のうち、高圧用の圧力調整器について正しいものはどれか。

イ．容器バルブに調整器を取り付ける前に、圧力調整ハンドルを緩めてシート（弁座）とバルブ（弁）を閉の状態にした。

ロ．水素に使用していた調整器を酸素に使用した。

ハ．可燃性ガス用調整器の入口側取付ねじは、全て右ねじになっている。

ニ．調整器の圧力設定後に低圧圧力計の指針が上昇を続けている場合は、その調整器の使用をやめる。

　　⑴ イ、ロ　　⑵ イ、ニ　　⑶ ロ、ハ　　⑷ ハ、ニ　　⑸ ロ、ハ、ニ

［正解］⑵ イ、ニ

［解説］

イ…〇　設問のとおり。調整器を取り付けるとき、シートとバルブを開のままにしておくと、容器弁を開にしたとき、ガスが出て危険である。圧力調整ハンドルを緩め、シートとバルブの状態を閉にしておく。（テキスト63頁参照）

ロ…✕　可燃性ガス用の調整器のガス供給源への取付部のねじは支燃性及び不燃性ガス用のねじと誤用されないよう左ねじで製造されているので、支燃性ガスの酸素には使用できない。（テキスト62頁参照）

ハ…✕　可燃性ガス用の調整器のガス供給源への取付部のねじは支燃性及び不燃性ガス用のねじと誤用されないよう左ねじで製造されている。（テキスト62頁参照）

ニ…〇　設問のとおり。低圧圧力計の指針が上昇するのは、一次側の圧力が減圧調整部（シート）から漏れているか、一次側と二次側との隔壁に異常があることが予想される。いずれにしても圧力調整器は正常でないので使用を中止する。（テキスト63頁参照）

問12　次のイ、ロ、ハ、ニの記述のうち、圧力計について正しいのはどれか。

イ．マノメータを用いると、ガス側液面と大気側液面との高低差から絶対圧力を読み取ることができる。

ロ．マノメータには、U字管のものと単管のものとがある。

ハ．ブルドン管圧力計は、断面がだ円形または平円形の中空の管を円弧状に曲げたブルドン管を利用し、ガスの圧力により管が変形したときの変位を拡大して表示する機構がとられている。

ニ．歪ゲージを用いたデジタル表示圧力計の利点の一つに過負荷に対する耐性がある。

　　⑴ イ、ハ　　⑵ イ、ニ　　⑶ ロ、ハ　　⑷ イ、ロ、ニ　　⑸ ロ、ハ、ニ

［正解］⑸ ロ、ハ、ニ

［解説］

イ…×　マノメータは、ガス圧側と大気圧側との差であり、大気圧との差を示しているのでゲージ圧力である。（テキスト69頁参照）

ロ…○　設問のとおり。（テキスト68頁参照）

ハ…○　設問のとおり。（テキスト67頁参照）

ニ…○　設問のとおり。デジタル表示圧力計は、他に耐久性や振動や衝撃による影響を受けないなどの利点がある。（テキスト69頁参照）

問13　次のイ、ロ、ハ、ニの記述のうち、液面計、温度計、流量計について正しいものはどれか。

イ．フロート液面計は、低温液化ガス貯槽などの底部にかかる液化ガスの圧力を測定して、液面の高さを知るものである。

ロ．ガラス製温度計は、液体の体積が温度により変化することを利用した温度計である。

ハ．容積式流量計には、回転子の形状により、オーバル形、スパイラル形、ルーツ形などがある。

ニ．オリフィスメータは面積式流量計である。

　　⑴ イ、ロ　　⑵ イ、ハ　　⑶ ロ、ハ　　⑷ ロ、ニ　　⑸ イ、ハ、ニ

［正解］⑶ ロ、ハ

［解説］

イ…×　フロート液面計は、液面にフローを浮かべ、液面の上下に伴うフロートの動きを金属テープなどを介して指示計に伝え、液面の高さを知る構造である。（テキスト70頁参照）

ロ…○　設問のとおり。ガラス製温度計は、液体の膨張を利用した温度計である。（テキスト72頁参照）

ハ…○　設問のとおり。容積式流量計は液体の流量測定に用いられる流量計で、オーバル形、スパイラル形、ルーツ形などあるが原理は同じである（テキスト73頁参照）

ニ…×　オリフィスメータは流体の流れる管内を管の断面積より小さくして、狭くなった前後の圧力差を測定する差圧式流量計である。（テキスト73頁参照）

問14　次のイ、ロ、ハ、ニの記述のうち、高圧ガスの消費に関する形態、付帯設備について正しいものはどれか。

イ．圧縮ガスの供給において、ガスの消費量が増加したので、単体容器による方法から集合装置による方法（マニホールド方式）に変更した。

ロ．温水を熱媒体とする蒸発器の熱交換器としては、蛇管式（シェルアンドコイル式）が一般的に用いられる。

ハ．CE（コールドエバポレータ）方式は、炭酸ガスの供給には用いられない。

ニ．大型長尺容器を複数本枠組みして車両に固定したものは、液化ガスの大量消費に対する供給用に適している。

 (1) イ、ロ (2) イ、ハ (3) ロ、ハ (4) ロ、ニ (5) ハ、ニ

［正解］(1) イ、ロ

［解説］

イ…○ 設問のとおり。マニホールド方式とは、数本ないし数十本の容器を1本の主管に接続し使用するもので、単体容器による場合よりも消費量が多いときに使用される。（テキスト113頁）

ロ…○ 設問のとおり。温水を加熱源とする熱交換器には蛇管式（シェルアンドコイル式）が使用されることが多い。ほかに二重管式や多管式の熱交換器もある。（テキスト118頁参照）

ハ…× CE（コールドエバポレータ）方式は、液化炭酸ガスやLNGにも利用されている。（テキスト115頁参照）

ニ…× 長尺容器は、液化することが困難な水素などの圧縮ガスの大量消費に適している。（テキスト113頁参照）

問15 次のイ、ロ、ハ、ニの記述のうち、高圧ガスの取扱いなどについて正しいものはどれか。

イ．使用済み容器（ガスの使用が済んだ容器）は、必ず容器バルブを閉じバルブ保護キャップを取り外しておく。

ロ．水素は、漏えいすると発火燃焼の危険性があるが、毒性はないので高濃度のガスを吸入しても人体に危険はない。

ハ．付近で火災が発生したので、延焼のおそれのない容器に、放射熱による温度上昇を防止するため、注水冷却した。

ニ．ヘリウム配管の気密試験にヘリウムを使用した。

 (1) イ、ロ (2) イ、ハ (3) ロ、ハ (4) ロ、ニ (5) ハ、ニ

［正解］(5) ハ、ニ

［解説］

イ…× 容器弁の破損防止のため、使用済みの容器でもキャップを取り付けておく。（テキスト129頁参照）

ロ…× 水素自体は無害で毒性はないが、多量に吸入すると酸素欠乏による窒息を起こす。（テキスト141頁参照）

ハ…〇　設問のとおり。火災等で容器の温度が上昇する場合には、安全な場所に移動させる。もし不可能な場合には、容器に直接散水して容器の温度が上昇しないようにする。（テキスト131頁参照）

ニ…〇　設問のとおり。気密試験用ガスには窒素などの不燃性ガスを使用する。ヘリウムも不燃性ガスであるので使用できる。（テキスト128頁参照）

問16　次のイ、ロ、ハ、ニの記述のうち、酸素について正しいものはどれか。
イ．気体は無色、無臭で、同一圧力、温度、体積において空気よりわずかに重く、沸点は標準大気圧下で－183.0℃である。
ロ．支燃性で、着火源があれば酸素だけでも燃焼する。
ハ．酸素設備に使用する圧力計に、「禁油」の表示があるブルドン管圧力計を用いた。
ニ．可燃性ガスを燃焼させるとき、空気に酸素を加え酸素の割合を大きくすると、爆発範囲（燃焼範囲）は広くなり発火温度は高くなる。
　　　⑴　イ、ロ　　　⑵　イ、ハ　　　⑶　イ、ニ　　　⑷　ロ、ニ　　　⑸　ハ、ニ

　［正解］⑵　イ、ハ
　［解説］
イ…〇　設問のとおり。なお、液化酸素は淡青色である。（テキスト134頁参照）
ロ…×　酸素は、化学的に非常に活発な元素であり、支燃性ガスであるが、酸素だけでは燃焼も爆発も起こらない。（テキスト133頁参照）
ハ…〇　設問のとおり。酸素ガスを使用する機器類は、油脂類が残っていると発火の原因となるから、禁油の表示がされたものを使用する。（テキスト135頁参照）
ニ…×　酸素濃度が高くなると、爆発範囲は広くなり、発火温度は低くなる。（テキスト133頁参照）

問17　次のイ、ロ、ハ、ニの記述のうち、可燃性ガスについて正しいものはどれか。
イ．溶解アセチレンは、容器内部に充填した多孔質物に、アセチレンを加圧し溶解したものである。
ロ．アセチレンが完全燃焼すると、水と二酸化炭素を生成し、高温度を発生する。
ハ．水素は、常温、大気圧下で炭素鋼中に侵入し、脱炭作用により炭素鋼を脆化させる。
ニ．気体のメタンは、無色、無臭で、同一圧力、温度、体積において空気より軽い。
　　　⑴　イ、ロ　　　⑵　イ、ハ　　　⑶　ロ、ハ　　　⑷　ロ、ニ　　　⑸　ハ、ニ

　［正解］⑷　ロ、ニ
　［解説］
イ…×　溶解アセチレンは、容器内部に充填した多孔質物に、アセトンまたはジメチルホルムアミドを浸潤させ、その溶剤にアセチレンを加圧し溶解したものである。（テキスト138頁参照）

ロ…○　設問のとおり。アセチレン（C_2H_2）は、炭素（C）と水素（H）の化合物であるから、完全燃焼（酸素と反応）すると水（H_2O）と二酸化炭素（CO_2）になる。（テキスト136頁参照）

ハ…×　水素は、高温高圧において炭素鋼中に侵入して炭素と反応し、脱炭作用を起こす。鋼は炭素が減少すると脆くなる（脆化する）。（テキスト142頁参照）

ニ…○　設問のとおり。メタンの分子量は16.0で、空気より軽い気体である。（テキスト143頁参照）

問18　次のイ、ロ、ハ、ニの記述のうち、塩素について正しいものはどれか。

イ．除害剤に希硫酸を用いた。

ロ．気体は、同一圧力、温度、体積において空気より重い。

ハ．チタンは、水分を含まない塩素とは常温でも激しく反応し腐食される。

ニ．塩素の漏えい個所にアンモニア水をしみこませた布などを近づけると、塩化アンモニウムを生成し、白煙となって見える。

　　　　⑴　イ、ロ　　　⑵　イ、ニ　　　⑶　ロ、ハ　　　⑷　ハ、ニ　　　⑸　ロ、ハ、ニ

　［正解］⑸　ロ、ハ、ニ

　［解説］

イ…×　塩素は、カセイソーダ水溶液、石灰乳のようなアルカリ性水溶液および消石灰などに容易に吸収されるので、塩素の除害剤としてアルカリ性水溶液、消石灰等が使用される。（テキスト146頁参照）

ロ…○　設問のとおり。塩素の分子量は70.9で、空気より重い気体である。（テキスト145頁参照）

ハ…○　設問のとおり。水分を含まない塩素は、常温では金属とほとんど反応しないが、チタンとは常温でも激しく反応し腐食する。なお、水分を含む塩素は、常温でも多くの金属を腐食するが、チタンは水分を含んだ塩素には腐食されにくい。（テキスト146頁参照）

ニ…○　設問のとおり。塩素はアンモニアと接触すると反応して、塩化アンモニウムと窒素を生成し、白煙を生じるので、塩素の漏えい検知に利用される。（テキスト146頁参照）

問19　次のイ、ロ、ハ、ニの記述のうち、アンモニアについて正しいものはどれか。

イ．気体は、無色で特有の刺激臭があり、同一圧力、温度、体積において空気より重い。

ロ．配管材料として銅、銅合金が適している。

ハ．配管のガス置換に二酸化炭素を使用すると、反応生成物の結晶を生じることがある。

ニ．除害剤として大量の水を用いた。

　　　　⑴　イ、ロ　　　⑵　イ、ハ　　　⑶　ハ、ニ　　　⑷　イ、ロ、ニ　　　⑸　ロ、ハ、ニ

［正解］(3) ハ、ニ

［解説］

イ…×　アンモニアは、無色で特有の強い刺激臭があり、分子量は17.0で空気より軽い気体である。（テキスト148頁参照）

ロ…×　アンモニアは、銅、アルミニウムおよびその合金を著しく腐食するので、配管はもとよりバルブや圧力計などに銅製のものは使用しない。（テキスト148、149頁参照）

ハ…〇　設問のとおり。アンモニアは二酸化炭素と反応し、炭酸アンモニウムの結晶を生成するので、ガス置換には二酸化炭素は使用できない。（テキスト148頁参照）

ニ…〇　設問のとおり。アンモニアの除害には、大量の水、希塩酸または希硫酸などが用いられる。（テキスト149頁参照）

問20　次のイ、ロ、ハ、ニの記述のうち、特殊高圧ガスについて正しいものはどれか。

イ．特殊高圧ガスは、全て可燃性かつ毒性のガスである。

ロ．モノゲルマンは、自己分解爆発性のガスである。

ハ．モノシランの火炎の消火には、ハロン消火剤が適している。

ニ．ホスフィンは、常温ではフッ素、塩素とは反応しない。

　　(1) イ、ロ　　　(2) イ、ハ　　　(3) ロ、ニ　　　(4) ハ、ニ　　　(5) イ、ロ、ハ

［正解］(1) イ、ロ

［解説］

イ…〇　設問のとおり。すべてのガスが可燃性ガスでありかつ毒性ガスであるので、「燃」、「毒」の表示をしなければならない。（テキスト47、154頁参照）

ロ…〇　設問のとおり。特殊高圧ガスのうち、モノゲルマンだけは分解爆発性のガスである。（テキスト154頁の表13.1参照）

ハ…×　モノシランは、ハロゲン化炭化水素と反応するので、ハロン消火器は使用できない。（テキスト156頁参照）

ニ…×　ホスフィンは、常温でもフッ素、塩素の他、硝酸と爆発的に反応する。（テキスト156頁参照）

令和2年度

保 安 管 理 技 術 試 験 問 題

(令和2年11月8日実施)

　次の各問について、正しいと思われる最も適切な答えをその問の下に掲げてある(1)、(2)、(3)、(4)、(5)の選択肢の中から1個選びなさい。

問1　標準状態（0℃、0.1013MPa）において体積が7.0㎥となる質量10.0kgの気体がある。この気体の分子量はおよそいくらか。理想気体として計算せよ。

　　(1) 17　　(2) 28　　(3) 32　　(4) 44　　(5) 58

［正解］(3) 32
［解説］
「すべての気体1molは、標準状態において、22.4Lの体積を占める。」（テキスト9頁：アボガドロの法則）。また、「物質1molの質量（g/mol）は、その分子量と同じ数値となる。」（テキスト9頁）

よって、7.0㎥（= 7000L）の気体は、7000 ÷ 22.4 = 312.5mol　になる。
312.5molの気体が、10.0kg（= 10000g）であるから、分子量は

　　10000 ÷ 312.5 = 32　となる。

よって、正解は　(3) 32　である。

問2　次のイ、ロ、ハ、ニの記述のうち、正しいものはどれか。
イ．空気は、酸素と窒素およびその他の成分の化合物である。
ロ．分子量は、その分子を構成する原子の原子量の和である。
ハ．アボガドロの法則によれば、すべての気体において、同じ体積中に含まれる分子の数は、温度、圧力に関係なく常に同じである。
ニ．ある物質があって、その物質の固有の特性を示す最小の基本粒子を分子という。

　　(1) イ、ロ　　(2) イ、ハ　　(3) ロ、ニ　　(4) イ、ハ、ニ　　(5) ロ、ハ、ニ

［正解］(3) ロ、ニ
［解説］
イ…×　空気は窒素、酸素、アルゴン等の2種類以上の物質が共存している「混合物」である。「化合物」は2種以上の元素からできている物質（二酸化炭素CO_2など）をいう。（テキスト7、8頁参照）
ロ…○　設問のとおり。（テキスト7頁）
ハ…×　同じ体積中に含まれる分子の数が気体の種類によらず同じであるのは、同じ温度、同じ圧力のもとである。（テキスト9頁参照）
ニ…○　設問のとおり。（テキスト7頁参照）

問3　次のイ、ロ、ハ、ニの記述のうち、単位などについて正しいものはどれか。

イ．絶対温度290Kは、セルシウス温度でおよそ17℃である。

ロ．1㎡当たり1Nの垂直な力が面に作用しているとき、その面における圧力は、1kPaである。

ハ．単位体積の物質の温度を1K上昇させるのに必要な熱量をその物質の比熱容量（比熱）という。

ニ．標準状態（0℃、0.1013MPa）の気体のガス比重は、その気体の分子量と空気の平均分子量の比として求められる。

　　　(1) イ、ロ　　(2) イ、ハ　　(3) イ、ニ　　(4) ハ、ニ　　(5) ロ、ハ、ニ

［正解］(3) イ、ニ

［解説］

イ…○　設問のとおり。セルシウス度と絶対温度には次の関係がある。

　絶対温度（K）＝セルシウス温度（℃）＋273（テキスト12頁参照）

　よって、絶対温度290Kは290 － 273 ＝ 17で、セルシウス度で17℃である。

ロ…×　単位面積1㎡当たり1N（ニュートン）の力が働くときの圧力は1Paである。（テキスト10頁参照）

ハ…×　物質1gの温度を1K上昇させるために必要な熱量を比熱といい、物質により異なる。（テキスト12頁参照）

ニ…○　設問のとおり。一般に標準状態の空気の密度との比をガス比重というので、標準状態のガス比重は空気の平均分子量の比として求められる。（テキスト12頁参照）

問4　窒素の標準状態（0℃、0.1013MPa）における密度はおよそいくらか。理想気体として計算せよ。

　　　(1) 0.7kg/㎥　　(2) 1.3kg/㎥　　(3) 1.5kg/㎥　　(4) 1.8kg/㎥　　(5) 2.0kg/㎥

［正解］(2) 1.3kg/㎥

［解説］

「物質1molの質量（g/mol）は、その分子量と同じ数値となる。」（テキスト9頁）また、「すべての気体1molは、標準状態において、22.4Lの体積を占める。」（テキスト9頁：アボガドロの法則）より、窒素1molは28gであり、22.4Lである。密度は単位体積当たりの質量であるから、

　　　28g ÷ 22.4L ＝ 1.25g/L ≒ 1.3kg/㎥

よって、正解は (2) 1.3kg/㎥

問5　標準状態（0℃、0.1013MPa）で7.0㎥の窒素がある。この窒素を温度35℃、圧力20.0MPa（絶対圧力）の状態で充てんするために必要な容器の内容積はおよそいくらか。理想気体として計算せよ。

　　　(1) 20L　　(2) 25L　　(3) 30L　　(4) 35L　　(5) 40L

［正解］(5) 40L

［解説］

ボイルーシャルルの法則$p_1 \cdot V_1 / T_1 = p_2 \cdot V_2 / T_2$により求める。（テキスト14頁参照）この式では、圧力は絶対圧力（abs）、温度は絶対温度（K）である。

標準状態をp_1、V_1、T_1、充てんされたときをp_2、V_2、T_2とすると

標準状態の$p_1 = 0.1013MPa$ abs、$T_1 = 0℃ = 273K$である。

$V_1 = 7.0 \, \mathrm{m}^3 = 7000L$

充てんされたときの$p_2 = 20.0MPa$ abs、$T_2 = 35 + 273 = 308K$である。

これらの数値を式に代入すると

$0.1013 \times 7000/273 = 20.0 \times V_2/308$

∴ $V_2 = 0.1013 \times 7000/273 \times 308 \div 20.0 ≒ 40.0L$

よって、正解は (5) 40L である。

問6 次のイ、ロ、ハ、ニの記述のうち、正しいものはどれか。

イ．一定温度の下で単一成分のガスに圧力を加えて液化を行う場合、温度はそのガスの臨界温度以下でなければならない。

ロ．液化ガス容器内の液体は、温度が変化しても体積は変化しないので、容器内に液化ガスが液体で100％満たされていても圧力上昇による危険性はない。

ハ．液化ガスの沸点は、液面に加わる圧力が高くなるほど高くなる。

ニ．物質に出入りする熱量のうち、状態変化（相変化）を伴わずに出入りする熱量を顕熱という。

　　(1) イ、ロ　　(2) イ、ハ　　(3) ロ、ニ　　(4) イ、ハ、ニ　　(5) ロ、ハ、ニ

［正解］(4) イ、ハ、ニ

［解説］

イ…○　設問のとおり。温度が臨界温度より高い場合には、いくら圧力を加えても液化しない。（テキスト19頁参照）

ロ…×　液化ガスも気体と同様に圧力一定のもとで、温度が変化すれば、それに応じて体積は変化する。容器に気相部を確保せずに充てんすると、液化ガスの温度上昇で気化した時、容器内圧力が異常に上昇し危険であるので気相部を確保するように規定で充てん量が定められている。（テキスト22頁参照）

ハ…○　設問のとおり。液体に圧力が加わるとその液体は沸騰しにくくなり、沸点は高くなる。（テキスト19頁参照）

ニ…○　設問のとおり。顕熱は、ガスの温度が上昇することによるそのガスの保有熱量の増加分の熱量である。（テキスト19頁参照）

問7 次のイ、ロ、ハ、ニの記述のうち、燃焼と爆発について正しいものはどれか。

イ．水素は、常温、標準大気圧、空気中において、アセチレンより爆発範囲（燃焼範囲）が広い。

ロ．プロパンが酸素と反応して完全燃焼すると、二酸化炭素と水が生成される。

ハ．火炎の伝ぱ速度が可燃性混合ガス中の音速よりも大きいものを、爆ごうという。
ニ．一般に、炭化水素（気体）では、同じ温度、圧力における単位体積当たりの総発
　　熱量は、分子量の大きなものの方が大きい。
　　　　⑴ イ、ハ　　　⑵ イ、ニ　　　⑶ ロ、ニ　　　⑷ イ、ロ、ハ　　　⑸ ロ、ハ、ニ

［正解］⑸ ロ、ハ、ニ
［解説］
イ…×　水素とアセチレンの空気中、0.1013MPa（絶対圧力）、常温における爆発範
　　囲は、水素＝4〜25％（範囲71％）、アセチレン＝2.5〜100％（範囲97.5％）であ
　　る。（テキスト24頁の表を参照）よって、爆発範囲が広いのはアセチレンである。
ロ…○　設問のとおり。プロパン（C_3H_8）が完全燃焼すると、CO_2（二酸化炭素）と
　　H_2O（水）になる。（テキスト23頁参照）
ハ…○　設問のとおり。爆ごうは、爆発の中でも火炎の伝ぱ速度がそのガスの中の音
　　速よりも大きい場合をいい、爆ごう範囲は爆発範囲より狭い。（テキスト22頁参照）
ニ…○　設問のとおり。炭化水素の単位体積当たりの発熱量は、分子量の大きいガス
　　の方が大きい。（テキスト23頁参照）

問8　次のイ、ロ、ハ、ニの記述のうち、容器について正しいものはどれか
イ．継目なし容器の使用形態には、単体容器による方法、カードル（枠組容器）によ
　　る方法などがある。
ロ．継目なし容器の製造方法は、マンネスマン式だけである。
ハ．胴部に縦方向の溶接による継目を有し、鏡部と胴部の間に周方向の溶接による継
　　目を有する容器は、二部構成容器である。
ニ．アルミニウム合金製ライナーの外側に、エポキシ樹脂を含浸した、鋼よりも引張
　　強さの大きい長い繊維を巻きつけた容器は、繊維強化プラスチック（FRP）複合容
　　器である。
　　　　⑴ イ、ロ　　　⑵ イ、ハ　　　⑶ イ、ニ　　　⑷ ロ、ハ　　　⑸ ロ、ニ

［正解］⑶ イ、ニ
［解説］
イ…○　設問のとおり。継目なし容器は、単体容器（ばら瓶）の他にカードルやトレ
　　ーラの長尺容器として使用される。（テキスト39頁参照）
ロ…×　継目なし容器の製造方法は、主にマンネスマン式の他、エルハルト式があ
　　る。（テキスト40頁）
ハ…×　胴部に縦方向の溶接継手のある溶接容器は、三部構成容器という。二部構
　　成容器は、鋼板をわん状の絞りにして円周方向に溶接した容器である。（テキスト
　　42頁参照）
ニ…○　設問のとおり。繊維強化プラスチック複合容器は、薄いアルミニウム合金製
　　ライナーの上にガラス繊維などを巻つけたもので、鋼製継目なし容器に比べ質量は
　　約1/2になる。（テキスト44頁参照）

問9　次のイ、ロ、ハ、ニの記述のうち、容器バルブについて正しいものはどれか。

イ．ダイヤフラム式のバルブは、金属の薄板（ダイヤフラム）によりガスの流入室と開閉操作室を完全に分離したバルブである。

ロ．ガスの流入口を開閉する弁は、弁体（バルブステム）とも呼ばれ、ハンドルなどの操作により開閉軸（スピンドル）が回転することにより上下される。

ハ．充てん口のねじにより圧力調整器を取り付けるタイプのバルブは、ヨーク式と呼ばれている。

ニ．容器取付部がテーパねじのバルブは、アルミニウム合金の容器に使用される場合がある。

　　　⑴イ、ロ　　　⑵イ、ハ　　　⑶ハ、ニ　　　⑷イ、ロ、ニ　　　⑸ロ、ハ、ニ

［正解］⑴イ、ロ

［解説］

イ…○　設問のとおり。ダイヤフラム式は、流入室と開閉操作室をダイヤフラムで完全に分離したものである。（テキスト52頁参照）

ロ…○　設問のとおり。テキスト51頁の図4.8の①アセチレンバルブや②塩素バルブのように、バルブステム（流入口を開閉する弁体）と、スピンドルが一体になっているものもある。（テキスト51・52頁参照）

ハ…×　容器用バルブの充てん口は、ねじがあるものが一般であるが、医療用小容器用やスクーバ容器用などのようにねじのないものもあり、ヨーク式と呼ぶ。ヨーク式は圧力調整器を枠にしっかりと取り付けて用いる。（テキスト52頁参照）

ニ…×　アルミニウム合金の容器に使用されることが多いのは平行ねじである。（テキスト52頁参照）

問10　次のイ、ロ、ハ、ニの記述のうち、容器用バルブの安全弁について正しいものはどれか。

イ．容器バルブの安全弁は、容器バルブが閉のときには作動するが、開のときには作動しない。

ロ．破裂板（ラプチャディスク）式安全弁が作動すると、容器内圧力が大気圧と同じになるまでガスが放出される。

ハ．溶栓式安全弁は、容器温度が上昇し規定温度に達した場合に、安全弁内部の可溶合金（ヒューズメタル）が溶融してガスが放出される。

ニ．LPガス用の容器バルブの安全弁には、主にばね（スプリング）式が用いられている。

　　　⑴イ、ロ　　　⑵イ、ハ　　　⑶ハ、ニ　　　⑷イ、ロ、ニ　　　⑸ロ、ハ、ニ

［正解］⑸ロ、ハ、ニ

［解説］

イ…×　安全弁は、いかなる場合にも作動しなければならず、開のときに作動しないのでは、容器内の圧力上昇時に安全弁の役目を果さない。（テキストに直接の記

述はない。テキスト51頁の図参照)

ロ…〇　設問のとおり。破裂板（ラプチャーディスク）式安全弁は、容器内圧力が規定作動圧力に達したとき、薄板が破壊されて容器内圧力が大気圧と同じになるまで噴出する。破裂板には、銅やニッケルなどが使用される。（テキスト53頁参照）

ハ…〇　設問のとおり。溶栓式安全弁には、可溶合金（ヒューズメタル）が用いられ、容器温度が規定温度以上に上昇した場合に、可溶栓が溶融してガスを外部に噴出させる。圧力が上昇しただけでは作動しない。（テキスト42頁参照）

ニ…〇　設問のとおり。ばね式安全弁は、容器内圧力が下がればガスの噴出が停止するので、主にLPガス容器用の容器バルブの安全弁として使用されている。（テキスト54頁参照）

問11　次のイ、ロ、ハ、ニの記述のうち、高圧用圧力調整器（容器用）について正しいものはどれか。

イ．調整器は、容器内の高圧ガスを使用する機器に応じた適正な圧力まで減圧し、一定の圧力で供給する器具である。

ロ．調整器を容器バルブに取り付けた後、圧力調整ハンドルを右回しで十分に押し込み、容器バルブを開けた。

ハ．容器バルブに取り付けた調整器の一次側（高圧側）に圧力計があれば、その圧力計を容器内圧力の確認に使用することができる。

ニ．酸素ガスに用いる調整器は、ガス供給側（上流側）の取付部のねじが左ねじで統一されており可燃性ガスに用いる調整器と誤用されないようになっている。

　　　⑴ イ、ロ　　　⑵ イ、ハ　　　⑶ ハ、ニ　　　⑷ イ、ロ、ニ　　　⑸ ロ、ハ、ニ

［正解］⑵ イ、ハ

［解説］

イ…〇　設問のとおり。（テキスト57頁参照）

ロ…×　容器に圧力調整器を取付けて使用するときは、圧力調整ハンドルが緩めてあることを確認した後、容器バルブを静かに開き、供給されるガスの圧力が徐々に上がるようにする。（テキスト63頁参照）

ハ…〇　設問のとおり。一次側に圧力計が取り付けられている調整器では、一次側の圧力計で容器内圧力を確認できる。（テキスト63頁参照）

ニ…×　取付部が左ねじの調整器は可燃性ガス用で、酸素ガス用は右ねじになっている。（テキスト62頁参照）

問12　次のイ、ロ、ハ、ニの記述のうち、圧力計について正しいのはどれか。

イ．目盛板上の表示が大気圧をゼロとしている圧力計の示す値は、ゲージ圧力である。

ロ．マノメータは、水などの液柱の高さで圧力を検知するもので、低圧のガスの圧力測定に用いられる。

ハ．歪ゲージを用いたデジタル表示圧力計は、可動部分がなく、ブルドン管圧力計と比較して振動や衝撃の影響を受けにくい。

ニ　ブルドン管圧力計は、使用圧力範囲内であれば、ブルドン管の材質に関係なくすべてのガスに使用できる。

　　　⑴　イ、ロ　　　⑵　ロ、ニ　　　⑶　ハ、ニ　　　⑷　イ、ロ、ハ　　　⑸　イ、ハ、ニ

［正解］⑷　イ、ロ、ハ

［解説］

イ…○　設問のとおり。目盛板上の表示は、大気圧をゼロとしている圧力計が多く、その示す値は、ゲージ圧力である。（テキスト67頁参照）

ロ…○　設問のとおり。マノメータは、水面または水銀面に測定する圧力をかけて、大気に開放されている他端の液面を上昇させて、この液面の差を測定して圧力とするもので、低圧のガスの圧力測定に用いられる。（テキスト69頁参照）

ハ…○　設問のとおり。歪ゲージを用いたデジタル表示圧力計は、ブルドン管圧力計のように可動部分がないので、振動や衝撃による影響を受けない。（テキスト69頁参照）

ニ…×　ブルドン管圧力計は、ガスが直接ブルドン管等の構成部品に接触するため、測定ガスの化学的性質により使用材料が選定される。圧力範囲が合っていてもすべてのガスに使用できない。（テキスト68頁参照）

問13　次のイ、ロ、ハ、ニの記述のうち、温度計、流量計、液面計について正しいものはどれか。

イ．抵抗温度計は、熱起電力を利用して温度を測定するものである。

ロ．容積式流量計には、回転子の形状により、オーバル形、スパイラル形、ルーツ形などがある。

ハ．ベンチュリーメータは、面積式流量計である。

ニ．液面計には、平形ガラス液面計、フロート液面計、差圧式液面計などがある。

　　　⑴　イ、ロ　　　⑵　イ、ハ　　　⑶　イ、ニ　　　⑷　ロ、ハ　　　⑸　ロ、ニ

［正解］⑸　ロ、ニ

［解説］

イ…×　抵抗温度計は、金属の電気抵抗が温度上昇により増大することを利用した温度計である。（テキスト72頁参照）

ロ…○　設問のとおり。容積式流量計は液体の流量測定に用いられる流量計で、オーバル形、スパイラル形、ルーツ形などあるが原理は同じである（テキスト73頁参照）

ハ…×　ベンチュリメータは、流体の流れる管内を管の断面積より小さくして、狭くなった前後の圧力差を測定する差圧式流量計である。（テキスト74頁参照）

ニ…○　設問のとおり。他にも丸形ガラス液面計やディスプレーサ式液面計などがある。（テキスト69〜71頁参照）

問14 次のイ、ロ、ハ、ニの記述のうち、高圧ガスの消費の形態および消費のための付帯設備について正しいものはどれか。

イ．アセチレンは、単体容器により供給できる量よりも消費量が多くなる場合は、集合装置による方法（マニホールド方式）で供給される。

ロ．スターフィンチューブは、大気を熱源とする気化装置の熱交換器に用いられる。

ハ．CE（コールドエバポレータ）は、外気から貯槽への侵入熱により、内部に貯蔵している低温の液化ガスの一部を気化し、貯槽の内部圧力を一定に保ちながら液化ガスを送り出すものである。

ニ．二次圧力の変動をより少なくする減圧装置としては、一段式圧力調整器が適している。

　　(1) イ、ロ　　(2) イ、ハ　　(3) イ、ニ　　(4) ロ、ニ　　(5) ハ、ニ

［正解］(1) イ、ロ

［解説］

イ…○　設問のとおり。アセチレンは分解爆発性があるため、超低温容器または大型容器を利用することができないので、ガスの大量消費には、集合装置方式が適している。（テキスト113頁参照）

ロ…○　設問のとおり。大気を熱源とする気化装置は、大気に触れる面積を大きくするため、チューブに星型の襞（フィン）をつけたスターフィンチューブが使用される。（テキスト118頁参照）

ハ…×　CEの貯槽は、二重殻真空断熱式構造であり、大気からの熱侵入は極力防止されている。貯槽の内部に貯蔵された液化ガスの一部を気化し、気化時の膨張を利用して圧力を上げ、貯槽の圧力を一定に保って液化ガスを送り出す方式である。（テキスト115頁参照）

ニ…×　圧力調整器は、その構造から一次圧力の影響を受け、また消費量の変動により二次圧力が変化する特性を持っている。二次圧力の変動を避けるためには二段式圧力調整器が適している。（テキスト118頁参照）

問15　次のイ、ロ、ハ、ニの記述のうち、高圧ガスの取扱いなどについて正しいものはどれか。

イ．窒素を水素配管の内部清掃（吹かし）に使用した。

ロ．ブルドン管圧力計が付属している圧力調整器を容器に取り付けて高圧ガスを消費する際、圧力計の正面の目盛板に顔を近づけ、指針を見ながら容器バルブを静かに開けた。

ハ．液化酸素の配管に銅管を使用した。

ニ．ガスが漏えいし着火した場合は、容器または貯槽のバルブを閉止してガスの漏えいを止めてから、消火器で消火する。ただし、消火しなければバルブの操作ができないときは、消火してから速やかにバルブを閉止する。

　　(1) イ、ロ　　(2) イ、ニ　　(3) ロ、ハ　　(4) ロ、ニ　　(5) イ、ハ、ニ

［正解］(5) イ、ハ、ニ

［解説］

イ…○　設問のとおり。配管の内部清掃や気密試験用には窒素ガスなどの不燃性ガス
を使用する。可燃性ガスや酸素ガスを使用してはならない。（テキスト128頁参照）

ロ…×　圧力調整器の調整時には、圧力計に圧力がかかる。圧力計に異常があると
圧力により前面ガラスが破損するおそれもあるので正面に顔を近づけることは危険
である。（テキスト129頁参照）

ハ…○　設問のとおり。液化酸素の配管には、低温脆性を示さない銅・アルミニウム
合金・ステンレス鋼などの材料が使用される。（テキスト136頁参照）

ニ…○　設問のとおり。ガスが発火したときは、原則として容器元弁を閉止してから
消火器で消火する。バルブの操作ができないときには、消火後に容器元弁を閉める。
（テキスト131頁参照）

問16　次のイ、ロ、ハ、ニの記述のうち、酸素について正しいものはどれか。

イ．爆発範囲内にある可燃性混合ガスに局部的エネルギーを与えることにより発火さ
せることができる。これに必要な最小エネルギーは、空気中より酸素中の方が小さ
くなる。

ロ．空気中に体積でおよそ21％含まれ、気体は淡青色で無臭である。

ハ．液化酸素が充てんされている超低温容器内の残液量は、容器内の圧力からボイル
－シャルルの法則により計算できる。

ニ．酸素ガスに使用する圧力計を購入する際、禁油の表示があるブルドン管圧力計を
選定した。

　　　(1) イ、ロ　　(2) イ、ハ　　(3) イ、ニ　　(4) ロ、ニ　　(5) ハ、ニ

［正解］(3) イ、ニ

［解説］

イ…○　設問のとおり。空気中より酸素中の方が着火に必要なエネルギーは小さくな
り、発火温度は低くなる。（テキスト133頁参照）

ロ…×　酸素ガスは大気中に体積でおよそ21％含まれ、気体は無色、無臭である。
淡青色であるのは液化酸素である。（テキスト133、134頁参照）

ハ…×　ボイル－シャルルの法則は理想気体で成り立つものであるため、液体につい
ては計算できない。液体も温度一定のもとで圧力が変化すれば、体積は変化するが、
体積変化が小さく、液体の種類によって変化の大きさが異なる。（テキスト14・23
頁参照）

ニ…○　設問のとおり。酸素ガスを使用する機器類は、油脂類が残っていると発火の
原因になるので禁油処理されたものを使用する。（テキスト135頁参照）

問17　次のイ、ロ、ハ、ニの記述のうち、可燃性ガスについて正しいものはどれか。

イ．アセチレンは、自然発火性のガスである。

ロ．アセチレンは、鉄と反応して爆発性化合物であるアセチリドを生成する。

ハ．気体のメタンは、同一圧力、温度、体積において空気より軽く、無色で無臭である。

ニ．水素を酸素・水素バーナで燃焼させると2000℃を超える火炎温度を得ることができる。

　　(1) イ、ロ　　　(2) イ、ハ　　　(3) ロ、ハ　　　(4) ロ、ニ　　　(5) ハ、ニ

［正解］(5) ハ、ニ

［解説］

イ…×　アセチレンは可燃性・分解爆発性のガスであるが、自然発火性のガスではない。（テキスト136頁参照）

ロ…×　アセチレンは銅、銀などの金属と反応して爆発性化合物であるアセチリドを生成する。（テキスト137頁参照）

ハ…○　設問のとおり。メタンは無色、無臭で、空気より軽い気体である。（テキスト143頁参照）

ニ…○　設問のとおり。水素が燃焼するときの発熱量は極めて高い。（テキスト141頁参照）

問18　次のイ、ロ、ハ、ニの記述のうち、塩素について正しいものはどれか。

イ．気体は、同一の圧力、温度、体積において空気より重く、無色で刺激臭がある。

ロ．支燃性、毒性があり、その毒性は強い。

ハ．水分を含む塩素は、常温でも多くの金属を腐食する。

ニ．有機化合物と反応することはない。

　　(1) イ、ニ　　　(2) ロ、ハ　　　(3) ハ、ニ　　　(4) イ、ロ、ハ　　　(5) イ、ロ、ニ

［正解］(2) ロ、ハ

［解説］

イ…×　塩素は、空気より重い黄緑色の気体で、激しい刺激臭がある。（テキスト145頁参照）

ロ…○　設問のとおり。塩素は、支燃性で、許容濃度が0.5ppmの極めて毒性の強いガスである。（テキスト145頁参照）

ハ…○　設問のとおり。水分を含む塩素は、常温で多くの金属を腐食する。（テキスト146頁参照）

ニ…×　塩素は有機化合物と反応して発熱反応を起こす。（テキスト146頁参照）

問19　次のイ、ロ、ハ、ニの記述のうち、正しいものはどれか。

イ．アンモニアの配管に銅管を用いた。

ロ．クロルメチル（塩化メチル）の除害には、大量の水を用いることができる。

ハ．アンモニアとシアン化水素は、いずれも可燃性、毒性のガスである。

ニ．装置内のアンモニアのガス置換に二酸化炭素を用いた。

　　(1) イ、ロ　　　(2) イ、ハ　　　(3) イ、ニ　　　(4) ロ、ハ　　　(5) ハ、ニ

［正解］(4) ロ、ハ

［解説］

イ…×　アンモニアは、銅、アルミニウムおよびその合金を著しく腐食するので、配管に銅は使用できない。（テキスト148頁参照）

ロ…〇　設問のとおり。クロルメチルの除害には、大量の水が用いられる。（テキスト151頁参照）

ハ…〇　設問のとおり。アンモニアとシアン化水素は、無色で特有の臭気をもつ可燃性、毒性のガスである。（テキスト147・148・151・152頁参照）

ニ…×　アンモニアは二酸化炭素と接触すると反応し、アンモニウムカーバメートの結晶を生成するので、二酸化炭素はアンモニア装置の置換用ガスとして使用できない。（テキスト148頁参照）

問20　次のイ、ロ、ハ、ニの記述のうち、正しいものはどれか。

イ．モノシランは、自然発火性で毒性のガスである。

ロ．三フッ化窒素は、フッ素と常温で爆発的に反応する。

ハ．ジボランは、室温でゆっくり分解し水素と高級ボラン化合物を生成する。

ニ．アルシンは、支燃性、毒性があり、その毒性は極めて強い。

　　(1) イ、ハ　　(2) イ、ニ　　(3) ロ、ニ　　(4) イ、ロ、ハ　　(5) ロ、ハ、ニ

［正解］(1) イ、ハ

［解説］

イ…〇　設問のとおり。モノシランは、自然発火性ガスであり、直接暴露すると目や呼吸器系を刺激し、多量に吸い込むと肺水腫を起こすこともある毒性ガスである。（テキスト155頁参照）

ロ…×　三フッ化窒素は、フッ素とは反応しない。（テキスト164頁）

ハ…〇　設問のとおり。ジボランは、常温でゆっくり分解し、水素と高級ボラン化合物を生成する。（テキスト159頁参照）

ニ…×　アルシンは爆発範囲が5.1～78%の可燃性ガスであり、許容濃度が0.005ppmの毒性の強いガスである。（テキスト154頁の表13.1・157頁参照）

令和3年度

保 安 管 理 技 術 試 験 問 題

（令和3年11月14日実施）

　　次の各問について、正しいと思われる最も適切な答えをその問の下に掲げてある(1)、(2)、(3)、(4)、(5)の選択肢の中から1個選びなさい。

問1　標準状態（0℃、0.1013MPa）における塩素の密度はおよそいくらか。理想気体として計算せよ。ただし、塩素の分子量は71とする。
　　(1) 1.6kg/㎥　　(2) 2.0kg/㎥　　(3) 3.2kg/㎥　　(4) 6.3kg/㎥　　(5) 7.1kg/㎥

［正解］(3) 3.2kg/㎥
密度は単位体積当たりの質量で表される。
標準状態における塩素1molの質量は71g、体積は22.4Lであるから、密度 ρ は
$\rho = 71g/22.4L ≒ 3.2g/L = 3.2kg/㎥$
したがって、正解は　(3) 3.2kg/㎥である。

問2　次のイ、ロ、ハ、ニの記述のうち、正しいものはどれか。
イ．ある物質があって、その物質の固有の特性を示す最小の基本粒子を原子という。
ロ．分子の種類を元素という。
ハ．二酸化炭素は化合物である。
ニ．アボガドロの法則によれば、すべての気体において、同じ温度、同じ圧力のもとで、同じ体積中に含まれる分子の数は常に同じである。
　　(1) イ、ロ　　(2) ロ、ニ　　(3) ハ、ニ　　(4) イ、ロ、ハ　　(5) イ、ハ、ニ

［正解］(3) ハ、ニ
［解説］
イ…×　ある物質の固有の特性を示す最小の基本粒子は分子という。（テキスト7頁参照）
ロ……×　原子の種類を元素といい、いくつかの原子が化学的に結合してできたものを分子という。（テキスト7頁参照）
ハ……○　設問のとおり。二酸化炭素（CO_2）のように、2種以上の元素からできている物質を「化合物」という。なお、化合物に対し単一の元素からなる物質を単体という。（テキスト7頁参照）
ニ……○　設問のとおり。なお、すべての気体1molに含まれる分子の数は、6.02 × 10^{23}個（アボガドロ定数）である。（テキスト9頁参照）

問3　次のイ、ロ、ハ、ニの記述のうち、単位などについて正しいものはどれか。

イ．セルシウス温度100℃は、熱力学温度（絶対温度）でおよそ373Kである。

ロ．（力）＝（質量）×（加速度）であるので、1 NはSI基本単位を用いて表すと kg・m/s²となる。

ハ．1 Paは1 N/㎡であり、1 000 000Paは1 Mpaである。

ニ．SI単位では、熱量の単位としてカロリー（cal）が用いられる。

(1) イ、ニ　　(2) ロ、ハ　　(3) ハ、ニ　　(4) イ、ロ、ハ　　(5) イ、ロ、ニ

［正解］(4) イ、ロ、ハ

［解説］

イ…〇　設問のとおり。セルシウス度と絶対温度には次の関係がある。

　絶対温度（K）＝セルシウス温度（℃）＋ 273.15（テキスト12頁参照）

　したがって、セルシウス温度100℃は100 ＋ 273.15 ≒ 373で、絶対温度でおよそ373Kである。

ロ…〇　設問のとおり。SI基本単位を用いると、重量（＝力）1 Nは次のようになる。

1 N ＝ 1 kg × 1 m/s² ＝ 1 kg・m/s²（テキスト10頁参照）

ハ…〇　設問のとおり。1 Paは物体の単位面積1 ㎡当たりに1 Nの力が働くときの圧力を表す。また、SI接頭語のM（メガ）は10⁶を表すので、1 000 000Paは1 MPaとなる。（テキスト10頁、表2.4参照）

ニ…×　SI単位では、熱量の単位としてジュール（J）が用いられる。（テキスト12頁参照）

問4　標準状態　（0 ℃、0.1013MPa）において、5.0 ㎥の窒素と10.0 ㎥の二酸化炭素を混合すると、この混合気体の平均分子量はおよそいくらか。理想気体として計算せよ。

(1) 30　　(2) 33　　(3) 36　　(4) 39　　(5) 42

［正解］(4) 39

［解説］

混合気体の平均分子量はそれぞれの分子量を体積割合で計算する。

平均分子量＝窒素分子量×窒素の割合＋二酸化炭素分子量×二酸化炭素の割合

＝ 28 × 5.0/(5.0 ＋ 10.0) ＋ 44 × 10.0/(5.0 ＋ 10.0) ＝ 9.3 ＋ 29.3 ＝ 38.6

したがって、正解は　(4) 39　である。

問5　内容積47 Lの容器に、温度12℃、ゲージ圧力10.0MPaで充てんされた窒素がある。この窒素の標準状態（0℃、0.1013MPa）における体積はおよそ何㎥か。理想気体として計算せよ。

　　ただし、大気圧は0.1013MPaとする。

(1) 4.0㎥　　(2) 4.5㎥　　(3) 5.0㎥　　(4) 5.5㎥　　(5) 6.0㎥

［正解］(2) 4.5m³

［解説］

ボイル-シャルルの法則p₁・V₁/T₁ ＝ p₂・V₂/T₂により求める。（テキスト14頁参照）

この式では、圧力は絶対圧力（abs）、温度は絶対温度（K）である。

充てんされたときをp₁、V₁、T₁、標準状態をp₂、V₂、T₂とすると

$p1 ＝ 10.0 + 0.1013 ＝ 10.1013$ MPa abs、

V₁は容器の内容積の47L、T₁ ＝ 12 ℃＝ 285Kとなる。

標準状態は、p2＝0.1013MPa abs、T₂＝ 0℃＝ 273Kである。

これらの数値を式に代入すると

10.1013 MPa abs× 47 L／285K ＝ 0.1013 MPa abs×V₂／273K

∴ V₂ ＝ 10.1013 × 47 × 273 ÷ 285 ÷ 0.1013 ≒ 4489L ＝ 4.5m³

したがって、正解は (2) 4.5m³ である。

問6　次のイ、ロ、ハ、ニの記述のうち、正しいものはどれか。

イ．ガスは、その臨界温度を超えた温度ではいくら圧力を加えても液化しない。

ロ．蒸発熱、凝縮熱のように、温度一定のまま状態変化（相変化）に伴って出入りする熱量を、総称して潜熱という。

ハ．容器に充てんされた単一物質の液化ガスの蒸気圧は、温度が一定であればその液体の充てん量が多いほど高い。

ニ．容器に混合物の液化ガスが充てんされているとき、一般に液相部の組成と気相部の組成は異なる。

　　(1) イ、ロ　　(2) ロ、ハ　　(3) ハ、ニ　　(4) イ、ロ、ニ　　(5) イ、ハ、ニ

［正解］(4) イ、ロ、ニ

［解説］

イ…○　設問のとおり。ガスを液化することのできる最高の温度が臨界温度であり、臨界温度以下で圧縮すれば液化するが、臨界温度を超えた温度ではいくら圧縮しても液化しない。（テキスト18頁参照）

ロ…○　設問のとおり。温度一定のまま、物質が状態変化（相変化）するときに出入りする熱量は、潜熱である。（テキスト19頁参照）

ハ…×　蒸気圧は液体の種類により固有の値である。温度が一定であれば、密閉された容器内の液化ガスの示す圧力は、液体が存在する限り、液体の量の多い少ないに関係なく一定である。（テキスト20頁参照）

ニ…○　設問のとおり。混合物の液化ガスが密閉した容器に充てんされ、液相部と気相部が存在しているときは、一般に液相部と気相部の組成は異なる。（テキスト21頁参照）

問7　次のイ、ロ、ハ、ニの記述のうち、燃焼と爆発について正しいものはどれか。

イ．常温、0.1013MPa、空気中においては、水素ガスが爆ごうを起こす可能性のある濃度範囲（爆ごう範囲）は、その爆発範囲より狭くなる。

ロ．25℃、0.1013MPaにおいて、水素の単位体積当たりの総発熱量は、メタンのそれに比べて大きい。

ハ．発火点が常温以下のガスは、常温の大気中に流出すると発火する危険性がある。

ニ．一酸化炭素は、常温、大気圧の空気中では、燃焼、爆発することはない。

　　(1) イ、ロ　　(2) イ、ハ　　(3) ロ、ハ　　(4) イ、ロ、ハ　　(5) イ、ハ、ニ

［正解］(2) イ、ハ

［解説］

イ…○　設問のとおり。爆ごうは、爆発の中でも火炎の伝ぱ速度がその音速よりも大きい場合をいい、爆ごう範囲は、爆発範囲より狭い。（テキスト24頁参照）

ロ…×　水素の単位体積当たりの総発熱量は13 MJ/㎥、メタンは40 MJ/㎥でありメタンの方が大きい。単位質量当たりの発熱量は、逆に水素の方が大きい。
（テキスト23頁、表2.5参照）

ハ…○　設問のとおり。発火温度が常温以下のガスは，常温の空気中に漏えいすると自然発火する。このようなガスを自然発火性ガスという。（テキスト23頁参照）

ニ…×　一酸化炭素は常温、大気圧の空気中での爆発範囲12.5～74vol％の可燃性ガスであり、燃焼、爆発の可能性がある。（テキスト24頁、表2.6参照）

問8　次のイ、ロ、ハ、ニの記述のうち、容器について正しいものはどれか

イ．溶接容器は、主として高圧の水素、窒素などの圧縮ガスを充てんするために用いられている。

ロ．繊維強化プラスチック複合容器のフルラップ容器は、鋼製継目なし容器に比べ、最高充てん圧力、内容積が同じ場合、質量は約1/2と軽量である。

ハ．アルミニウム合金は、継目なし容器、溶接容器の材料として使用されている。

ニ．継目なし容器は、二部構成又は三部構成で製造されている。

　　(1) イ、ロ　　(2) イ、ハ　　(3) イ、ニ　　(4) ロ、ハ　　(5) ハ、ニ

［正解］(4) ロ、ハ

［解説］

イ…×　溶接容器は、主として低圧の液化ガス用あるいは溶解アセチレン用に使用される。
（テキスト41頁）

ロ…○　設問のとおり。繊維強化プラスチック複合容器（フルラップ容器）の質量は、最高充てん圧力、内容積が同じ場合、鋼製継目なし容器のそれに比べおよそ 1/2と軽量である。（テキスト44頁参照）

ハ…○　設問のとおり。アルミニウム合金は、継目なし容器、溶接容器の材料として使用される。（テキスト41、43頁参照）

ニ…×　二部構成容器（カプセルタイプ容器）と三部構成容器で製造されているのは、溶接容器である。（テキスト42頁参照）

問9　次のイ、ロ、ハ、ニの記述のうち、容器バルブについて正しいものはどれか。

イ．ヨーク式バルブは、充てん口のねじに圧力調整器を取り付けるタイプの容器バル
　　ブである。

ロ．容器取付部のねじが平行ねじである容器バルブは、アルミニウム合金の容器に使
　　用される場合が多い。

ハ．容器バルブの充てん口にはねじのあるものとないものがあり、また、そのねじの
　　種類には、おねじとめねじがある。

ニ．容器バルブの開閉機構部のシール方式は、パッキン式、バックシート式の2種類
　　に限られる。

　　　⑴ イ、ハ　　　⑵ イ、ニ　　　⑶ ロ、ハ　　　⑷ イ、ロ、ニ　　　⑸ ロ、ハ、ニ

［正解］⑶ ロ、ハ

［解説］

イ…×　容器用バルブの充てん口は、ねじがあるものが一般であるが、ヨーク式バ
　　ルブはねじがない充てん口で圧力調整器を枠にしっかりと取り付けて用いる。
　（テキスト52頁参照）

ロ…○　設問のとおり。（テキスト52頁参照）

ハ…○　設問のとおり。容器用バルブの充てん口は、ねじがあるものが一般であるが、
　　医療用小容器用やスクーバ容器用などのようにねじのないもの（ヨーク式）もある。
　　また充てん口部のねじは、一般にはおねじであるが、LPガス用はめねじである。
　（テキスト52頁）

ニ…×　開閉操作の際の気密性を保持するバルブの開閉機構部の種類は、パッキン
　　式、バックシート式の他、ダイヤフラム式、Oリング式がある。（テキスト52頁参照）

問10　次のイ、ロ、ハ、ニの記述のうち、容器バルブの安全弁について正しいものは
　　どれか。

イ．破裂板と溶栓の併用式安全弁は、破裂板の疲労による破裂圧力の低下を防ぐため、
　　安全弁の吹出し孔内に可溶合金を充てんして、通常状態における圧力による破裂板
　　のふくらみを抑えている。

ロ．破裂板式安全弁の破裂板の材料には、銅、ニッケル及び銀などが使用されている。

ハ．シアン化水素、三フッ化塩素の容器バルブには、破裂板と溶栓の併用式安全弁が
　　使用されている。

ニ．容器バルブに装着される安全弁は、その容器バルブが開のときには作動しない。

　　　⑴ イ、ロ　　　⑵ イ、ハ　　　⑶ イ、ニ　　　⑷ ロ、ハ　　　⑸ ハ、ニ

［正解］⑴ イ、ロ

［解説］

イ…○　設問のとおり。破裂板と溶栓の併用式安全弁は、破裂板の疲労による作動圧
　　力の低下を防ぐため、破裂板の背後に可溶合金を封入し、板のふくらみを抑え、安
　　全度を高めたものである。（テキスト53頁参照）

ロ…〇　設問のとおり。破裂板（ラプチャーディスク）式安全弁の破裂板には、銅や
ニッケル及び銀などが一般に使用される。（テキスト53頁参照）

ハ…×　シアン化水素、三フッ化塩素の容器には安全弁を取り付けないことになっ
ている。（テキスト52頁参照）

ニ…×　安全弁は、いかなる場合にも作動しなければならず、容器バルブの開閉に
関係なく作動しなければならない。（テキストに直接の記述はない。テキスト51頁
の図参照）

問11　次のイ、ロ、ハ、ニの記述のうち、高圧用圧力調整器について正しいものはど
れか。

イ．一般に、圧力調整器の圧力計の表示はゲージ圧力で表されている。

ロ．圧力調整器の圧力設定後、二次側（低圧側）圧力計の指針が上昇を続けていたの
で、その圧力調整器の使用を中止した。

ハ．圧力調整器の弁（バルブ）と弁座（シート）の状態を閉にするため、圧力調整
ハンドルを左に廻して緩めた。

ニ．窒素用に長年使用していた圧力調整器を、酸素用に用いた。

　　⑴ イ、ロ　　⑵ イ、ニ　　⑶ ロ、ハ　　⑷ ロ、ニ　　⑸ イ、ロ、ハ

［正解］⑸ イ、ロ、ハ

［解説］

イ…〇　設問のとおり。圧力計の目盛り盤上の表示は大気圧をゼロとしたものが多く、
そのような圧力計の示す値はゲージ圧力である。（テキスト67頁参照）

ロ…〇　設問のとおり。二次側圧力計の指針が上昇を続けている場合は、一次側の圧
力が減圧調整部（シート）から漏れているか、一次側と二次側との隔壁に異常があ
ることが予想される。（テキスト63頁参照）

ハ…〇　設問のとおり。圧力調整器はハンドルを反時計回りに回して緩めることによ
り、弁（バルブ）と弁座（シート）の状態が閉となる。（テキスト63頁参照）

ニ…×　圧力調整器は、ガスの化学的性質によりダイヤフラムなどの材料が使い分
けされており、酸素用の圧力調整器は禁油でなければならず、窒素用を転用するの
は危険である。（テキスト62、135頁参照）

問12　次のイ、ロ、ハ、ニの記述のうち、圧力計、液面計について正しいものはどれ
か。

イ．ブルドン管圧力計は、ガスの圧力によるブルドン管の変位（変形量）を拡大して
表示する機構を有している。

ロ．歪ゲージを用いたデジタル表示圧力計の利点の１つとして、過負荷に対する耐性
がある。

ハ．丸形ガラス管液面計は、クリンガー式液面計ともいわれ、反射式と透視式がある。

ニ．差圧式液面計は、液面に浮かべたフロートの上下動を金属テープなどを介して指
示計に伝えることにより液面の高さを知るものである。

(1) イ、ロ　　(2) イ、ニ　　(3) ハ、ニ　　(4) イ、ロ、ハ　　(5) ロ、ハ、ニ

［正解］(1) イ、ロ

［解説］

イ…○　設問のとおり。ブルドン管圧力計は、断面がだ円または平円な中空の管を円弧状に曲げたブルドン管のガスの圧力による伸びを拡大して表示する機構がとられている。（テキスト67頁参照）

ロ…○　設問のとおり。デジタル表示圧力計は、他に耐久性や振動や衝撃による影響を受けないなどの利点がある。（テキスト69頁参照）

ハ…×　クリンガー式液面計ともいわれ、反射式と透視式があるのは平形ガラス液面計である。（テキスト69頁参照）

ニ…×　液面の上下に伴うフロートの動きを金属テープなどを介して指示計に伝える液面計はフロート液面計である。差圧式液面計は貯槽などの底部にかかる液化ガスの圧力を測定し、液面の高さを知るものである。（テキスト70、71頁参照）

問13　次のイ、ロ、ハ、ニの記述のうち、温度計、流量計について正しいものはどれか。

イ．熱電温度計は、金属の電気抵抗が温度により変化することを利用している。

ロ．ガラス製温度計は、液体の体積が温度により変化することを利用している。

ハ．流量計は、測定原理の違いにより、容積式流量計、差圧式流量計、面積式流量計などがある。

ニ．ベンチュリメータは、差圧式流量計に分類される。

　　(1) イ、ロ　　(2) イ、ニ　　(3) ハ、ニ　　(4) イ、ロ、ハ　　(5) ロ、ハ、ニ

［正解］(5) ロ、ハ、ニ

［解説］

イ…×　金属の電気抵抗が温度上昇により増大することを利用した温度計は抵抗温度計である。（テキスト72頁参照）

ロ…○　設問のとおり。液体の膨張を利用した温度計であり、液体を入れる球部とこれに接続されたガラス製毛細管から構成されている。（テキスト72頁参照）

ハ…○　設問のとおり。容積式流量計は一定時間内に通過した全流量を示す積算流量計、差圧式流量計はその時の瞬間流速により流量を求める流量率計、面積式流量計はテーパー管内に置かれたフロートの動きを検出して流量を求めるものである。（テキスト73、74頁参照）

ニ…○　設問のとおり。ベンチュリメータは、流体の流れる管内を管の断面積より小さくして、狭くなった前後の圧力差を測定する流量計で、差圧式流量計に分類される。（テキスト73、74頁参照）

問14　次のイ、ロ、ハ、ニの記述のうち、高圧ガスの消費に関する形態、付帯設備について正しいものはどれか。

イ．消費量が多いアセチレンの供給に、集合装置による方法を用いた。

ロ．温水を熱媒体とする蒸発器（気化器）の熱交換器には、主にスターフィンチューブが用いられている。

ハ．特殊高圧ガスを収納するシリンダーキャビネットには、内部をのぞくための窓やガス漏えい検知警報設備などが設けられている。

ニ．超低温容器は、低温の液化ガスを長期間貯蔵しても侵入熱による自然蒸発を起こさないので、その液化ガスを損失なく貯蔵できる。

　　(1) イ、ロ　　　(2) イ、ハ　　　(3) イ、ニ　　　(4) ロ、ニ　　　(5) ハ、ニ

［正解］(2) イ、ハ

［解説］

イ…〇　設問のとおり。アセチレンガスの大量消費には、集合装置による方式が適している。（テキスト113頁参照）

ロ…×　温水を熱媒体とする熱交換器には蛇管式（シェルアンドコイル式）が使用されることが多い。ほかに二重管式や多管式の熱交換器もある。スターフィンチューブは大気を熱源とする蒸発器に用いられる。（テキスト118頁参照）

ハ…〇　設問のとおり。シリンダーキャビネットの構造の基準は例示基準で示されており、他にも内部の圧力を確認することができる措置などが必要である。（テキスト116頁参照）

ニ…×　二重殻断熱構造の超低温容器は、完全に断熱はできず、外部からの侵入熱で液化ガスが徐々に蒸発し、圧力上昇を起こす。（テキスト113頁参照）

問15　次のイ、ロ、ハ、ニの記述のうち、高圧ガスの取扱いなどについて正しいものはどれか。

イ．アセチレン容器を横置きにして歯止めをして使用した。

ロ．毒性ガスは、刺激臭があり、微量の漏えいでも容易に確認することが出来る。

ハ．窒素を水素配管の内部清掃（吹かし）に使用した。

ニ．容器内では大気と同じ温度の液化ガスであっても、大気中に放出すると低温になるので、液化ガスの放出時には凍傷に注意する。

　　(1) イ、ロ　　　(2) イ、ハ　　　(3) イ、ニ　　　(4) ロ、ニ　　　(5) ハ、ニ

［正解］(5) ハ、ニ

［解説］

イ…×　アセチレン容器は多孔質物に溶剤を浸潤させているので、必ず立てて使用する。（テキスト140頁参照）

ロ…×　毒性ガスの中には一酸化炭素のように無臭のものもある。毒性ガスは、すべて臭いがあるものと勘違いしていると、事故を招くことになるので、ガスの性質を熟知しておくことが重要である。（テキスト127頁参照）

ハ…○　設問のとおり。配管の内部清掃や気密試験用には窒素ガスなどの不燃性ガスを使用する。可燃性ガスや酸素ガスを使用してはならない。（テキスト128頁参照）

ニ…○　設問のとおり。常温の液化ガス（例えばプロパン）でも大気中に放出した場合には低温になるので注意する。（テキスト130頁参照）

問16　次のイ、ロ、ハ、ニの記述のうち、酸素について正しいものはどれか。

イ．気体は、無色、無臭で、同一圧力、温度、体積において空気より軽い。

ロ．液化酸素の配管に銅管を使用した。

ハ．支燃性で、また、液化酸素だけでも燃焼する。

ニ．同一の可燃性ガスを燃焼させるとき、空気中より酸素中のほうが、爆発範囲は広くなり、発火に必要なエネルギーの最小値は小さくなる。

　　　⑴ イ、ロ　　　⑵ イ、ハ　　　⑶ イ、ニ　　　⑷ ロ、ニ　　　⑸ ハ、ニ

［正解］⑷ ロ、ニ

［解説］

イ…×　酸素は無色、無臭で、空気よりわずかに重い気体である。なお、液化酸素は淡青色である。（テキス134頁参照）

ロ…○　設問のとおり。液化酸素の配管には、低温脆性を示さない銅・アルミニウム合金・ステンレス鋼などの材料が使用される。（テキスト 136頁参照）

ハ…×　酸素は、化学的に非常に活発な元素であり、支燃性ガスであるが、酸素だけでは燃焼も爆発も起こらない。（テキスト133頁参照）

ニ…○　設問のとおり。空気中より酸素中の方が、爆発範囲は広くなり、着火に必要なエネルギーも小さくなるので、発火温度は低くなる。（テキスト133頁参照）

問17　次のイ、ロ、ハ、ニの記述のうち、可燃性ガスについて正しいものはどれか。

イ．水素は、空気中で燃焼するとき、炎はほとんど無色で、水と窒素を生成する。

ロ．アセチレンと水素で爆発範囲 （常温、0.1013MPa、空気中）を比較すると、アセチレンのほうが広い。

ハ．メタンとアセチレンは、酸素と反応して完全燃焼すると、いずれも水と二酸化炭素を生成する。

ニ．アセチレンの配管に銀ろうで溶接した銅管を使用した。

　　　⑴ イ、ハ　　　⑵ イ、ニ　　　⑶ ロ、ハ　　　⑷ ロ、ニ　　　⑸ イ、ロ、ハ

［正解］⑶ ロ、ハ

［解説］

イ…×　水素ガスが燃焼するときの炎は、ほとんど無色であるが、生成されるのは、水だけである。（$2H_2 + O_2 \rightarrow 2H_2O$）（テキスト141頁参照）

ロ…○　設問のとおり。アセチレンと水素の空気中における爆発範囲は、アセチレン＝ 2.5〜100%（範囲97.5%）、水素＝ 4〜75%（範囲71%）。したがって、爆発範囲が広いのは、アセチレンである。（テキスト24頁の表2.6参照）

ハ…〇　設問のとおり。メタン、アセチレンなどの炭化水素類のガスは、完全燃焼すると水と二酸化炭素を生成する。しかし、不完全燃焼すると一酸化炭素、水素、炭素（すす）なども生成する。（テキスト23頁参照）

ニ…×　アセチレンは、銅・銀などの金属に作用して爆発性化合物であるアセチリドを生成するので、配管に銀ろうを使用してはならない。（テキスト137頁参照）

問18　次のイ、ロ、ハ、ニの記述のうち、塩素について正しいものはどれか。

イ．気体は、黄緑色で無臭である。

ロ．水分を含まない塩素は、常温では多くの金属材料とほとんど反応しないが、チタンとは常温でも激しく反応し腐食させる。

ハ．除害剤としてカセイソーダ水溶液を使用した。

ニ．塩素と水素の等体積混合気体を加熱すると爆発的に激しく反応する。

　　　⑴ イ、ロ　　　⑵ ハ、ニ　　　⑶ イ、ロ、ニ　　　⑷ イ、ハ、ニ　　⑸ ロ、ハ、ニ

　［正解］⑸ ロ、ハ、ニ

　［解説］

イ…×　塩素は、黄緑色の刺激臭のあるガスで、支燃性で毒性のガスである。（テキスト145頁参照）

ロ…〇　設問のとおり。なお、水分を含む塩素は、常温でも多くの金属を腐食するが、チタンは腐食されにくい。（テキスト146頁参照）

ハ…〇　設問のとおり。塩素の除害にはカセイソーダ（水酸化ナトリウム）や炭酸ソーダ（炭酸ナトリウム）水溶液などのアルカリ性水溶液および消石灰などが用いられる。（テキスト146頁参照）

ニ…〇　設問のとおり。塩素と水素の等体積混合ガスに日光を当てたり、加熱すると爆発的に激しく化合し、塩化水素を生成する。（テキスト146頁参照）

問19　次のイ、ロ、ハ、ニの記述のうち、アンモニアについて正しいものはどれか。

イ．毒性、可燃性のガスで、気体は、無色で特有の強い刺激臭があり、同一圧力、温度、体積において空気より軽い。

ロ．ハロゲン、強酸と接触すると、激しく反応し、爆発、飛散することがある。

ハ．除害剤として消石灰を使用した。

ニ．配管に銅管を使用した。

　　　⑴ イ、ロ　　　⑵ イ、ハ　　　⑶ イ、ニ　　　⑷ ロ、ニ　　　⑸ ハ、ニ

　［正解］⑴ イ、ロ

　［解説］

イ…〇　設問のとおり。アンモニアは無色で強い刺激臭のある毒性、可燃性ガスで、その分子量は17.0で、空気より軽いガスである。（テキスト148頁参照）

ロ…〇　設問のとおり。アンモニアは、ハロゲンや強酸と接触すると激しく反応し、爆発・飛散することがある。（テキスト148頁参照）

ハ…× 　アンモニアの除害には、大量の水、希塩酸または希硫酸などが用いられる。（テキスト149頁参照）

ニ…× 　アンモニアは、銅、アルミニウムおよびその合金を著しく腐食するので、配管に銅管は使用できない。（テキスト148、149頁参照）

問20 　次のイ、ロ、ハ、ニの記述のうち、正しいものはどれか。

イ．ハロン消火剤は、モノシランに対して支燃性として働く。

ロ．モノゲルマンは、自己分解爆発性ガスである。

ハ．三フッ化窒素は、毒性、可燃性のガスで、常温で酸素と激しく反応する。

ニ．ホスフィンは、毒性、可燃性のガスで、室温でゆっくり分解し、水素と高級ボラン化合物を生成する。

　　⑴ イ、ロ　　　⑵ イ、ハ　　　⑶ イ、ニ　　　⑷ ロ、ニ　　　⑸ ロ、ハ、ニ

［正解］⑴ イ、ロ

［解説］

イ…○ 　設問のとおり。（テキスト156頁参照）

ロ…○ 　設問のとおり。モノゲルマンは自己分解爆発性のガスであり、取扱いには十分な注意が必要である。（テキスト159頁参照）

ハ…× 　三フッ化窒素は、支燃性の毒性ガスである。（テキスト164頁参照）

ニ…× 　室温でゆっくり分解し、水素と高級ボラン化合物を生成するのはジボランである。（テキスト159頁参照）

令和4年度

保 安 管 理 技 術 試 験 問 題

（令和4年11月13日実施）

　次の各問について、正しいと思われる最も適切な答えをその問の下に掲げてある(1)、(2)、(3)、(4)、(5)の選択肢の中から1個選びなさい。

問1　標準状態（0℃、0.1013MPa）で体積7.0㎥を占める酸素と、227molの二酸化炭素（炭酸ガス）を混合した。この混合ガスの質量はおよそいくらか。理想気体として計算せよ。

　　(1) 12kg　　(2) 14kg　　(3) 16kg　　(4) 18kg　　(5) 20kg

［正解］(5) 20kg
［解説］
「物質1molの質量は、その物質の分子量と同じ数値になる。」（テキスト9頁）
　また、「すべての気体1molは、標準状態において、22.4Lの体積を占める。」（テキスト9頁：アボガドロの法則）より質量をそれぞれ換算する。
酸素1molは32gであるから、7.0㎥（＝7000L）の酸素は
　　$7000 ÷ 22.4 = 312.5$ mol、質量は$312.5 × 32 = 10000g = 10$kg
二酸化炭素1molは44gであるから、227molの二酸化炭素の質量は
　　$227 × 44 = 9988g ≒ 10$kg
混合されたガスの質量は
　　$10 + 10 = 20$kg
従って、正解は　(5) 20kg　である。

問2　次のイ、ロ、ハ、ニの記述のうち、正しいものはどれか。
イ．窒素は、2種類の元素からできている。
ロ．原子量には単位がない。
ハ．二酸化炭素の状態は、臨界温度以下では、温度、圧力の変化に従って、液体、気体の2つの間で変化する。
ニ．直接、固体から気体になる状態変化は、昇華である。
　　(1) イ、ロ　　(2) イ、ハ　　(3) ロ、ニ　　(4) ハ、ニ　　(5) ロ、ハ、ニ

［正解］(3) ロ、ニ
［解説］
イ・・・×　窒素（N_2）は窒素元素のみからできている。（テキスト7頁参照）
ロ・・・○　設問のとおり。原子量は炭素原子に12という数値を与え、他の原子の質量は、これは基準に表すので、単位がない。（テキスト7頁参照）

ハ・・・×　ほとんどのガスは、そのガスの臨界温度以下の温度であれば、圧縮して液
　　化できるが、二酸化炭素は三重点の圧力より低い圧力では、液体は存在せず、固体
　　と気体だけが存在する。（テキスト20頁参照）
ニ・・・○　設問のとおり。固体が直接気体になることを昇華という。（テキスト8頁参
　　照）

問3　次のイ、ロ、ハ、ニの記述のうち、単位などについて正しいものはどれか。
イ．1Paは、物体の単位面積1㎡当たりに1Nの力が垂直に作用するときの圧力を表
　　す。
ロ．セルシウス温度（℃）は、標準大気圧力下における純水の氷点を0度、沸点を100
　　度として、その間を　百等分して1度としたものである。
ハ．SI単位では、熱量の単位としてジュール（J）が用いられ、1Jは1N・mである。
ニ．SI接頭語において、ミリ（m）は10^{-3}を表し、メガ（M）は10^6を表す。
　　⑴　イ、ロ、ハ　　⑵　イ、ロ、ニ　　⑶　イ、ハ、ニ　　⑷　ロ、ハ、ニ
　　⑸　イ、ロ、ハ、ニ

　［正解］⑸　イ、ロ、ハ、ニ
　［解説］
イ・・・○　設問のとおり。圧力の単位Paは、単位面積に作用する力であり、1 Pa＝1
　　N/㎡で表される。（テキスト10頁参照）
ロ・・・○　設問のとおり。（テキスト12頁参照）
ハ・・・○　設問のとおり。熱量1Jは、1Nの力で物体を1m動かすときの仕事の大きさ
　　に等しく、1J＝1N・mとして表せる。（テキスト12頁参照）
ニ・・・○　設問のとおり。大きな数値、小さな数値をわかりやすくするため、ミリ
　　（m）、メガ（M）などのSI接頭語が使われる。（テキスト10頁参照）

問4　標準状態　（0℃、0.1013MPa）において、8.0kgの酸素と7.0kgの窒素を混合し
　　たとき、この混合気体の体積はおよそいくらか。理想気体として計算せよ。
　　⑴　6㎥　　⑵　8㎥　　⑶　11㎥　　⑷　15㎥　　⑸　20㎥

　［正解］⑶　11㎥
　［解説］
kg表示のガスを混合するので、まずkgをmolに換算して計算する。
　「物質1モル（mol）の質量は、その物質の分子量と同じ数値になる。」（テキスト9頁）
より8.0kgの酸素と7.0kgの窒素をmol数に換算する。
酸素32g、窒素28gが1molであるから、8.0kg（＝8000g）の酸素と7.0kgの窒素は、
　　8000 ÷ 32 ＝ 250 mol 、7000 ÷ 28 ＝ 250 mol
混合されたガスは酸素250 molと窒素250 molであるので、
　　250 ＋ 250 ＝ 500 mol

次に「すべての気体1molは、標準状態において、22.4Lの体積を占める。」(テキスト9頁：アボガドロの法則) より1molが22.4Lであるから、500molは

$500 × 22.4 = 11200 \; L = 11.2 ㎥ ≒ 11 ㎥$

従って、正解は (3) 11㎥ である。

問5　標準状態 (0℃、0.1013MPa) で3.0㎥の酸素がある。この酸素を温度22℃、ゲージ圧力13.0MPaの状態で充てんするために必要な容器の内容積はおよそいくらか。理想気体として計算せよ。ただし、充てん時の大気圧は0.1013MPaとする。

　　(1) 20L　　(2) 25L　　(3) 30L　　(4) 35L　　(5) 40L

[正解] (2) 25L

[解説]

ボイル-シャルルの法則 $p_1・V_1/T_1 = p_2・V_2/T_2$ により求める。この式では、圧力は絶対圧力 (abs)、温度は絶対温度 (K) である。(テキスト14頁参照)

標準状態を p_1、V_1、T_1とすれば、

圧力 $p_1 = 0.1013MPa$ (絶対圧力)、$V_1 = 3.0 ㎥$、$T_1 = 273K$である。

充てんした時の状態を p_2、V_2、T_2とすれば

T_2 は、22℃を絶対温度に換算して、$T_2 = 22 + 273 = 295 \; K$

p_2は、13.0MPa (ゲージ圧力) $= 13.1013 \; MPa$ (絶対圧力) である。

これらを式に代入すると

　　$0.1013 \; MPa × 3.0㎥ / 273 \; K = 13.1013 \; MPa × V_2 / 295 \; K$

　　∴　$V_2 = 0.1013 × 3.0 × 295 / (13.1013 × 273) ≒ 0.025㎥ = 25 \; L$

従って、正解は (2) 25L である。

問6　次のイ、ロ、ハ、ニの記述のうち、正しいものはどれか。

イ．液化ガスの沸点は、液面に加わる圧力を高くすると上昇する。

ロ．温度一定のもとで物質の状態変化 (相変化) に伴い出入りする熱量を、顕熱という。

ハ．液体は、圧力一定のもとで温度が変化すると、それに応じて体積も変化する。

ニ．同一温度で蒸気圧が異なる液化ガスの混合物を密閉した容器に充てんすると、液相の組織と気相の組成は異なる。

　　(1) イ、ロ　　(2) イ、ニ　(3) ロ、ハ　(4) ハ、ニ　　(5) イ、ハ、ニ

[正解] (5) イ、ハ、ニ

[解説]

イ・・・○　設問のとおり。液体に圧力を加えると蒸発しにくくなり、沸点は高くなる。
　　(テキスト19頁参照)

ロ・・・×　温度一定のまま、物質が状態変化 (相変化) するときに出入りする熱量は、潜熱である。顕熱は、ガスの温度が上昇することによるそのガスの保有熱量の増加分の熱量である。(テキスト19頁参照)

ハ・・・○　設問のとおり。液体は、気体と同様に圧力一定のもとで温度が変化すれば、それに応じて体積も変化する。（テキスト21頁参照）

ニ・・・○　設問のとおり。単一成分であれば、液相部と気相部の組成は同じであるが、混合物である場合には、液相に蒸発しやすい成分が多くなり、液相部と気相部の組成は異なる。（テキスト20頁参照）

問7　次のイ、ロ、ハ、ニの記述のうち、燃焼と爆発について正しいものはどれか。

イ．発火点が常温以下のガスは、常温の大気中に流出すると発火する危険性があり、一般に自然発火性ガスとよばれている。

ロ．紫外線、レーザー光などの光も、可燃性混合ガスの発火源となることがある。

ハ．常温、0.1013MPaにおける空気中の爆発範囲（燃焼範囲）は、メタンより水素のほうが広い。

ニ．25℃、0.1013MPaにおける単位質量当たりの総発熱量は、水素よりプロパンのほうが大きい。

　　　⑴　イ、ロ、ハ　　　⑵　イ、ロ、ニ　　　⑶　イ、ハ、ニ　　　⑷　ロ、ハ、ニ
　　　⑸　イ、ロ、ハ、ニ

　［正解］⑴　イ、ロ、ハ

　［解説］

イ・・・○　設問のとおり。発火点（発火温度）が常温以下のガスは、大気中に流出すると直ちに発火する性質がある。このようなガスを自然発火性ガスという。（テキスト23頁参照）

ロ・・・○　設問のとおり。発火するには、一定のエネルギーが必要である。エネルギーとしては、火炎の他に紫外線、レーザー光などの光もエネルギーとなり発火源となる。（テキスト24頁参照）

ハ・・・○　設問のとおり。水素の空気中の爆発範囲は4～75％に対し、メタンは5～15％である。従って、燃焼範囲は水素のほうが広い。（テキスト24頁の表2.6参照）

ニ・・・×　水素の25℃、0.1013MPaにおける単位質量当たりの総発熱量は、142MJ/kgに対し、プロパンは50MJ/kgである。従って、水素のほうが大きい。（テキスト23頁の表2.5参照）

問8　次のイ、ロ、ハ、ニの記述のうち、容器について正しいものはどれか。

イ．容器は、その構造上、継目なし容器、溶接容器、ろう付け容器、繊維強化プラスチック複合容器、超低温容器などに分類できる。

ロ．継目なし容器の主な製造方法として、マンネスマン式、エルハルト式などがある。

ハ．胴部に縦方向の溶接継手がなく、胴部に円周方向の溶接継手が一ヶ所ある容器は、三部構成容器である。

ニ．繊維強化プラスチック複合容器（フルラップ容器）とは、厚い炭素鋼ライナーの胴部に、鋼よりも引張り強さが大きく、長い繊維をすき間なく巻きつけ、エポキシ樹脂を含浸した容器である。

⑴ イ、ロ　　⑵ イ、ハ　　⑶ ロ、ハ　　⑷ ロ、ニ　　⑸ ハ、ニ

［正解］⑴ イ、ロ

［解説］

イ・・・○　設問のとおり。（テキスト39頁参照）

ロ・・・○　設問のとおり。継目なし容器の製造方法は、主にマンネスマン式、エルハルト式である。（テキスト40頁）

ハ・・・×　三部構成容器は、胴部に縦方向の溶接継手のある溶接容器である。鋼板をわん状の絞りにして円周方向に溶接している容器は二部構成容器である（テキスト42頁参照）

ニ・・・×　繊維強化プラスチック複合容器は、薄いアルミニウム合金製ライナーの上に繊維を隙間なく巻きつけたフルラップ容器と、通常のアルミニウム合金製容器の胴部の周方向のみ繊維を巻きつけたフープラップ容器がある。（テキスト44頁参照）

問9　次のイ、ロ、ハ、ニの記述のうち、容器バルブについて正しいものはどれか。

イ．ダイヤフラム式バルブは、ダイヤフラムによりガスの流入室と開閉操作室が完全に分離されている。

ロ．開閉機構部の気密性を保持する方式には、ダイヤフラム式のほか、パッキン式、バックシート式などがあるが、Oリング式はない。

ハ．充てん口のねじに、めねじは使用されていない。

ニ．器取付部のねじには、テーパねじと平行ねじがある。

　　⑴ イ、ロ　　⑵ イ、ハ　　⑶ イ、ニ　　⑷ ロ、ハ　　⑸ ハ、ニ

［正解］⑶ イ、ニ

［解説］

イ・・・○　設問のとおり。ダイヤフラム式は、流入室と開閉操作室をダイヤフラム（金属の薄板）で分離したものである。（テキスト52頁参照51頁の図4.8 ④参照）

ロ・・・×　開閉操作の際の気密性を保持するバルブの開閉機構部の種類は、パッキン式、バックシート式、ダイヤフラム式の他、Oリング式がある。（テキスト52頁参照）

ハ・・・×　容器用バルブの充てん口のねじは、一般にはおねじであるが、LPガス用はめねじである。なお、医療用小容器用やスクーバ容器用などのようにねじのないもの（ヨーク式）もある。（テキスト52頁、51頁の図4.8参照）

ニ・・・○　設問のとおり。容器取付部のねじは、大部分がテーパねじであるが、平行ねじもある。（テキスト52頁参照）

問10　次のイ、ロ、ハ、ニの記述のうち、容器バルブの安全弁について正しいものはどれか。

イ．安全弁は、容器の安全を保つため、容器バルブの開閉状態にかかわらず作動する。

ロ．安全弁の種類には、ばね式のほか、破裂板（ラプチャディスク）式と溶栓式があ
　るが、破裂板と溶栓の併用式はない。
ハ．溶栓式安全弁は、容器温度が上昇し規定温度に達した場合に、安全弁内部の可溶
　合金（ヒューズメタル）が溶融して容器内のガスを放出する。
ニ．LPガス用容器バルブの安全弁は、主に破裂板（ラプチャディスク）式のものが使
　用されている。
　　　(1) イ、ロ　　　(2) イ、ハ　　　(3) ロ、ハ　　　(4) ロ、ニ　　　(5) ハ、ニ

［正解］(2) イ、ハ
［解説］
イ・・・〇　設問のとおり。安全弁は、いかなる場合にも作動しなければならず、容器
　バルブが閉の状態でも、容器内の圧力上昇時に作動する。
　（テキストに直接の記述はない。テキスト51頁の図参照）
ロ・・・×　安全弁の種類には、破裂板（ラプチュディスク）式、溶栓（ヒューズメタ
　ル）式、ばね（スプリング）式の他に、破裂板と溶栓併用式がある。
　（テキスト53、54頁参照）
ハ・・・〇　設問のとおり。溶栓式安全弁は、安全弁に可溶合金（ヒューズメタル）を
　充てんし、容器温度が規定温度以上に上昇した場合に、可溶栓が溶融してガスを外
　部に噴出させる。（テキスト53頁参照）
ニ・・・×　LPガス用容器バルブには、ばね式安全弁が使用されている。ばね式安全弁
　は、容器内圧力が下がればガスの噴出が停止する方式である。（テキスト54頁参照）

問11　次のイ、ロ、ハ、ニの記述のうち、高圧用圧力調整器の取扱いについて正しい
　ものはどれか。
イ．高圧用圧力調整器を容器バルブに取り付けた後、最初に圧力調整ハンドルを右に
　回して十分に押し込み、次に容器バルブを開けた。
ロ．容器バルブに高圧用圧力調整器を取り付ける前に、圧力調整バルブを緩めて圧力
　調整器のシート（弁座）とバルブ（弁）を閉の状態にした。
ハ．高圧用圧力調整器のシート（弁座）とバルブ（弁）弁の状態を閉にする操作をし
　たときに一次側から二次側にガスが流れ続けていたが、そのまま使用した。
ニ．容器バルブに取り付けた高圧用圧力調整器の一次側に圧力計があれば、その圧力
　計で容器内圧力を確認することができる。
　　　(1) イ、ロ　　　(2) イ、ハ　　　(3) ロ、ハ　　　(4) ロ、ニ　　　(5) イ、ハ、ニ

［正解］(4) ロ、ニ
［解説］
イ・・・×　容器に調整器を取付けて使用するときは、圧力調整ハンドルが緩めてある
　ことを確認した後、容器バルブを静かに開く。（テキスト63頁参照）

ロ・・・○　設問のとおり。調整器を取り付けたとき、シートとバルブを開のままにし
　　ておくと、容器弁を開にしたとき、ガスが出て危険である。圧力調整ハンドルを緩
　　め、シートとバルブの状態を閉にして取り付ける。（テキスト63頁参照）
ハ・・・×　二次側の圧力計の指針が上昇するのは、一次側の圧力が減圧調整部（シー
　　ト）から漏れているか、一次側と二次側との隔壁に異常があることが予想される。
　　いずれにしても圧力調整器は正常でないので使用を中止する。（テキスト63頁参照）
ニ・・・○　設問のとおり。ガス容器のバルブを開くと圧力調整器の一次室に高圧ガス
　　が供給され、一次室の圧力は容器の充てん圧力と等しくなる。
　　（テキスト57頁、59頁図5.1参照）

問12　次のイ、ロ、ハ、ニの記述のうち、圧力計について正しいものはどれか。
イ．大気圧をゼロとしている圧力計の示す値は、ゲージ圧力である。
ロ．マノメータは、低圧のガスの圧力測定に用いられる。
ハ．マノメータは、ガス圧液面と大気圧液面との高低差からガスの絶対圧力を測定す
　　ることができる。
ニ．歪ゲージを用いたデジタル表示圧力計は、ブルドン管圧力計と比較して振動や衝
　　撃による影響を受けにくい。
　　　⑴イ、ハ　　　⑵イ、ニ　　　⑶ロ、ハ　　　⑷イ、ロ、ニ　　　⑸ロ、ハ、ニ

［正解］⑷イ、ロ、ニ
［解説］
イ・・・○　設問のとおり。圧力計の表示は大気圧をゼロとしたものが多く、そのよう
　　な圧力計の示す値はゲージ圧力である。（テキスト67頁参照）
ロ・・・○　設問のとおり。一端が大気に開放されているマノメータは、液柱の高さに
　　制限があり高圧では使用できない。（テキスト69頁参照）
ハ・・・×　マノメータは、ガス圧側と大気圧側との差であり、大気圧との差を示して
　　いるのでゲージ圧力である。（テキスト69頁参照）
ニ・・・○　設問のとおり。歪ゲージを用いたデジタル表示圧力計は、ブルドン管圧力
　　計のように可動部分がないので、振動や衝撃による影響を受けない。（テキスト69
　　頁参照）

問13　次のイ、ロ、ハ、ニの記述のうち、温度計、流量計、液面計について正しいも
　　のはどれか。
イ．抵抗温度計は、温度が上がると金属の電気抵抗が増大することを利用したもので
　　ある。
ロ．流量計は、測定原理の違いにより、容積式流量計、差圧式流量計、面積式流量計
　　などがあり、ベンチュリメータは、容積式流量計に分類される。
ハ．オリフィスメータは、差圧式流量計に分類される。
ニ．平形ガラス液面計は、クリンガー式液面計ともいわれ、反射式と透視式がある。
　　　⑴イ、ロ　　　⑵ロ、ニ　　　⑶ハ、ニ　　　⑷イ、ロ、ハ　　　⑸イ、ハ、ニ

［正解］⑸ イ、ハ、ニ

［解説］

イ・・・○　設問のとおり。抵抗温度計は、金属の電気抵抗が温度上昇により増大することを利用した温度計である。（テキスト72頁参照）

ロ・・・×　ベンチュリメータは、流体の流れる管内を管の断面積より小さくして、狭くなった前後の圧力差を測定する差圧式流量計である。（テキスト73、74頁参照）

ハ・・・○　設問のとおり。オリフィスメータは、管内に設置したオリフィス板の上流と下流との間に流速に応じた圧力差が生ずることを利用して流量を測定する差圧式流量計に分類される。（テキスト73頁参照）

ニ・・・○　設問のとおり。（テキスト70頁参照）

問14　次のイ、ロ、ハ、ニの記述のうち、高圧ガスの消費に関する形態、付帯設備について正しいものはどれか。

イ．消費量が単体容器による場合よりも多いアセチレンの供給に、集合装置による方式（マニホールド方式）は適していない。

ロ．大型長尺容器を枠組して車両に固定したものは、圧縮ガスの大量消費に対する供給用に適している。

ハ．スターフィンチューブは、大気を熱源とする気化装置の熱交換器には適していない。

ニ．2段式圧力調整器、パイロット式圧力調整器は、圧力調整器の二次圧力の変動を小さくすることに適している。

　　　⑴ イ、ロ　　⑵ イ、ハ　　⑶ イ、ニ　　⑷ ロ、ニ　　⑸ ハ、ニ

［正解］⑷ ロ、ニ

［解説］

イ・・・×　アセチレンは分解爆発性があるため、大型容器を利用することができないので、大量消費には、集合装置方式が適している。（テキスト113頁参照）

ロ・・・○　設問のとおり。大型長尺容器は、液化することが困難な水素などの圧縮ガスの大量消費に適している。（テキスト113頁参照）

ハ・・・×　大気を熱源とする気化装置は、大気に触れる面積を大きくするため、チューブに星型の襞（フィン）をつけたスターフィンチューブが使用される。（テキスト118頁参照）

ニ・・・○　設問のとおり。圧力調整器は、その構造から一次圧力の影響を受け、また消費量の変動により二次圧力が変化する。その防止のため2段式圧力調整器、パイロット式圧力調整器あるいは空気圧を利用した制御装置などが使用される。（テキスト118頁参照）

問15　次のイ、ロ、ハ、ニの記述のうち、高圧ガスの取扱いなどについて正しいものはどれか。

イ．水素配管の気密試験にヘリウムを使用した。

ロ．ヘリウム配管の気密試験にヘリウムを使用した。

ハ．不燃性ガスに使用した圧力調整器を酸素用にそのまま流用した。

ニ．液化窒素の配管に炭素鋼鋼管を使用した。

    (1) イ、ロ   (2) イ、ハ   (3) イ、ニ   (4) ロ、ニ   (5) ハ、ニ

［正解］(1) イ、ロ

［解説］

イ・・・○　設問のとおり。気密試験用ガスにはヘリウム、窒素ガスなどの不燃性ガス
を使用する。可燃性ガスや酸素ガスを使用してはならない。（テキスト128頁参照）

ロ・・・○　設問のとおり。気密試験用ガスには窒素などの不燃性ガスを使用する。ヘ
リウムも不燃性ガスであるので使用できる。（テキスト128頁参照）

ハ・・・×　圧力調整器はガスの性質により使用材料が異なるため、それぞれガスの種
類あったものを選択し、混用は避けなければならない。特に不活性ガスで使用した
調整器は、危険度が低いため管理が不十分なこともあり、内部にパッキン等の可燃
物が残っていることもあり、酸素ガスへの転用はすべきではない。（テキスト128頁
参照）

ニ・・・×　液化窒素など低温液化ガスには、炭素鋼などの低温脆性を起こす材料を使
用してはならない。（テキスト36、130頁参照）

問16　次のイ、ロ、ハ、ニの記述のうち、酸素について正しいものはどれか。

イ．可燃性ガスを燃焼させるとき、空気に酸素を加え酸素の割合を大きくすると、発
火温度は高くなる。

ロ．液化酸素の配管材料に、アルミニウム合金を使用した。

ハ．未使用で「禁油」の表示があるブルドン管圧力計を酸素設備に取り付けた。

ニ．作業環境中の酸素濃度が空気中の酸素濃度に比べて低いときには酸素欠乏症の危
険があるが、高いときには人体に悪影響を及ぼすことはない。

    (1) イ、ロ   (2) イ、ハ   (3) ロ、ハ   (4) ロ、ニ   (5) ハ、ニ

［正解］(3) ロ、ハ

［解説］

イ・・・×　酸素の割合を大きくすると、物質の燃焼速度が大きくなり、発火温度は低
くなる。（テキスト133頁参照）

ロ・・・○　設問のとおり。低温の液化ガスには低温に強い材料の銅、アルミニウム、
ステンレス鋼などを使用する。（テキスト136頁参照）

ハ・・・○　設問のとおり。酸素ガスを使用する機器類は、油脂類が残っていると発火
の原因となるため、禁油処理されたものを使用する。（テキスト135頁参照）

ニ・・・×　高濃度の酸素を長時間吸入すると、全身けいれん、めまい、筋けいれんな
どの高濃度中毒症状を起こす。（テキスト134頁参照）

問17　次のイ、ロ、ハ、ニの記述のうち、可燃性ガスについて正しいものはどれか。

イ．アセチレンは、可燃性、分解爆発性のガスである。

ロ．アセチレンは、鉄と反応して、爆発性化合物のアセチリドを生成する。

ハ．水素は、高温の状態で金属の酸化物、塩化物に使用すると、金属を遊離する。

ニ．メタンと水素は、空気中で完全燃焼するといずれも水と二酸化炭素を生成する。

　　⑴ イ、ロ　　⑵ イ、ハ　　⑶ ロ、ハ　　⑷ ロ、ニ　　⑸ ハ、ニ

［正解］⑵ イ、ハ

［解説］

イ・・・○　設問のとおり。アセチレンは可燃性、分解爆発性のガスで、温度などの条件に従って大気圧下でも分解爆発を起こす。（テキスト136頁参照）

ロ・・・×　アセチレンは、銅・銀などの金属に作用して爆発性化合物であるアセチリドを生成する。従って、アセチレン用のバルブ・圧力計・配管等には、銅または銅の含有率が62％を超える銅合金を使用することは禁止されている。（テキスト138頁参照）

ハ・・・○　設問のとおり。水素は、還元性の強いガスで、金属の酸化物、塩化物に高温で作用して金属を遊離する。（テキスト142頁参照）

ニ・・・×　メタン（CH_4）は、炭素（C）と水素（H）の化合物であるから、完全燃焼（酸素と反応）すると水（H_2O）と二酸化炭素（CO_2）になるが、水素（$H2$）は、炭素を持たないため、水のみを生成する。（テキスト141、143頁参照）

問18　次のイ、ロ、ハ、ニの記述のうち、塩素について正しいものはどれか。

イ．気体は、同一の圧力、温度、体積において空気より重く、無臭である。

ロ．気体は、可燃性で毒性があり、その毒性はきわめて強い。

ハ．水分を含む塩素は、常温でも多くの金属を腐食する。

ニ．塩素の漏えい箇所にアンモニア水をしみこませた布を近づけると、塩化アンモニウムが生成され、白煙となって見える。

　　⑴ イ、ロ　　⑵ イ、ハ　　⑶ ロ、ニ　　⑷ ハ、ニ　　⑸ イ、ハ、ニ

［正解］⑷ ハ、ニ

［解説］

イ・・・×　塩素は、空気より重い刺激臭のある黄緑色のガスである。（テキスト145頁参照）

ロ・・・×　塩素は支燃性で毒性がある。（テキスト145頁参照）

ハ・・・○　設問のとおり。水分を含む塩素は、塩酸となり多くの金属を腐食する。なお、水分を含まない塩素は、常温では金属とほとんど反応しない。（テキスト146頁参照）

ニ・・・○　設問のとおり。塩素は、アンモニアと接触すると反応して、塩化アンモニウムを生成し、白煙となって見える。（テキスト146頁参照）

問19　次のイ、ロ、ハ、ニの記述のうち、正しいものはどれか。

イ．アンモニアは、支燃性、毒性ガスで、気体は同一の圧力、温度、体積において空気より重い。

ロ．シアン化水素とクロルメチル（塩化メチル）は、いずれも可燃性、毒性ガスである。

ハ．クロルメチル（塩化メチル）の配管材料にはアルミニウムおよびアルミニウム合金が適している。

ニ．アンモニアの除害剤として大量の水を使用した。

　　　⑴ イ、ロ　　　⑵ イ、ハ　　　⑶ イ、ニ　　　⑷ ロ、ニ　　　⑸ ハ、ニ

［正解］⑷ ロ、ニ

［解説］

イ・・・×　アンモニアは、無色の強い刺激臭のある可燃性、毒性ガスであり、分子量17.0で空気より軽い気体である。（テキスト148頁参照）

ロ・・・○　設問のとおり。シアン化水素もクロルメチルも、可燃性、毒性ガスである。（テキスト150〜152頁参照）

ハ・・・×　クロルメチルは、アルミニウム、亜鉛、マグネシウムと反応するのでアルミニウムおよびアルミニウム合金性の容器は使用できない。（テキスト151頁参照）

ニ・・・○　設問のとおり。アンモニアの除害には、大量の水、希塩酸または希硫酸などが用いられる。（テキスト149頁参照）

問20　次のイ、ロ、ハ、ニの記述のうち、正しいものはどれか。

イ．三フッ化窒素は、メタン、アンモニアなどとの混合ガスに点火すると爆発的に反応するおそれがある。

ロ．ジボランは、室温でゆっくり分解し、水素と高級ボラン化合物を生成する。

ハ．モノシランは、常温ではフッ素、塩素とは反応しない。

ニ．アルシンは、自然発火性、毒性ガスであるが、微量であればガスを短時間吸入しても生命に危険を及ぼすことはない。

　　　⑴ イ、ロ　　　⑵ イ、ハ　　　⑶ ロ、ニ　　　⑷ ハ、ニ　　　⑸ イ、ロ、ハ

［正解］⑴ イ、ロ

［解説］

イ・・・○　設問のとおり。三フッ化窒素は、メタン、アンモニアの他、硫化水素、一酸化炭素などとの混合ガスでも点火すると爆発的に反応する。（テキスト164頁参照）

ロ・・・○　設問のとおり。ジボランは、室温でゆっくり分解し、水素と高級ボラン化合物を生成する。（テキスト159頁参照）

ハ・・・×　モノシランは、フッ素、塩素と常温でも爆発的に反応する。（テキスト155頁参照）

ニ・・・×　アルシンは、許容濃度が 0.005 ppmの毒性の強いガスであり、特殊高圧ガスの中で許容濃度が最も低いガスである。（テキスト154頁の表13.1参照）

令和5年度

保 安 管 理 技 術 試 験 問 題

（令和5年●●月●●日実施）

　次の各問について、正しいと思われる最も適切な答えをその問いの下に掲げてある
(1)、(2)、(3)、(4)、(5)の選択肢の中から1個選びなさい。

問1　標準状態（0℃、0.1013MPa）において、体積が10.2m³、質量が20.1kgの気体
がある。この気体の分子量はおよそいくらか。理想気体として計算せよ。
　　(1) 16　　(2) 28　　(3) 44　　(4) 58　　(5) 71

「正解」(3) 44
「解説」
「すべての気体1molは、標準状態において、22.4Lの体積を占める。」（テキスト9
頁：アボガドロの法則）。また、「物質1molの質量（g/mol）は、その分子量と同じ数
値となる。」（テキスト9頁）
よって　10.2m³（＝10200L）の気体は、10200 ÷ 22.4 ≒ 455mol　になる。
455molの気体が、20.1kg（＝20100g）であるから、分子量は
　　20100 ÷ 455 ≒ 44.2　となる。
よって、正解は　(3) 44　である。

問2　次のイ、ロ、ハ、ニの記述のうち、正しいものはどれか。
イ．分子は、ヘリウムなどの単原子分子の場合を除き、複数の原子が化学的に結合し
　てできている。
ロ．アセチレンは、2種類の元素からできている混合物である。
ハ．原子量の単位は、g/molである。
ニ．アボガドロの法則によれば、すべての気体1molは、温度、圧力が同じならば、
　同一の体積を占める。
　　(1) イ、ロ　　(2) イ、ニ　　(3) ロ、ハ　　(4) ハ、ニ　　(5) イ、ロ、ニ

「正解」(2) イ、ニ
「解説」
イ・・・○　設問のとおり。例えば、酸素分子（O_2）は2個の酸素が結合してできてい
　る。（テキスト7頁参照）
ロ・・・×　アセチレン（C_2H_2）は炭素元素と水素元素の2種の元素からできている
　「化合物」である。「混合物」は2種類以上の物質が共存しているものをいう。
　（テキスト7・8頁参照）

ハ・・・×　原子は炭素原子に12という数値を与え、他の原子の質量は、これを基準に
　　　表すことに決められていて、単位がない。(テキスト7頁参照)
ニ・・・○　設問のとおり。標準状態では、すべての気体1molは、およそ22.4Lの体積
　　　を占める。(テキスト9頁参照)

問3　次のイ、ロ、ハ、ニの記述のうち、単位などについて正しいものはどれか。
イ．絶対圧力は、ゲージ圧力から大気圧を差し引いた圧力である。
ロ．物質1kgの温度を1K上昇させるのに必要な熱量は、それぞれの物質に固有の値
　　となる。
ハ．標準状態（0℃、0.1013MPa）おける気体のガス比重は、その気体の分子量と空
　　気の平均分子量との比として求められる。
ニ．セルシウス温度273℃は、熱力学温度で0Kである。
　　⑴　イ、ロ　　⑵　イ、ハ　　⑶　ロ、ハ　　⑷　ロ、ニ　　⑸　ハ、ニ

「正解」⑶　ロ、ハ
「解説」
イ・・・×　絶対圧力はゲージ圧力に大気圧を加えた圧力である。(テキスト11頁参照)
ロ・・・○　設問のとおり。単位質量の物質の温度を1K上昇させるために必要な熱量を
　　　比熱といい、物質固有の値である。(テキスト12頁参照)
ハ・・・○　設問のとおり。気体のガス比重は、一般には標準状態の空気の密度との比
　　　であるので、気体の分子量と空気の平均分子量との比で求められる。(テキスト12
　　　頁参照)
ニ・・・×　セルシウス度と熱力学温度には次の関係があり、セルシウス温度273℃は
　　　熱力学温度でおよそ546℃となる。(テキスト12頁参照)
　　　　熱力学温度（K）＝セルシウス温度（℃）＋ 273.15

問4　標準状態（0℃、0.1013MPa）において、10.0m³の窒素と10.0kgのアルゴンを
　　混合したとき、この混合気体の平均分子量はおよそいくらか。ただしアルゴンの分
　　子量は40とし、理想気体として計算せよ。
　　⑴　30　　⑵　32　　⑶　34　　⑷　36　　⑸　38

「正解」⑵　32
「解説」
混合気体の平均分子量は、成分ガスそれぞれの分子量を体積割合で計算する。
「物質1molの質量は、その物質の分子量と同じ数値になる。」(テキスト9頁)また、
「すべての気体1molは、標準状態において、22.4Lの体積を占める。」(テキスト9
頁：アボガドロの法則)より、まずアルゴン10.0kgを体積に換算する。
アルゴン1molは40gであるから、アルゴン 10.0kg（＝ 10000g）は、10000 ÷ 40
＝ 250mol　であり、標準状態で250 × 22.4L ＝ 5600L ＝ 5.6m³　である。
平均分子量＝窒素分子量×窒素の割合＋アルゴン分子量×アルゴンの割合

＝ 28 × 10／（10+5.6）　＋ 40 × 5.6／（10+5.6）0.5 ≒ 32.3
よって、正解は　(2) 32　である。

問5　酸素が、内容積40Lの容器に、温度11℃、ゲージ圧力7.0MPaで充てんされてい
　　る。この酸素の標準状態（0℃、0.1013MPa）における体積はおよそ何m³か。理想
　　気体として計算せよ。ただし、充てん時の大気圧は0.1013MPaとする。
　　　　(1) 2.1m³　　(2) 2.3m³　　(3) 2.5m³　　(4) 2.7m³　　(5) 2.9m³

「正解」(4) 2.7m³
「解説」
ボイル-シャルルの法則$p_1・V_1／T_1 ＝ p_2・V_2／T_2$により求める。（テキスト14頁参照）
この式では、圧力は絶対圧力（abs）、温度は熱力学温度（K）である。
充てんされたときをp_1、V_1、T_1、標準状態をp_2、V_2、T_2とすると
p_1 ＝ 7.0MPa（ゲージ圧力）＋ 0.1013MPa（大気圧）＝ 7.1013MPa abs
T_1 ＝ 11 ＋ 273 ＝ 284K
標準状態は、p_2 ＝ 0.1013MPa abs、T_2 ＝ 0 ℃＝ 273K　である。
これらの数値を式に代入すると
　　7.1013 × 40／284 ＝ 0.1013 × V_2／273
∴ V_2 ＝ 7.1013 × 40 × 273 ÷ 284 ÷ 0.1013 ≒ 2695L ≒ 2.7m³
よって、正解は(4) 2.7m³ である。

問6　次のイ、ロ、ハ、ニの記述のうち、液化ガスの性質などについて正しいものは
　　どれか。
イ．ガスは、その臨界温度以下であれば、標準大気圧下での沸点より高い温度領域で
　　も、圧縮により液化することができる。
ロ．物質に出入りする熱量のうち、状態変化にだけ関わる熱量を潜熱という。
ハ．単一物質の液化ガスの沸騰が起こる温度は、液化ガスの液面に加わる圧力に関係
　　なく一定である。
ニ．容器に充てんされた単一物質の液化ガスの蒸気圧は、容器内に液体が存在し、か
　　つ、温度が一定であれば、液体の量の多少に関係なく一定である。
　　　　(1) イ、ロ　　(2) イ、ニ　　(3) ロ、ハ　　(4) ハ、ニ　　(5) イ、ロ、ニ

「正解」(5) イ、ロ、ニ
「解説」
イ・・・○　設問のとおり。ガスを液化することのできる最高の温度が臨界温度であり、
　　臨界温度以下であれば、沸点より高い温度領域でも、圧力を加えることで液化する
　　ことができる。（テキスト19頁参照）
ロ・・・○　設問のとおり。温度一定のまま、物質が状態変化（相変化）するときに出
　　入りする熱量は潜熱といい、固体－液体間の融解熱、凝固熱もこれに含まれる。
　　（テキスト19頁参照）

ハ・・・×　単一物質の液化ガスの沸騰が起こる温度は、液化ガスの液面に加わる圧力
　　が低くなれば低くなり、逆に液面に加わる圧力が高くなるほど高くなる。
　　（テキスト19頁参照）
ニ・・・○　設問のとおり。密閉された容器に入れた単一物質の液体は、温度が一定で
　　あれば、液体と気体は平衡状態にあり、その蒸気圧は一定の値を示す。蒸気圧は液
　　体の種類により固有の値をもつ。（テキスト20頁参照）

問7　次のイ、ロ、ハ、ニの記述のうち、燃焼と爆発について正しいものはどれか。
イ．アセチレン、酸化エチレン、モノゲルマンは、分解爆発性ガスである。
ロ．25℃、0.1013MPaにおける単位質量当たりの総発熱量は、水素のほうがメタンに
　　比べて大きい。
ハ．同一の温度と圧力のもとでは、可燃性ガスと酸素との混合気体の爆発範囲
　　（vol%）は、可燃性ガスと空気との混合気体のそれに比べて狭くなる。
ニ．断熱圧縮による温度上昇は、発火源となることはない。
　　　⑴　イ、ロ　　　⑵　イ、ハ　　　⑶　ロ、ニ　　　⑷　ハ、ニ　　　⑸　イ、ロ、ハ

「正解」⑴　イ、ロ
「解説」
イ・・・○　設問のとおり。アセチレン等の分解爆発性ガスは分解反応によって分解爆
　　発を起こす性質をもったガスである。（テキスト22頁参照）
ロ・・・○　設問のとおり。25℃、0.1013MPaにおける単位質量当たりの発熱量は、水素
　　（H_2）＝142MJ/kg、メタン（CH_4）＝56MJ/kgであり、メタンに比べ水素の方が大
　　きい。（テキスト23頁　表2.5参照）
ハ・・・×　可燃性ガスは、空気中より酸素中の方がよく燃焼し、酸素との混合気体の
　　爆発範囲は、空気よりも広くなる。（テキスト24頁参照）
ニ・・・×　断熱圧縮による温度上昇もエネルギーとなり発火源となる。（テキスト24
　　頁参照）

問8　次のイ、ロ、ハ、ニの記述のうち、容器について正しいものはどれか。
イ．継目なし容器の材料の一つにクロムモリブデン鋼があげられる。
ロ．溶接容器は、主として高圧の水素、窒素などの圧縮ガスを充てんするために用い
　　られている。
ハ．継目なし容器の使用形態には、単体容器による方法、カードル（枠組容器）によ
　　る方法などがある。
ニ．超低温容器は、外部からの熱の侵入を極力防ぐ措置として、内槽と外槽とで構成
　　され、その間は断熱材が充てんあるいは積層され、かつ、真空引きされている。
　　　⑴　イ、ロ　　　⑵　イ、ハ　　　⑶　ロ、ニ　　　⑷　イ、ハ、ニ　　　⑸　ロ、ハ、ニ

「正解」⑷　イ、ハ、ニ

［解説］

イ…〇　設問のとおり。継目なし容器には、炭素鋼・マンガン鋼・低合金鋼・ステンレス鋼・アルミニウム合金等が使用され、低合金鋼で主に用いられているのが、クロムモリブデン鋼である。（テキスト41頁参照）

ロ…×　溶接容器は、主として低圧液化ガスあるいは溶解アセチレン用に使用される。（テキスト42頁）

ハ…〇　設問のとおり。継目なし容器は、単体容器（ばら瓶）の他にカードルやトレーラの長尺容器として使用される。（テキスト39頁参照）

ニ…〇　設問のとおり。超低温容器は、−50℃以下の液化ガスを充てんする容器で内槽と外槽からなり、その間に断熱材を充てんし、真空にしてある。（テキスト44頁参照）

問9　次のイ、ロ、ハ、ニの記述のうち、容器バルブについて正しいものはどれか。

イ．容器バルブには、容器取付部と充てん口部があって、その間に弁を動かして流路を開閉する機構が設けられている。

ロ．容器取付部のねじが平行ねじのものは、アルミニウム合金の容器に使用されている場合が多い。

ハ．ヨーク型バルブは、圧力調整器を充てん口部のねじに取り付けるタイプの容器バルブである。

ニ．開閉機構部のガス漏れ防止の方式のうち、パッキン式は、金属の薄板によりガスの流入室と開閉操作室を完全に分離したものである。

　　　⑴　イ、ロ　　　⑵　イ、ハ　　　⑶　イ、ニ　　　⑷　ロ、ハ　　　⑸　ハ、ニ

［正解］⑴　イ、ロ

［解説］

イ…〇　設問のとおり。（テキスト50頁参照）

ロ…〇　設問のとおり。（テキスト52頁参照）

ハ…×　ヨーク型バルブは、充てん口にねじがないタイプであり、医療用小容器や溶解アセチレン容器に用いられる。（テキスト52頁参照）

ニ…×　パッキン式は、開閉軸の周囲にプラスチックなどのパッキンを置き気密性を保持するものである。（テキスト52頁参照）

問10　次のイ、ロ、ハ、ニの記述のうち、容器バルブの安全弁について正しいものはどれか。

イ．シアン化水素や三フッ化塩素の容器には、破裂板（ラプチャディスク）式安全弁が用いられている。

ロ．容器に直接安全装置があるときは、容器バルブに安全弁がなくてもよい。

ハ．溶解アセチレン容器の溶栓（可溶合金）式安全弁が作動した場合、ガスの噴出方向は容器の軸心に対して直角となる。

ニ.ばね（スプリング）式安全弁は、容器内圧力が上昇して安全弁の吹始め圧力に達すると、容器内のガスを外部に放出し、それによって容器内圧力が吹止まり圧力まで下がれば、放出を停止する。

　　　(1) イ、ロ　　(2) イ、ハ　　(3) イ、ニ　　(4) ロ、ハ　　(5) ロ、ニ

「正解」(5) ロ、ニ

「解説」

イ・・・×　容器には安全弁を備えなければならないが、例外的にシアン化水素や三フッ化塩素などの容器には、安全弁を付けない。（テキスト53頁参照）

ロ・・・○　設問のとおり。（テキスト53頁参照）

ハ・・・×　溶解アセチレン容器の溶栓式安全弁にあっては、作動した場合、そのガスの噴出方向は容器の軸心に対して30度以内の上方にあることになっている。（テキスト53頁参照）

ニ・・・○　設問のとおり。ばね（スプリング）式安全弁は、容器内圧力が上昇して規定圧力に達すると、ばねが押し上げられて弁が開き、ガスが外部に放出される安全弁である。一定の圧力まで下がると噴出は停止し、破壊されることはない。（テキスト54頁参照）

問11　次のイ、ロ、ハ、ニの記述のうち、高圧用圧力調整器について正しいものはどれか。

イ.高圧用圧力調整器の圧力調整ハンドルを緩めていくと弁と弁座が密着し流路が閉になる。

ロ.酸素容器バルブに取り付ける高圧用圧力調整器は、可燃性ガス用圧力調整器が誤って使用されないように、取付部のねじが左ねじとなっている。

ハ.高圧用圧力調整器を容器バルブに取り付けたあと、圧力調整器に供給されるガスの圧力が徐々に上がるように容器バルブを静かに開いた。

ニ.高圧用圧力調整器の調整圧力を所定の圧力に設定したのち、低圧圧力計の上昇が続いたがそのまま使用した。

　　　(1) イ、ロ　　(2) イ、ハ　　(3) イ、ニ　　(4) ロ、ハ　　(5) ハ、ニ

「正解」(2) イ、ハ

「解説」

イ・・・○　設問のとおり。圧力調整ハンドルを緩めることにより圧力調整器の弁（バルブ）と弁座（シート）の状態が閉となる。（テキスト65頁参照）

ロ・・・×　取付部のねじが左ねじで製造されているのは可燃性ガス用で、酸素ガスは右ねじとなっている。（テキスト64頁参照）

ハ・・・○　設問のとおり。容器に調整器を取付けて使用するときは、圧力調整ハンドルが緩めてあることを確認した後、容器バルブを静かに開き、供給されるガスの圧力が徐々に上がるようにする。（テキスト65頁参照）

ニ・・・×　二次側の低圧圧力計の指針が上昇するのは、一次側の圧力が減圧調整部
　　（シート）から漏れているか、一次側と二次側との隔壁に異常があることが予想さ
　　れる。いずれにしても圧力調整器は正常でないので使用を中止する。（テキスト65
　　頁参照）

問12　次のイ、ロ、ハ、ニの記述のうち、液面計、圧力計について正しいものはどれ
　　か。
イ．液面計は、液化ガスの貯槽などに設け、液位を測定することによって、貯蔵量、
　　受入れ量、払出量の確認などの管理に用いられる。
ロ．差圧式液面計は、液面に浮かべたフロートの上下動を金属テープなどを介して指
　　示計に伝えることにより液面の高さを知るものである。
ハ．歪ゲージを用いたデジタル表示圧力計は、ブルドン管圧力計と比較して振動や衝
　　撃の影響を受けやすい。
ニ．腐食性のガスに用いるブルドン管圧力計のブルドン管は、それぞれのガスに応じ
　　た耐食性の材料が用いられる。
　　　⑴　ハ　　⑵　イ、ロ　　⑶　イ、ハ　　⑷　イ、ニ　　⑸　ロ、ニ

「正解」⑷　イ、ニ
「解説」
イ・・・○　設問のとおり。液面計は種類が多いので、目的に適合したものを選定して
　　設置する。（テキスト71頁参照）
ロ・・・×　差圧式液面計は、貯槽の底部にかかる液体の圧力を測定し液面の高さを知
　　るものである。液面の上下に伴うフロートの動きを金属テープなどを介して指示計
　　に伝え、液面の高さを知るものはフロート液面計である。（テキスト72・73頁参照）
ハ・・・×　デジタル表示圧力計は圧力の検出に歪ゲージを用いており、ブルドン管圧
　　力計のように可動部分がないので、振動や衝撃による影響を受けない。（テキスト
　　71頁参照）
ニ・・・○　設問のとおり。ブルドン管圧力計は、ガスが直接ブルドン管等の構成部品
　　に接触するため、測定ガスの化学的性質により使用材料を選定しなければならない。
　　（テキスト70頁参照）

問13　次のイ、ロ、ハ、ニの記述のうち、温度計、流量計について正しいものはどれ
　　か。
イ．ガラス製温度計は、液体の体積が温度により変化することを利用した温度計であ
　　る。
ロ．熱電温度計は、熱起電力を利用した温度計である。
ハ．オリフィスメータは、差圧式流量計に分類される。
ニ．容積式流量計は、流体の流れる管内にベンチュリ管を挿入して流量を測定するも
　　のである。
　　　⑴　イ、ロ　　⑵　ロ、ハ　　⑶　ハ、ニ　　⑷　イ、ロ、ハ　　⑸　イ、ハ、ニ

「正解」(4) イ、ロ、ハ

「解説」

イ・・・〇　設問のとおり。ガラス製温度計は、水銀やアルコールなどの液体の膨張を
利用した温度計である。（テキスト74頁参照）

ロ・・・〇　設問のとおり。熱電温度計は、2種類の金属線を組み合わせた熱電対に発
生する熱起電力を利用して温度を測定するもので、金属の電気抵抗が温度により変
化することを利用した温度計は抵抗温度計である。（テキスト74頁参照）

ハ・・・〇　設問のとおり。他にオリフィスメータと同様の原理によるものとしてベン
チュリメータがある。（テキスト75頁参照）

ニ・・・×　容積式流量計は、ケース内でかみ合っている2個の回転子の回転数から一
定容積空間で何回流体を送り出したかを積算することにより流体の総量を測定する
流量計である。（テキスト75頁参照）

問14　次のイ、ロ、ハ、ニの記述のうち、高圧ガスの消費に関する形態、付帯設備に
ついて正しいものはどれか。

イ．圧縮ガスの単体容器による供給においてガスの消費量が増加したので、集合装置
による方式（マニホールド方式）に変更した。

ロ．大型長尺容器を複数本枠組みして車両に固定したものは、液化ガスを全容器に安
全に均一に充てんすることができるので液化ガスの大量消費に適している。

ハ．超低温容器は、低温の液化ガスを長期間貯蔵しても侵入熱による自然蒸発（圧力
上昇）を起こさずガスの損失がない。

ニ．温水を熱媒体とする蒸発器の熱交換器には、一般的に蛇管式（シェルアンドコイ
ル式）が用いられるが、ほかに二重管式、多管式なども用いられる。

　　(1) イ、ロ　　　(2) イ、ハ　　　(3) イ、ニ　　　(4) ロ、ニ　　　(5) ハ、ニ

「正解」(3) イ、ニ

「解説」

イ・・・〇　設問のとおり。マニホールド方式は、数本ないし数10本の容器を1本の主
管に接続し使用するもので、単体容器による場合よりも消費量が多いときに使用さ
れる。（テキスト115・116頁）

ロ・・・×　大型長尺容器は、液化することが困難な水素などの圧縮ガスの大量消費に
適している。（テキスト115頁参照）

ハ・・・×　二重殻断熱構造の超低温容器は、完全に断熱はできず、外部からの侵入熱
で液化ガスが徐々に蒸発し、圧力上昇を起こす。（テキスト115頁参照）

ニ・・・〇　設問のとおり。温水を加熱源とする熱交換器には蛇管式（シェルアンドコ
イル式）が使用されることが多い。（テキスト120参照）

問15　次のイ、ロ、ハ、ニの記述のうち、高圧ガスの取扱いなどについて正しいもの
はどれか。

イ．アセチレンを消費するときに、その容器を立てて転倒防止措置を講じて使用した。

ロ．不活性ガスに使用した圧力調整器の設定圧力が同じだったので、そのまま酸素に
　転用した。
ハ．使用済みの容器は、必ず容器バルブを閉止し、容器バルブ保護用のキャップを取
　り付けておく。
ニ．容器に圧力調整器を取り付けて使用するときは、圧力調整ハンドルが設定圧力に
　対応した所定の位置まで締め込まれていることを確認したのち、容器バルブを静か
　に開ける。
　　　(1) イ、ロ　　　(2) イ、ハ　　　(3) イ、ニ　　　(4) ロ、ニ　　　(5) ハ、ニ

「正解」(2) イ、ハ
「解説」
イ・・・○　設問のとおり。アセチレンを消費する場合には、必ず容器を立てて使用す
　る。また、鎖などで固定し転倒防止措置を講じる。（テキスト131・143頁参照）
ロ・・・×　不活性ガス用圧力調整器を酸素に使用すると油脂類が付着しているおそれ
　があり、酸素ガスにより発火することがある。（テキスト64ページ参照）
ハ・・・○　設問のとおり。使用済み容器は、若干の残圧（0.1MPa程度以上）を残した
　状態で消費を止め、必ず容器バルブを閉め、容器バルブ保護キャップを取り付けて
　容器置場に収納する。（テキスト131頁参照）
ニ・・・×　圧力調整器の圧力調整ハンドルは緩んでいることを確認してから、容器バ
　ルブを静かに開ける。その後、圧力調整ハンドルを徐々に締めて所定の圧力とする。
　（テキスト131頁参照）

問16　次のイ、ロ、ハ、ニの記述のうち、酸素について正しいものはどれか。
イ．気体は、同一の温度、圧力、体積において空気よりわずかに重く、無色、無臭で
　ある。
ロ．支燃性であり、液化酸素だけでも衝撃を与えると燃焼する。
ハ．同一の可燃性ガスを標準状態のもとで燃焼させるとき、空気中より酸素中のほう
　が、発火温度は高くなる。
ニ．化学的に非常に活性があり、空気中では燃焼しない物質でも、酸素中では燃焼す
　ることがある。
　　　(1) イ、ロ　　　(2) イ、ハ　　　(3) イ、ニ　　　(4) ロ、ニ　　　(5) ハ、ニ

「正解」(3) イ、ニ
「解説」
イ・・・○　設問のとおり。酸素ガスは空気よりわずかに重く、無色、無臭である。な
　お、液化酸素は淡青色である。（テキスト136頁参照）
ロ・・・×　酸素は、化学的に非常に活発な元素であり、支燃性ガスであるが、酸素だ
　けでは燃焼も爆発も起こらない。（テキスト135頁参照）
ハ・・・×　空気中より酸素中のほうが、物質の燃焼速度が大きくなり、発火温度は低
　くなり、火炎の温度は上がる。（テキスト135頁参照）

ニ・・・〇　設問のとおり。例えば、鉄片は空気中では燃焼しないが、赤熱した鉄片は酸素中では燃焼する。（テキスト133頁参照）

問17　次のイ、ロ、ハ、ニの記述のうち、可燃性ガスについて正しいものはどれか。
イ．水素が空気中で燃焼するとき、炎はほとんど無色で、水と二酸化炭素を生成する。
ロ．水素とアセチレンの爆発範囲（Vol％；常温、大気圧、空気中）を比較すると、水素のほうがアセチレンより広い。
ハ．気体のメタンは、同一の温度、圧力、体積において空気より軽く、無色、無臭である。
ニ．溶解アセチレンは、容器に内蔵した多孔質物に浸潤させたアセトンまたはジメチルホルムアミドの溶剤に、アセチレンを加圧し溶解させたものである。
　　　(1) イ、ロ　　　(2) イ、ハ　　　(3) ロ、ハ　　　(4) ロ、ニ　　　(5) ハ、ニ

「正解」(5) ハ、ニ
「解説」
イ・・・×　水素ガスが燃焼するときの炎は、ほとんど無色で、日中屋外では全く炎が見えないほどである。また空気中で燃焼すると酸素と反応し、水を生成する。（$2H_2 + O_2 \rightarrow 2H_2O$）（テキスト144頁参照）
ロ・・・×　水素とアセチレンの空気中における爆発範囲は、水素＝4～75％（範囲71％）、アセチレン＝2.5～100％（範囲97.5％）（テキスト24頁の表2.6参照）。よって、爆発範囲が広いのは、アセチレンである。
ハ・・・〇　設問のとおり。（テキスト146頁参照）
ニ・・・〇　設問のとおり。アセチレンは分解爆発を起こすので、容器内の多孔質物に浸潤されているアセトンまたはジメチルホルムアミドの溶剤に加圧し溶解させている。（テキスト140頁参照）

問18　次のイ、ロ、ハ、ニの記述のうち、塩素について正しいものはどれか。
イ．気体は、同一の温度、圧力、体積において空気より軽く、激しい刺激臭がある。
ロ．支燃性かつ毒性のガスである。
ハ．有機化合物が混入すると、発熱反応を起こして災害の原因になることがある。
ニ．除害剤として希硫酸を使用した。
　　　(1) イ、ロ　　　(2) イ、ニ　　　(3) ロ、ハ　　　(4) ハ、ニ　　　(5) イ、ロ、ニ

「正解」(3) ロ、ハ
「解説」
イ・・・×　塩素は、黄緑色の刺激臭のあるガスで、空気より重いガスである。（テキスト148頁参照）
ロ・・・〇　設問のとおり。塩素は、支燃性で毒性のガスである。（テキスト148頁参照）

ハ・・・○　設問のとおり。有機化合物と反応すると、その成分中の水素と塩素が置換し、塩素化合物と塩化水素を生成して発熱する。発熱反応により災害の原因になることがある。（テキスト149頁参照）

ニ・・・×　塩素の除害剤として、カセイソーダ（水酸化ナトリウム）、炭酸ソーダ（炭酸ナトリウム）水溶液、石灰乳、消石灰などが用いられる。希硫酸などの酸性の物質は不適当である。（テキスト150頁参照）

問19　次のイ、ロ、ハ、ニの記述のうち、アンモニアについて正しいものはどれか。

イ．可燃性・毒性ガスで、気体は無色で、同一の温度、圧力、体積において空気より軽く、特有の刺激臭がある。

ロ．液体をハロゲン、強酸と接触させると、激しく反応し、爆発・飛散することがある。

ハ．配管のガス置換には二酸化炭素が用いられる。

ニ．配管にアルミニウム管を使用した。

　　⑴　イ、ロ　　⑵　イ、ハ　　⑶　イ、ニ　　⑷　ロ、ニ　　⑸　ハ、ニ

「正解」⑴　イ、ロ

「解説」

イ・・・○　設問のとおり。アンモニアは、爆発範囲が15～28％の可燃性ガスで、許容濃度が25ppmの毒性ガスである。無色で特有の強い刺激臭があり、空気より軽い気体である。（テキスト151・152頁参照）

ロ・・・○　設問のとおり。アンモニアは、ハロゲンや強酸と接触すると激しく反応し、爆発・飛散することがある。（テキスト152頁参照）

ハ・・・×　アンモニアは、二酸化炭素と反応し、アンモニウムカーバメート（水の存在下で炭酸アンモニウム）の結晶を生成するので、ガス置換には二酸化炭素は使用できない。（テキスト152頁参照）

ニ・・・×　アンモニアは、銅、アルミニウムおよびその合金を著しく腐食するので、アルミニウムは使用できない。（テキスト153頁参照）

問20　次のイ、ロ、ハ、ニの記述のうち、正しいものはどれか。

イ．特殊高圧ガスとして定義されている7種類のガスは、すべて可燃性かつ毒性のガスである。

ロ．モノシランは、空気中に漏洩すれば、常温でも自然発火が起こる危険性がある。

ハ．五フッ化ヒ素等として規定されている7種類のガス（フッ素化合物）の中には、可燃性かつ毒性のガスもある。

ニ．三フッ化窒素は、常温でも酸素と容易に反応する。

　　⑴　イ、ロ　　⑵　イ、ニ　　⑶　ロ、ハ　　⑷　ハ、ニ　　⑸　イ、ロ、ニ

「正解」⑴　イ、ロ

［解説］

イ・・・○　設問のとおり。特殊高圧ガスは、すべてが可燃性ガスであり、いずれも許容濃度が5ppm以下の毒性ガスである。（テキスト159頁の表13.1参照）

ロ・・・○　設問のとおり。モノシランは、自然発火性ガスである。ただし、流出速度が大きい場合には直ちに発火しないで、ある程度滞留して発火・爆発することがあるので注意が必要である。（テキスト161頁参照）

ハ・・・×　五フッ化ヒ素等はすべて毒性を有するが、不燃性あるいは支燃性を示す。（テキスト168頁の表13.2参照）

ニ・・・×　三フッ化窒素は、常温では非常に安定である。（テキスト170頁参照）

講 習 検 定 問 題

(高圧ガス保安協会講習検定問題)

この講習検定は、高圧ガス保安協会が高圧ガス保安法「高圧ガス保安法に基づく高圧ガス製造保安責任者試験等に関する規則」に基づき実施するもので、検定合格者（講習の課程を修了した者）については、国家試験第一種販売主任者試験の試験科目「保安管理技術」が免除されます。したがって、国家試験受験時は「法令」のみを受ければよいことになります。

平成３０年度

講 習 検 定 問 題

（平成３０年６月２２日実施）

　解説中の「テキスト」とは、高圧ガス保安協会発行「第一種販売講習テキスト　改訂版」のことである。
　次の各問について、正しいと思われる最も適切な答をその問の下に掲げてある(1)、(2)、(3)、(4)、(5)の選択肢の中から１個選びなさい。

問１　次のガスのうち、標準状態において空気より重いガスはどれか。

イ．アセチレン

ロ．二酸化炭素

ハ．酸素

ニ．プロパン

ホ．メタン

　　(1) イ、ロ、ハ　　(2) イ、ロ、ニ　　(3) イ、ニ、ホ

　　(4) ロ、ハ、ニ　　(5) ハ、ニ、ホ

　［正解］(4) ロ、ハ、ニ

　［解説］

「すべての気体１モル（mol）は、標準状態において、22.4Lの体積を占める。」（テキスト９頁：アボガドロの法則）。また、「物質１モル（mol）の質量（g/mol）はその分子量と同じ数値となる。」（テキスト９頁）より各ガスの分子量を比較する。

各ガスの分子量は次のとおり。

　　イ．アセチレン　　　C_2H_2　　　$12×2 + 1×2 = 26$

　　ロ．二酸化炭素　　　CO_2　　　$12×1 +16×2 = 44$

　　ハ．酸素　　　　　　O_2　　　　$16×2　　　 = 32$

　　ニ．プロパン　　　　C_3H_8　　　$12×3 + 1×8 = 44$

　　ホ．メタン　　　　　CH_4　　　　$12×1 + 1×4 = 16$

空気の分子量は29（テキスト169頁参照）なので、空気より重いガスは二酸化炭素、酸素、プロパンである。

よって、正解は　(4) ロ、ハ、ニ　である。

問２　単位に関する次の記述のうち正しいものはどれか。

イ．熱力学温度（絶対温度）300Kは、セルシウス温度（セ氏温度）ではおよそ27℃である。

ロ．標準大気圧は、およそ101.3kPa（絶対圧力）である。

ハ．絶対圧力は、ゲージ圧力から大気圧を引いたものである。

- 173 -

ニ. 圧力1は、1Pa＝1N/cm²＝1kg／（m・s²）である。

　　(1) イ、ロ　　(2) イ、ハ　　(3) イ、ニ　　(4) ロ、ハ　　(5) ロ、ニ

［正解］(1) イ、ロ

［解説］

イ…○　設問のとおり。絶対温度は、セルシウス温度に273.15を足した値であるので、
　　300Kはセルシウス温度（℃）でおよそ27℃（300－273.15＝26.85）である。（テキス
　　ト12頁参照）

ロ…○　設問のとおり。標準大気圧は101325Paであり、およそ101.3kPaである。（テ
　　キスト11頁参照）

ハ…×　絶対圧力＝ゲージ圧力＋大気圧である。（テキスト11頁参照）

ニ…×　1Paは物体の単位面積1m²当たりに1Nの力が働くときの圧力を表す。
　　　　1Pa　＝　1N/m²　＝1kg／（m・s²）　　（テキスト10頁参照）

問3　水素100gの標準状態における体積はおよそいくらか。アボガドロの法則を用い
　　て計算せよ。

　　(1) 0.11m³　　(2) 0.22m³　　(3) 0.44m³　　(4) 1.1m³　　(5) 2.2m³

［正解］(4) 1.1m³

［解説］

まず、水素100gの物質量を求める。「物質1モル（mol）の質量（g/mol）は、その分
子量と同じ数値となる。」（テキスト9頁）ので、水素の分子量は2であるから、水素
100gは100 ÷ 2 ＝ 50molである。

次に「すべての気体1モル（mol）は、標準状態において、22.4Lの体積を占める。」
ので（テキスト9頁：アボガドロの法則）また、水素50molの体積は50 × 22.4 ＝
1120L ＝ 1.12m³である。

よって、正解は　(4) 1.1m³　である。

問4　内容積47Lの真空の容器（質量55kg）に、窒素ガスを充塡したところ、温度
　　20℃で圧力が15MPa（ゲージ圧力）になった。このとき、容器と窒素の合計質量は
　　およそいくらになるか。ただし、窒素は理想気体とし、充塡前後の容器の内容積は
　　変化しないものとする。

　　(1) 58kg　　(2) 59kg　　(3) 60kg　　(4) 63kg　　(5) 65kg

［正解］(4) 63kg

［解説］

まず充塡されている窒素ガスの標準状態での体積を求める。

ボイル－シャルルの法則$q_1 \cdot V_1 /T_1 = p_2 \cdot V_2 /T_2$により求める。（テキスト14頁参照）この
式では、圧力は絶対圧力abs 、温度は絶対温度（K）である。

充塡されたときをq_1、V_1、T_1、標準状態をp_2、V_2、T_2とすると

- 174 -

$q_1 = 15 + 0.1013 = 15.1013$ MPa abs、V_1は容器の内容積の47L、$T_1 = 20℃ = 293$K
となる。

標準状態は、$p_2 = 0.1013$MPa、$T_2 = 0℃ = 273$ Kである。

これらの数値を式に代入すると

15.1013MPa×47 L／293 K＝ 0.1013MPa×V_2／273 K

∴ $V_2 = 15.1013 × 47 × 273 ÷ 293 ÷ 0.1013 ≒ 6528$ L

充填されている窒素ガスは標準状態で6528 Lである。

「すべての気体1モル（mol）は、標準状態において、22.4Lの体積を占める。」（テキスト9頁：アボガドロの法則）。また、「物質1モル（mol）の質量（g/mol）は、その分子量と同じ数値となる。」（テキスト9頁）

標準状態で6528 Lの窒素は、6528 ÷ 22.4 ≒ 291.4mol になる。

さらに、窒素1molは28gであるから、291.4molの窒素は

291.4 × 28 ＝ 8159 g ≒ 8 kg になる。

よって、容器の質量と合計すると55 ＋ 8 ＝ 63kgとなり、正解は ⑷63kg である。

問5　燃焼と爆発に関する次の記述のうち正しいものはどれか。

イ．火炎、電気火花、静電気の放電は発火源になるが、断熱圧縮や光は発火源とはならない。

ロ．爆発の中でも火炎の伝ぱ速度がそのガスの中の音速よりも大きくなるものを爆ごうという。

ハ．アセチレンやプロパンの完全燃焼では、二酸化炭素と水を生成するが、不完全燃焼の場合、一酸化炭素や炭素（すす）も生成する。

ニ．標準大気圧、25℃において、水素、アセチレン、プロパンの単位体積当たりの総発熱量を比較すると、水素が最も小さく、プロパンが最も大きい。

　　⑴ イ、ロ　　　⑵ イ、ハ　　　⑶ ロ、ハ　　　⑷ ロ、ニ　　　⑸ ロ、ハ、ニ

［正解］⑸ ロ、ハ、ニ

［解説］

イ…×　断熱圧縮や光による温度上昇などもエネルギーとなり発火源となる。（テキスト24頁参照）

ロ…○　設問のとおり。（テキスト22頁参照）

ハ…○　設問のとおり。アセチレン（C_2H_2）やプロパン（C_3H_8）は、完全燃焼するとCO_2（二酸化炭素）とH_2O（水）になる。不完全燃焼すると、酸素が不足するため、一酸化炭素や炭素（C、すす）が生成する。（テキスト23頁参照）

ニ…○　設問のとおり。水素および主な可燃性ガス（炭化水素）の単位体積当たりの発熱量は、分子量が大きいほど大きくなる。（テキスト23頁参照）それぞれの分子量は、水素（H_2）＝ 2、アセチレン（C_2H_2）＝ 26、プロパン（C_3H_8）＝ 44 であるから、水素が最も小さく、プロパンが最も大きい。

問6　液化ガスの性質に関する次の記述のうち正しいものはどれか。

イ．ガスはその臨界圧力を超える圧力で圧縮すれば必ず液化する。

ロ．超低温容器に充塡された液化酸素の蒸気圧は、温度が一定のとき液量が少ないほど低くなる。

ハ．二酸化炭素は絶対圧力0.53 MPa（三重点）より低い圧力において、液体は存在しない。

ニ．液化ガスがLPガスのように混合物である場合には、この液化ガスの蒸気圧は同じ温度でも組成によって異なる。

　　　(1) イ、ロ　　(2) イ、ハ　　(3) ロ、ハ　　(4) ロ、ニ　　(5) ハ、ニ

［正解］(5) ハ、ニ
［解説］

イ…×　ガスに圧力を加えて液化する場合、臨界温度以下でなければならない。（テキスト18頁参照）

ロ…×　蒸気圧は液体の種類により固有の値である。温度が一定であれば、密閉された容器内の液化ガスの示す圧力は、液体が存在する限り、液体の量の多い少ないに関係なく一定である。（テキスト20頁参照）

ハ…○　設問のとおり。二酸化炭素の場合、絶対圧力0.53MPaにおいて、三重点（気体・液体・固体が共存する状態）が存在するため、この圧力より低い圧力では、液体は存在せず、固体と気体だけが存在する。（テキスト20頁参照）

ニ…○　設問のとおり。蒸気圧は液体の種類により固有の値であるが、LPガスのように混合物である場合、蒸発しやすい成分が先に蒸発するため、液相の組成が変化するので蒸気圧も変化する。（テキスト20～21頁参照）

問7　金属材料に関する次の記述のうち正しいものはどれか。

イ．材料は外力の大きさに応じて変形し、ある範囲を超えた外力に対しては外力を取り除いたとき、変形の一部はもとに復するが、なお変形が残り完全に原形に戻らないことがある。
　　このような性質を塑性という。

ロ．機器を設計する場合、各部分の材料に生じる最大応力が一定の制限を超えないように設計しなければならない。この制限の応力を許容応力という。

ハ．黄銅は、銅にスズ30～40％を含む合金で、切削、鋳造、型打ができるので、バルブ、継手などに用いられる。

ニ．アセチレンは、銅・銅合金に作用し爆発性の化合物を生成するので、アセチレンの配管、バルブ、圧力計のブルドン管などには銅・銅合金（銅の含有量が62％を超えるもの）を使用してはならない。

　　　(1) イ、ロ　　(2) イ、ハ　　(3) ハ、ニ　　(4) イ、ロ、ニ　　(5) ロ、ハ、ニ

［正解］(4) イ、ロ、ニ
［解説］

イ…○　設問のとおり。（テキスト31頁参照）

ロ…○　設問のとおり。（テキスト33頁参照）

ハ…×　黄銅は、銅に亜鉛30〜40%を含む合金である。（テキスト35頁参照）

ニ…○　設問のとおり。アセチレンは、銅・銅合金、銀に作用し、爆発性の金属アセチリドを生成する。（テキスト38頁参照）

問8　高圧ガス容器に関する次の記述のうち正しいものはどれか。

イ．容器の塗色は、充塡するガスに応じて容器則に定められている。例えば水素ガスは赤色、酸素ガスは緑色と定められている。

ロ．容器に刻印されている"V"は内容積、"TP"は耐圧試験における圧力、"FP"は最高充塡圧力を表す記号である。

ハ．空気呼吸器用容器として使用されている繊維強化プラスチック複合容器は、容器検査合格年月から15年を経過したものには高圧ガスを充塡してはならない。

ニ．容器再検査は、容器が容器検査または前回の容器再検査ののち、一定の期間経過したときおよび容器が損傷を受けたときに、容器の安全性を確認するために行うものであり、その期間は容器の区分によらず5年である。

　　　⑴　イ、ハ　　　⑵　イ、ニ　　　⑶　ロ、ハ　　　⑷　イ、ロ、ニ　　　⑸　ロ、ハ、ニ

［正解］⑶　ロ、ハ

［解説］

イ…×　酸素ガスの容器の塗色は黒色である。（テキスト47頁参照）

ロ…○　設問のとおり。容器検査に合格した容器には、合格を証明するために容器の肉厚の部分の見やすい箇所に規定されている事項を刻印する。（テキスト46頁参照）

ハ…○　設問のとおり。繊維強化プラスチック複合容器は、容器検査合格年月から15年を経過したものには高圧ガスを充塡してはならないことが高圧法一般則で規定されている。（テキスト44頁参照）

ニ…×　容器再検査の期間は容器の区分や経過年数等で異なる。（テキスト49頁参照）

問9　容器の附属品（バルブ、安全弁）に関する次の記述のうち正しいものはどれか。

イ．容器バルブの容器取付部のねじには、テーパねじと平行ねじがある。平行ねじは、アルミニウム合金の容器に使用される場合が多い。

ロ．溶栓（可溶合金、ヒューズメタル）式安全弁は、容器温度が規定温度に上昇した場合に可溶合金が溶融してガスを外部に放出したのち、容器内温度がある設定温度以下になればガスの噴出は停止する。

ハ．溶解アセチレン容器の安全弁（溶栓）は、溶栓が作動した場合、そのガスの噴出方向は容器の軸心に対して30度以内の上向きに噴出される構造となっている。

ニ．附属品再検査は、当該バルブが装置されていた容器の再検査時などに、原則として附属品を製造もしくは輸入した者が行う。

　　　⑴　イ、ロ　　　⑵　イ、ハ　　　⑶　ロ、ニ　　　⑷　イ、ハ、ニ　　　⑸　ロ、ハ、ニ

［正解］⑵ イ、ハ

［解説］

イ…〇　設問のとおり。容器取付部のねじは、右ねじでテーパねじと平行ねじがある。大部分がテーパねじであり、平行ねじはアルミニウム合金の容器に使用される場合が多い。(テキスト52頁参照)

ロ…×　溶栓式安全弁は可溶合金（ヒューズメタル）が溶融してガスを外部に放出する安全弁であり、容器内圧力が大気圧と同じになるまでガスを噴出する。(テキスト53頁参照)

ハ…〇　設問のとおり。溶解アセチレン容器の安全弁（溶栓）の噴出方向は容器の軸心に対して30度以内の上方にあることとされている。(テキスト53頁参照)

ニ…×　附属品再検査は当該バルブが装置されていた容器の再検査時などに、容器則に規定されている期間を経過しているとき、原則として容器検査所が実施する。(テキスト55頁参照)

問10　高圧ガスの保安機器・設備等に関する次の記述のうち正しいものはどれか。

イ．酸素のガス漏えい検知警報設備の警報設定値は22%とする。

ロ．可燃性ガスの容器であってもシリンダーキャビネットに収納すれば、その内部にはガス漏えい検知警報設備の設置は不要である。

ハ．可燃性ガス用の圧力調整器のガス供給源への取付部のねじは一般に左ねじで製造されている。

ニ．一般に、圧力調整器の圧力計の表示は絶対圧力で表されている。

　　　⑴ イ　　　⑵ ロ　　　⑶ ハ　　　⑷ ニ　　　⑸ ハ、ニ

［正解］⑶ ハ

［解説］

イ…×　酸素のガス漏えい検知警報設備の警報設定値は25%と規定されている。(テキスト76頁参照)

ロ…×　シリンダーキャビネット内には、ガス漏えい検知警報設備の他、緊急遮断装置も取り付けなければならない。(テキスト117頁参照)

ハ…〇　設問のとおり。一般に可燃性ガス用の圧力調整器の取付部のねじは左ねじで製造されている。(テキスト62頁参照)

ニ…×　圧力調整器についているブルドン管圧力計は、大気圧を零として目盛がつけてあり、ゲージ圧力で表されている。(テキスト11頁参照)

問11　高圧ガスの販売、貯蔵に関する次の記述のうち正しいものはどれか。

イ．医療用酸素ガスのみを販売するときには貯蔵数量にかかわらず、販売・貯蔵の届出は不要である。

ロ．容器置場には、計量器など作業に必要なもの以外のものを置かない。

ハ．高圧ガスを伝票のみにより販売する場合であれば、消費者の保安台帳に使用方法や使用の形態を記載する必要はない。

ニ．可燃性ガスは、充填容器と残ガス容器にそれぞれ区分して、通風の良い場所に保管する。

    (1) イ　　(2) ニ　　(3) イ、ハ　　(4) ロ、ハ　　(5) ロ、ニ

［正解］(5) ロ、ニ

［解説］

イ…×　医療用の高圧ガス（在宅酸素療法用の液化酸素を除く。）を常時5m³未満で貯蔵し販売するときのみ販売の届出が不要である。また、貯蔵数量が300m³以上の場合、許可または届出が必要となる。（テキスト81、95頁参照）

ロ…○　設問のとおり。（テキスト96頁参照）

ハ…×　現物を扱わず、伝票のみにより高圧ガスの販売をする場合も販売業者として保安台帳の整備は規則で規定されている。（テキスト79、84頁参照）

ニ…○　設問のとおり。可燃性ガスにかかわらず、充填容器と残ガス容器はそれぞれ区分して置く。また、可燃性ガス、毒性ガスの充填容器等は通風の良い場所で貯蔵する。（テキスト96頁参照）

問12　高圧ガスの移動に関する次の記述のうち正しいものはどれか。

イ．残ガス容器のみを車両に積載する場合でも、特に定める場合を除き、警戒標を掲げる必要がある。

ロ．LPガスの10型容器（内容積24L）3本を車両に積載して移動する場合には、消火器の携行は不要である。

ハ．充填容器等のバルブが相互に向き合わないようにすれば、アセチレン、酸素、塩素の充填容器等を同一の車両に積載して移動することができる。

ニ．販売業者は高圧ガスの移動を運送業者に委託する場合には、平日昼間の他、休日・夜間にも確実に連絡が取れる緊急連絡先を運送業者に伝える。

    (1) イ、ロ　　(2) イ、ニ　　(3) ロ、ハ　　(4) ハ、ニ　　(5) イ、ロ、ニ

［正解］(2) イ、ニ

［解説］

イ…○　設問のとおり。残ガス容器のみであっても車両に積載して移動するときは、車両の見やすい箇所に警戒標を掲げなければならない。（テキスト100頁参照）

ロ…×　可燃性ガスを車両に積載して移動する際にはガス量に応じた能力の消火器を携行しなければならない。（テキスト105頁参照）

ハ…×　塩素の充填容器等とアセチレン、アンモニアまたは水素の充填容器等は同一の車両に積載してはいけない。（テキスト111頁参照）

ニ…○　設問のとおり。（テキスト102頁参照）

問13　高圧ガスの消費と廃棄に関する次の記述のうち正しいものはどれか。

イ．消費設備のうち、貯槽などに設ける安全弁は、常用の圧力を相当程度異にし、または異にするおそれのある区分ごとに設置することになっている。

ロ．充填容器等には、湿気、水滴などによる腐食を防止する措置を講ずる。

ハ．蒸発器を用いて高圧ガスを消費する際に気化したガスの圧力が1 MPa以上となる場合は、「高圧ガスの製造」となる。

ニ．酸素の高圧ガスの廃棄は、容器とともに行ってもよい。

　　　(1) イ、ロ　　　(2) イ、ニ　　　(3) ロ、ハ　　　(4) ハ、ニ　　　(5) イ、ロ、ハ

［正解］(5) イ、ロ、ハ

［解説］

イ…○　設問のとおり。例えば、貯槽、蒸発器の気相部、減圧装置によって消費する場合の二次側等に圧力が上昇したとき作動する安全弁を設ける。(テキスト119頁参照)

ロ…○　設問のとおり。充填容器等は排水の容易な場所等に置き、容器の底部を乾きやすくし、水分による腐食防止の措置を行う。(テキスト123頁参照)

ハ…○　設問のとおり。その処理量によって許可または届出が必要である。(テキスト119頁参照)

ニ…×　高圧ガスを容器とともに廃棄すると容器内のガス漏れなどで外部に危害を及ぼすおそれがあるので、容器はガスを放出してから処分する。(テキスト125頁参照)

問14　高圧ガスの取扱いに関する次の記述のうち正しいものはどれか。

イ．酸素、アセチレン用吹管を使用した作業終了時には、吹管の酸素のバルブを閉じてから吹管のアセチレンのバルブを閉じる。

ロ．容器に圧力調整器を取り付けて消費する場合、調整器のハンドルを締めてから容器弁を静かに開けて使用する。

ハ．　高圧ガス容器を返却する際は、容器内の圧力が大気圧と等しくなるまで使い切ってから返却しなければならない。

ニ．液化酸素などの温度の低い液化ガスを取り扱うときは、専用の革手袋や保護めがねを使用する。

　　　(1) イ　　　(2) イ、ロ　　　(3) イ、ニ　　　(4) ロ、ハ　　　(5) ロ、ハ、ニ

［正解］(3) イ、ニ

［解説］

イ…○　設問のとおり。(テキスト129頁参照)

ロ…×　調整器のハンドルを締めると設定圧力が上がるので、容器弁を開ける前には緩んでいることを確認する。(テキスト129頁参照)

ハ…×　容器内のガスは、0.1MPa程度の圧力を残して使用を止める。完全に使い切ると空気を吸い込むことがあり、充填時に容器内のパージが必要になる。（テキスト129頁参照）

ニ…○　設問のとおり。低温の液化ガスを取り扱う際には、直接身体に液化ガスが触れないよう専用の革手袋と保護めがねを使用する。素手で低温の金属部分に触れると、皮膚の水分が凍結して離れなかったり、凍傷になる。（テキスト130頁参照）

問15　酸素に関する次の記述のうち正しいものはどれか。

イ．支燃性を有するが、可燃性物質が共存しなければ燃焼は起こらない。

ロ．空気中におよそ21vol％含まれる。

ハ．空気中の酸素濃度より酸素の割合を大きくすると、可燃性物質の発火温度は高くなり、火炎温度も高くなるが、燃焼速度は小さくなる。

ニ．気体は無色であるが、液体は淡青色である。

　　　(1) イ、ハ　　　(2) イ、ニ　　　(3) イ、ロ、ハ、

　　　(4) イ、ロ、ニ　　　(5) ロ、ハ、ニ

［正解］(4) イ、ロ、ニ

［解説］

イ…○　設問のとおり。（テキスト133頁参照）

ロ…○　設問のとおり。酸素は生物の呼吸に欠くことのできないガスであり、空気中におよそ21vol％含まれており、空気よりわずかに重い気体である。（テキスト133頁参照）

ハ…×　酸素濃度が高くなると、可燃性物質の発火温度は低くなり、火炎温度は上がる。（テキスト133頁参照）

ニ…○　設問のとおり。気体は、無色、無臭であり、液化酸素は淡青色である。（テキスト133頁参照）

問16　水素とアセチレンに関する次の記述のうち正しいものはどれか。

イ．水素は還元性の強いガスで、金属の酸化物や塩化物に高温で作用して金属を遊離する。

ロ．アセチレンガスは炭化カルシウム（カーバイド）に水を注ぐと発生する。

ハ．水素はほとんど無色の炎を出して燃焼するので、特に日中の屋外では漏えいし発火燃焼しても目視による確認が困難であるので注意を要する。

ニ．アセチレンは、水に少量溶解するが、アセトンやジメチルホルムアミドにはほとんど溶解しない。

　　　(1) イ、ニ　　　(2) ロ、ハ　　　(3) ハ、ニ　　　(4) イ、ロ、ハ　　　(5) イ、ロ、ニ

［正解］(4) イ、ロ、ハ

［解説］

イ…〇　設問のとおり。水素は、還元性の強いガスで、酸化性の強いガスではない。
　　還元性の強いガスのため、金属の酸化物や塩化物に高温で作用し金属を遊離する。
　　（テキスト142頁参照）

ロ…〇　設問のとおり。（テキスト136頁参照）

ハ…〇　設問のとおり。水素ガスが燃焼するときの炎は、ほとんど無色で、日中屋外
　　では全く炎が見えないほどである。（テキスト141頁参照）

ニ…×　アセチレンはアセトンにもジメチルホルムアミドにも溶解する。アセトン
　　に対してはその体積の約25倍、ジメチルホルムアミドに対してはその体積の約40倍
　　のアセチレンが溶解する。（テキスト137頁参照）

問17　塩素に関する次の記述のうち正しいものはどれか。

イ．除害剤としては、カセイソーダ水溶液や炭酸ソーダ水溶液などのアルカリ性水溶
　　液が用いられる。

ロ．分子量が約35.5で、標準状態で空気より重いガスである。

ハ．毒性を有するが支燃性はない。

ニ．水分を含んでいない場合、常温で鉄を激しく腐食する。

　　　⑴ イ　　　⑵ イ、ニ　　　⑶ ロ、ハ　　　⑷ イ、ハ、ニ　　　⑸ ロ、ハ、ニ

［正解］⑴ イ

［解説］

イ…〇　設問のとおり。塩素の除害には酸類ではなく、カセイソーダ（水酸化ナトリ
　　ウム）や炭酸ソーダ（炭酸ナトリウム）水溶液などのアルカリ性水溶液が用いられ
　　る。（テキスト146頁参照）

ロ…×　塩素の分子量は70.9で、標準状態で空気より重いガスである。（テキスト
　　145頁参照）

ハ…×　塩素は、支燃性があり、極めて毒性が強いガスである。（テキスト145頁参
　　照）

ニ…×　水分を含む塩素は、常温で多くの金属腐食をするので、調整器や配管は、
　　使用前に充分水分を除去して使用する。（テキスト146頁参照）

問18　可燃性・毒性ガスに関する次の記述のうち正しいものはどれか。

イ．アンモニアは酸素中で燃焼すると窒素と水を生成する。

ロ．アンモニアと二酸化炭素が接触すると結晶性の物質を生成するので、アンモニア
　　装置のガス置換には二酸化炭素は使用しない。

ハ．クロルメチルは水に溶解するので、大量の水が除害剤として用いられている。

ニ．シアン化水素を充填する容器には安全弁が付いていない。

　　　⑴ イ、ロ　　　⑵ ロ、ハ　　　⑶ イ、ロ、ハ
　　　⑷ イ、ハ、ニ　　　⑸ イ、ロ、ハ、ニ

［正解］⑸ イ、ロ、ハ、ニ

［解説］

イ…〇　設問のとおり。酸素中で黄色い炎をあげて燃え、窒素と水を生成する。（テキスト147頁参照）

ロ…〇　設問のとおり。アンモニアは二酸化炭素と反応し、アンモニウムカーバメート（水の存在下で炭酸アンモニウム）の結晶を生成するので、ガス置換には二酸化炭素は使用できない。（テキスト148頁参照）

ハ…〇　設問のとおり。（テキスト151頁参照）

ニ…〇　設問のとおり。（テキスト153頁参照）

問19　特殊高圧ガスなどに関する次の記述のうち正しいものはどれか。

イ．モノシランは自然発火性ガスであるので、空気中に漏えいすれば流出速度に関係なく直ちに発火する。

ロ．ホスフィンは空気中で明るい炎で燃焼し、リン酸と赤リンを生成する。

ハ．三フッ化窒素は非常に強い支燃性を有し、その酸化力の強さは酸素と同程度、高温では酸素以上と考える必要がある。

ニ．五フッ化ヒ素は無色で毒性を有し、漏えいすると大気中の水分と反応してフッ化水素を生成することがある。

　　　⑴ イ、ロ　　　⑵ イ、ニ　　　⑶ ロ、ハ　　　⑷ イ、ハ、ニ　　　⑸ ロ、ハ、ニ

［正解］⑸ ロ、ハ、ニ

［解説］

イ…×　モノシランは自然発火性のガスであるが、流出速度が大きい場合には直ちに発火しないである程度滞留して発火する。（テキスト155頁参照）

ロ…〇　設問のとおり。（テキスト157頁参照）

ハ…〇　設問のとおり。（テキスト164頁参照）

ニ…〇　設問のとおり。空気中に漏れた場合、発煙して刺激臭のあるフッ化水素ガスを発生することがある。（テキスト163頁参照）

問20　ガスに関する次の記述のうち正しいものはどれか。

イ．二酸化硫黄（亜硫酸ガス）は極めて毒性が強く、金属に対する腐食性を有する可燃性ガスである。

ロ．硫化水素は無色で腐卵臭を有する空気よりわずかに重いガスである。

ハ．酸化エチレンは優れた殺菌力を有し、医療器具のくん蒸などに広く用いられている。

ニ．二酸化炭素は無色、無臭、不燃性のガスで、酸素欠乏や中毒を起こすことはない。

　　　⑴ イ、ロ　　　⑵ イ、ニ　　　⑶ ロ、ハ　　　⑷ イ、ハ、ニ　　　⑸ ロ、ハ、ニ

［正解］⑶ ロ、ハ

［解説］

イ…×　二酸化硫黄（亜硫酸ガス）は不燃性ガスである。（テキスト185頁参照）

ロ…〇　設問のとおり。硫化水素は火山の噴出ガス中にも存在し、特有の腐卵臭がある。（テキスト184頁参照）

ハ…〇　設問のとおり。（テキスト183頁参照）

ニ…×　二酸化炭素は無色、無臭、不燃性のガスで、毒性ガスではないが、狭い室内で消費するときは、酸素欠乏や中毒を起こさないように室内の喚気に注意する。（テキスト175頁参照）

令和元年度

講 習 検 定 問 題

（令和元年6月21日実施）

　解説中の「テキスト」とは、高圧ガス保安協会発行「第一種販売講習テキスト　改訂版」のことである。
　次の各問について、正しいと思われる最も適切な答をその問の下に掲げてある(1)、(2)、(3)、(4)、(5)の選択肢の中から1個選びなさい。

問1　次の記述のうち正しいものはどれか。
イ．SI単位では圧力の単位にパスカル（Pa）が用いられ、1Paは物体の単位面積1
　　cm^2当たりに1ニュートン（N）の力が働くときの圧力を表している。
ロ．窒素の元素記号はNで表され、分子式はN_2で表される。
ハ．密閉された容器内にある単一物質の液化ガスの蒸気圧は、温度が一定であればその液体の量に関係なく一定である。
ニ．酸素欠乏とは、空気中の酸素濃度が18%未満の状態のことをいう。
　　(1) イ　　(2) イ、ロ　　(3) ロ、ハ　　(4) ハ、ニ　　(5) ロ、ハ、ニ

［正解］(5) ロ、ハ、ニ
［解説］
イ・・・×　1Paは単位面積1㎡あたりに1N（ニュートン）の力が働くときの圧力である。（テキスト10頁参照）
ロ・・・○　設問のとおり。窒素の元素記号はNであり、分子は2つの原子で構成される。（テキスト7頁参照）
ハ・・・○　設問のとおり。単一物質の液化ガスの蒸気圧は、液体が存在する限り温度のみで決まる。（テキスト20頁参照）
ニ・・・○　設問のとおり。空気中の酸素濃度が18%未満に低下した状態のことを酸素欠乏という。（テキスト26頁参照）

問2　次のガスのうち、標準状態において、同一体積の空気より軽いガスはどれか。
イ．プロパン
ロ．水素
ハ．アンモニア
ニ．アセチレン
ホ．二酸化炭素
　　(1) イ、ロ、ハ　　(2) イ、ロ、ホ　　(3) イ、ニ、ホ
　　(4) ロ、ハ、ニ　　(5) ハ、ニ、ホ

［正解］(4) ロ、ハ、ニ

［解説］

アボガドロの法則より、標準状態の同一体積中に含まれる分子の数は同じであるため、分子量で比較する。それぞれの分子量は以下のとおり。

	分子式	分子量
イ．プロパン	C_3H_8	$12 \times 3 + 1 \times 8 = 44$
ロ．水素	H_2	$1 \times 2 = 2$
ハ．アンモニア	NH_3	$14 \times 1 + 1 \times 3 = 17$
ニ．アセチレン	C_2H_2	$12 \times 2 + 1 \times 2 = 26$
ホ．二酸化炭素	CO_2	$12 \times 1 + 16 \times 2 = 44$

空気の平均分子量29.0と比較すると、水素、アンモニア、アセチレンが空気より軽いガスである。よって、正解は(4) ロ、ハ、ニである。（テキスト9・169頁参照）

問3　標準状態で7㎥の気体の酸素の質量はおよそいくらか。ただし、酸素の分子量は32とし、アボガドロの法則に従うものとして計算せよ。

　　(1) 10g　　(2) 1 kg　　(3) 10kg　　(4) 20kg　　(5) 100kg

［正解］(3) 10kg

［解説］

「すべての気体1モル（mol）は、標準状態において、22.4Lの体積を占める。」（テキスト9頁：アボガドロの法則）また、「物質1モル（mol）の質量（g/mol）は、その分子量と同じ数値となる。」（テキスト9頁）

7㎥（＝7000L）の酸素は、7000 ÷ 22.4 ＝ 312.5mol になる。

さらに、酸素1molは32gであるから、312.5molの酸素は

　　　　312.5 × 32 ＝ 10000g ＝ 10kg

よって、正解は(3) 10kgである。

問4　内容積47Lの容器に、温度35℃、圧力14.7MPa（絶対圧力）の圧縮ヘリウムガスが充填されている。このガスの標準状態における体積はおよそいくらか。理想気体として計算せよ。

　　(1) 1.5㎥　　(2) 6.0㎥　　(3) 7.0㎥　　(4) 14.0㎥　　(5) 28.0㎥

［正解］(2) 6.0㎥

［解説］

ボイル-シャルルの法則$p_1 \cdot V_1 / T_1 = p_2 \cdot V_2 / T_2$により求める。（テキスト14頁参照）

この式では、圧力は絶対圧力（abs）、温度は絶対温度（K）である。

充填されたときをp_1、V_1、T_1、標準状態をp_2、V_2、T_2とすると

$p_1 ＝ 14.7MPa$ abs、V_1は容器の内容積の47L、$T_1 ＝ 35℃ ＝ 308K$となる。

標準状態は、$p_2 ＝ 0.1013MPa$ abs、$T_2 ＝ 0℃ ＝ 273K$である。

これらの数値を式に代入すると

14.7MPa abs × 47L/308K ＝ 0.1013MPa abs×V_2/273K

∴　V_2 ＝ 14.7 × 47 × 273 ÷ 308 ÷ 0.1013 ≒ 6045L ＝ 6.0m³

よって、正解は(2) 6.0m³である。

問5　液化ガスなどに関する次の記述のうち正しいものはどれか。

イ．密閉容器内の液化ガスの混合物は、一般に液体の組成と気体の組成は異なる。

ロ．大気圧下では、二酸化炭素は、液体にすることができないため沸点をもたない。

ハ．液化ガスが温度一定で、状態変化（相変化）するときに出入りする熱量を顕熱という。

ニ．単一物質の液化ガスの沸点は、その液化ガスの液面に加わる圧力に関係なく一定である。

　　　(1) イ、ロ　　　(2) イ、ハ　　　(3) イ、ニ　　　(4) ロ、ハ　　　(5) ハ、ニ

［正解］(1) イ、ロ

［解説］

イ…○　設問のとおり。液化ガスの混合物の場合、蒸発しやすい成分が先に蒸発するため、密閉容器内の気体の組成と液相の組成は異なる。（テキスト20〜21頁参照）

ロ…○　設問のとおり。ほとんどの液化ガスは大気圧下で沸点をもつが、二酸化炭素は大気圧下では沸点をもたない。（テキスト20頁参照）

ハ…×　状態変化に伴って出入りする熱量は総称して潜熱という。状態変化せずに温度が変化するときの熱量を顕熱という。（テキスト19頁参照）

ニ…×　液面に圧力を加えると蒸発しにくくなり、沸点は高くなる。逆に液面に加わる圧力が低くなれば、沸点は低くなる。（テキスト19頁参照）

問6　次の可燃性ガスについて、爆発下限界（空気中、大気圧、常温）が高いものから低いものへ順に並べてあるものはどれか。

イ．アセチレン

ロ．アンモニア

ハ．一酸化炭素

ニ．水素

　　　(1) イ＞ロ＞ハ＞ニ　　　(2) ロ＞ハ＞イ＞ニ　　　(3) ロ＞ハ＞ニ＞イ

　　　(4) ハ＞ロ＞イ＞ニ　　　(5) ニ＞ハ＞イ＞ロ

［正解］(3) ロ＞ハ＞ニ＞イ

［解説］

可燃性ガスの空気中における爆発下限界は次のとおりである。（テキスト24頁の表2.6参照）

アセチレン：2.5%、アンモニア：15%、一酸化炭素：12.5%、水素：4％

よって、下限界値の高いものはアンモニア、一酸化炭素、水素、アセチレンの順で正解は⑶ ロ＞ハ＞ニ＞イである。

問7　金属材料に関する次の記述のうち正しいものはどれか。
イ．機器や構造物に使用される通常の材料は、比例限度以内では応力とひずみは比例する関係がある。これをヤングの法則という。
ロ．一般に耐力とは、引張試験において、永久ひずみが0.2％に相当する応力である。
ハ．高温で生ずるクリープとは、一定温度のもとで材料に一定荷重を加えたとき、時間の経過とともに伸び（ひずみ）が増大する現象をいう。
ニ．アセチレンは炭素鋼に作用し、爆発性の化合物を生成するので、アセチレンの配管、バルブ、圧力計のブルドン管などには炭素鋼を使用してはならない。
　　　⑴ イ、ハ　　　⑵ イ、ニ　　　⑶ ロ、ハ　　　⑷ ロ、ニ　　　⑸ イ、ロ、ハ

［正解］⑶ ロ、ハ
［解説］
イ・・・×　設問の記述はフックの法則という。（テキスト31頁参照）
ロ・・・○　設問のとおり。（テキスト33頁参照）
ハ・・・○　設問のとおり。クリープに対して強い材料としてクロム鋼、18-8ステンレス鋼、クロムモリブデン鋼がある。（テキスト36頁参照）
ニ・・・×　アセチレンは、炭素鋼に作用するのではなく、銅や銀などの金属に作用して爆発性化合物であるアセチリドを生成する。したがって、アセチレン用の配管、バルブ、圧力計のブルドン管などには、銅または銅の含有量が62％を超える銅合金の使用が禁止されている。（テキスト38頁参照）

問8　高圧ガス容器に関する次の記述のうち正しいものはどれか。
イ．継目なし容器は、酸素、水素、窒素などの圧縮ガス、あるいは液化炭酸ガスなどを充填するために使用される。
ロ．すべての複合容器は、容器検査合格年月から20年を経過したものでも高圧ガスを充てんできる。
ハ．継目なし容器は、マンネスマン式やエルハルト式と呼ばれる方式などにより製造されている。
ニ．溶接容器は、主として低圧液化ガスあるいは溶解アセチレン用に使用されている。
　　　⑴ イ、ハ　　　⑵ ロ、ニ　　　⑶ ハ、ニ　　　⑷ イ、ロ、ニ　　　⑸ イ、ハ、ニ

［正解］⑸ イ、ハ、ニ
［解説］
イ・・・○　設問のとおり。継目なし容器は、酸素、水素、窒素、ヘリウムなどの圧縮ガスあるいは液化炭酸ガス、液化亜酸化窒素などの常温の高圧液化ガスを充填するために使用される。（テキスト39頁参照）

ロ・・・×　繊維強化プラスチック複合容器は、容器検査合格年月から15年を経過した
　　ものには高圧ガスを充塡してはならないことが法で規定されている。（テキスト44
　　頁参照）

ハ・・・○　設問のとおり。継目なし容器の製造方法は、主にマンネスマン式、エルハ
　　ルト式である。（テキスト40頁）

ニ・・・○　設問のとおり。溶接容器は、主として低圧液化ガスあるいは溶解アセチレ
　　ン用に使用される。（テキスト41頁参照）

問9　容器の附属品（バルブ、安全弁）に関する次の記述のうち正しいものはどれか。

イ．バルブには、容器則の規定により、バルブを装着する容器の種類に応じ、定めら
　　れた刻印をしなければならない。例えば、圧縮アセチレンガス容器用バルブには
　　「AG」の刻印をする。

ロ．バルブの充塡口は、可燃性ガスの場合は左ねじ、その他のガスの場合は、すべて
　　右ねじでなければならない。

ハ．破裂板（ラプチャディスク）式の安全弁は、容器内圧力が規定作動圧力に達した
　　とき、破裂板が破壊し、容器内ガスを放出する方式のもので、いったん作動すると
　　容器内圧力が大気圧と同じになるまでガスの噴出は止められない。

ニ．破裂板と溶栓の併用式の安全弁は、破裂板の疲労による破裂圧力低下を防ぐため、
　　安全弁の吹出し孔内に可溶合金を充てんして、容器内圧力による破裂板のふくらみ
　　を抑え、安全性を高めた方式である。

　　　⑴　イ、ロ　　　⑵　イ、ハ　　　⑶　ロ、ニ　　　⑷　イ、ハ、ニ　　　⑸　ロ、ハ、ニ

　［正解］⑷　イ、ハ、ニ

　［解説］

イ・・・○　設問のとおり。容器の種類により、それぞれ決められた刻印がされている
　　バルブを使用する。アセチレンの場合「AG」、液化ガスの場合「LG」など。（テキス
　　ト50頁参照）

ロ・・・×　可燃性ガスの充塡口部のねじは一般に左ねじとなっており、その他のガス
　　は右ねじである。ただし、例外としてアンモニア用は右ねじ、ヘリウム用は左ねじ
　　である。（テキスト52頁参照）

ハ・・・○　設問のとおり。破裂板式安全弁は、薄板が破裂してガスが放出される安全
　　弁である。（テキスト53頁参照）

ニ・・・○　設問のとおり。（テキスト53、54頁参照）

問10　高圧ガスの保安機器・設備などに関する次の記述のうち正しいものはどれか。

イ．圧力調整器を取り付けた容器バルブを開く前には、圧力調整器の圧力調整ハンド
　　ルが緩んでいることを確認する。

ロ．圧力調整器は、ガスの種類に適合していれば、容器の圧力に関係なく使用できる。

ハ．ガス漏えい検知警報設備は、1年に1回以上検知および警報に係る検査を実施す
　　る。

ニ．アセチレン用のブルドン管圧力計には、ブルドン管の材料に関わらず、禁油の表示がされているものを用いなければならない。

    ⑴ イ、ハ   ⑵ イ、ニ   ⑶ ロ、ハ   ⑷ ハ、ニ   ⑸ イ、ロ、ニ

［正解］⑴ イ、ハ

［解説］

イ・・・○　設問のとおり。調整器を取り付けたとき、シートとバルブを開のままにしておくと、容器弁を開にしたとき、ガスが出て危険である。圧力調整ハンドルを緩め、シートとバルブの状態を閉にして取り付ける。（テキスト63頁参照）

ロ・・・×　圧力調整器は一次圧力の最大値を確認した上で、使用する機器の適正圧力および最大消費量を満足する調整器を選ぶ。（テキスト62頁参照）

ハ・・・○　設問のとおり。常に機能を維持するため、日常検査、定期検査などが重要である。（テキスト77頁参照）

ニ・・・×　アセチレン用のブルドン管圧力計は、銅および銅含有量が62％を超える銅合金は使用してはならない。禁油の表示がされているものを用いなければならないのは酸素の場合である。（テキスト68頁参照）

問11　高圧ガスの販売、貯蔵に関する次の記述のうち正しいものはどれか。

イ．第一種販売主任者免状と必要な経験を有していれば、LPガスの販売事業者における販売主任者にも選任できる。

ロ．飲料用の二酸化炭素のみを販売する際には、販売事業の届出をしていれば、販売主任者を選任する必要はない。

ハ．「毒物及び劇物取締法」で定められている毒物である高圧ガスを販売する際には、高圧ガス販売届出だけでなく「毒物及び劇物取締法」による販売登録なども必要になる。

ニ．第二種貯蔵所であれば、可燃性ガスの充填容器等は通風のよい場所で保管しなくても良い。

    ⑴ イ   ⑵ ロ   ⑶ ハ   ⑷ ニ   ⑸ ロ、ハ

［正解］⑸ ロ、ハ

［解説］

イ・・・×　LPガスを販売する販売業では、液石則の規定により第二種販売主任者免状と必要な経験を有することが必要である。（テキスト82頁参照）

ロ・・・○　設問のとおり。空気、二酸化炭素など販売主任者の選任の規定のない高圧ガスのみを販売する場合には、選任する必要がない。（テキスト83頁参照）

ハ・・・○　設問のとおり。ホスフィンやアンモニアなど「毒物及び劇物取締法」で定められている毒物や劇物の販売をする際には、高圧ガス販売届出だけでなく「毒物及び劇物取締法」による販売登録なども必要になる。（テキスト85頁参照）

ニ・・・×　第一種貯蔵所、第二種貯蔵にかかわらず、可燃性ガスの充填容器等は通風のよい場所で保管する。（テキスト96頁参照）

問12　高圧ガスの移動に関する次の記述のうち正しいものはどれか。

イ．可燃性ガスの充塡容器等と酸素の充塡容器等を同一の車両に積載して移動するときは、これらの充塡容器等のバルブが相互に向き合わないようにする。

ロ．車両に「高圧ガス」の警戒標を掲げる際に、車両の前後の見やすい箇所につけた。

ハ．水素の47L充てん容器1本を移動する際、消火器のほか、イエロー・カード、必要な資材および工具などを携行した。

ニ．特殊高圧ガスの10L容器１本を移動する場合には、移動監視者の乗務は不要である。

　　　(1) イ、ロ　　　(2) イ、ニ　　　(3) ロ、ハ　　　(4) ハ、ニ　　　(5) イ、ロ、ハ

［正解］(5) イ、ロ、ハ
［解説］

イ・・・○　設問のとおり。可燃性ガスと酸素の充塡容器を同一車両に積載するときは、これらの容器バルブの充塡口を相互に向き合わないようにする。万一ガスが漏れたときの発火事故を防止するためである。（テキスト111頁参照）

ロ・・・○　設問のとおり。高圧ガスを移動するときには、車両の見やすい箇所に警戒標を掲げなければならない。（テキスト100頁参照）

ハ・・・○　設問のとおり。水素の47L充てん容器1本を移動する際は、消火器のほか、イエロー・カード、必要な資材および工具などを携行する。（テキスト102、105頁参照）

ニ・・・×　特殊高圧ガスを積載して移動するときは、数量に関係なく移動監視者の資格を有する者を乗務させなければならない。（テキスト101頁参照）

問13　高圧ガスの消費と廃棄に関する次の記述のうち、正しいものはどれか。

イ．液化酸素を蒸発器でガス状にして消費する場合は、その液化酸素の貯蔵量にかかわらず、消費に係る届出は不要である。

ロ．特殊高圧ガスを建物内で消費する際に、シリンダーキャビネットに収納した。

ハ．マニホールド方式でガスを連続供給するため、予備としてもう１系列設け、２系列切替式とした。

ニ．可燃性ガス、毒性ガスの高圧ガスを廃棄する際に、廃棄の基準に従って行った。

　　　(1) イ、ロ　　　(2) イ、ニ　　　(3) ハ、ニ　　　(4) イ、ロ、ハ　　　(5) ロ、ハ、ニ

［正解］(5) ロ、ハ、ニ
［解説］

イ・・・×　液化酸素の場合、貯蔵数量が3000kg以上である消費者は「特定高圧ガス消費者」として消費の届出が必要で、特定高圧ガス取扱主任者を選任しなければならない。（テキスト119頁参照）

ロ・・・○　設問のとおり。自然発火性ガスである特殊高圧ガスを消費する場合、安全のためほとんどの容器がシリンダーキャビネットに収納されている。（テキスト116頁参照）

ハ・・・〇　設問のとおり。マニホールド方式は通常連続供給のため、予備側として同
　　本数の1系列（同本数）を設け、2系列切替式とする。（テキスト113頁参照）
ニ・・・〇　設問のとおり。高圧ガスの廃棄（放出）には、廃棄の基準が定められてお
　　り、高圧ガスを廃棄する者はその基準を遵守する義務がある。（テキスト125頁参照）

問14　高圧ガスの取扱いに関する次の記述のうち正しいものはどれか。
イ．二酸化炭素には、酸素欠乏のほか、中毒の危険性があるので、狭い室内で消費す
　　るときには部屋の換気に注意する。
ロ．バックシートバルブ以外のバルブは、全開にしてから半回転ほど戻しておくこと
　　が原則である。
ハ．二重殻構造の可搬式超低温容器は、外槽の肉厚が厚いので、衝撃を与えたり、落
　　下、転倒しても真空が破壊されるおそれはない。
ニ．高圧ガス容器を喪失したので、警察官に届け出た。
　　　(1) イ、ハ　　　(2) イ、ニ　　　(3) ロ、ハ　　　(4) ロ、ニ　　　(5) イ、ロ、ニ

　　［正解］(5) イ、ロ、ニ
　　［解説］
イ・・・〇　設問のとおり。二酸化炭素は毒性ガスではないが、酸素が十分にあっても、
　　二酸化炭素の濃度が高くなると呼吸数が多くなったり呼吸が困難になり、濃度が
　　10%以上になると意識不明になり死亡する。（テキスト173頁参照）
ロ・・・〇　設問のとおり。全開することによってバルブ漏れを止める構造のバックシ
　　ートバルブを除いて、バルブが開いていることがわかるよう全開してから半回転ほ
　　ど戻しておくことが原則である。（テキスト128頁参照）
ハ・・・×　二重殻構造の可搬式超低温容器は、外槽と内槽の間は真空にしてあり、外
　　槽は外圧である大気圧に耐えられるだけの強度を持たせてあるため、肉厚は薄い。
　　転倒等により外槽に凹みがある場合には、真空が破壊されているおそれがあるので
　　使用しない。（テキスト130頁参照）
ニ・・・〇　設問のとおり。高圧ガス容器を喪失し、または盗まれたときは遅滞なく都
　　道府県知事または警察官に届け出る。（テキスト131頁参照）

問15　酸素に関する次の記述のうち正しいものはどれか。
イ．地球上では空気中に体積でおよそ21vol%含まれているが、水、土砂、岩石など
　　には含まれていない。
ロ．化学的に非常に活性で、空気中では燃焼しない物質でも、酸素中では燃焼するこ
　　とがある。
ハ．一般に空気の液化分離法や吸着分離法によって製造されている。
ニ．容器および容器弁に油脂類を付着させたり、油脂類の付着した手や手袋で取り扱
　　ってはならない。
　　　(1) イ、ロ　　　(2) イ、ハ　　　(3) ハ、ニ　　　(4) イ、ロ、ニ　　　(5) ロ、ハ、ニ

［正解］⑸　ロ、ハ、ニ

［解説］

イ・・・×　酸素は空気中に体積でおよそ21vol％含まれ、水、土砂、岩石などの化合物となって地球上に広く存在している。（テキスト133頁参照）

ロ・・・○　設問のとおり。例えば、鉄片は空気中では燃焼しないが、赤熱した鉄片は酸素中では燃焼する。（テキスト133頁参照）

ハ・・・○　設問のとおり。酸素の製法には、空気液化分離法や吸着分離法（PSA法）がある。容器で市販されている酸素は、もっぱら空気液化分離法によって製造されている。（テキスト134頁参照）

ニ・・・○　設問のとおり。油脂類が残っていると発火の原因となるので、油脂類が付着しているときは溶剤などで洗浄し、乾燥してから使用する。（テキスト135頁参照）

問16　不燃性ガスや可燃性ガスに関する次の記述のうち正しいものはどれか。

イ．二酸化炭素は、石油、木材などが燃焼するときや動物の呼吸、有機物の腐敗、発酵に伴って発生する。

ロ．窒素は、不活性なガスで、高温でも他の元素と直接化合することはない。

ハ．水素は、ほとんど無色の炎を出して燃焼し、水を生成する。

ニ．メタンの容器の全体をねずみ色に塗色した。

　　⑴　イ、ロ　　　⑵　イ、ハ　　　⑶　ロ、ニ　　　⑷　イ、ハ、ニ　　　⑸　イ、ロ、ハ

［正解］⑷　イ、ハ、ニ

［解説］

イ・・・○　設問のとおり。二酸化炭素は、石油、石炭、木材などが燃焼するときや動物の呼吸、有機物の腐敗、発酵に伴って発生する。（テキスト173頁参照）

ロ・・・×　高温では、他の元素と直接化合し、また、多くの金属とも化合して窒化物を作る。（テキスト170頁参照）

ハ・・・○　設問のとおり。水素は燃焼するとほとんど無色の炎なので、日中の屋外では全く炎が見えないといえる。また、水素の分子式はH_2で、空気中で燃焼すると酸素と反応し水を生成する（$2H_2 + O_2 \rightarrow 2H_2O$）。（テキスト141頁参照）

ニ・・・○　設問のとおり。メタンは可燃性であり、容器の塗色はねずみ色、ガスの名称の文字は赤色、「燃」の文字は赤色で明示する。（テキスト144頁参照）

問17　塩素に関する次の記述のうち正しいものはどれか。

イ．水素との等体積混合ガスは塩素爆鳴気と呼ばれ、日光を当てたり、加熱すると、爆発的に激しく化合し、塩化水素を発生する。

ロ．毒性を有するが、有機化合物とは反応しない。

ハ．水分を含む塩素には、一般のブルドン管圧力計は腐食されるので使用できない。

ニ．液化塩素の容器の全体をねずみ色に塗色した。

　　⑴　イ、ロ　　　⑵　イ、ハ　　　⑶　ハ、ニ　　　⑷　イ、ロ、ニ　　　⑸　ロ、ハ、ニ

［正解］(2) イ、ハ

［解説］

イ・・・○　設問のとおり。（テキスト146頁参照）

ロ・・・×　塩素は毒性を有し、有機化合物と反応する。有機化合物と反応すると、その成分中の水素と塩素が置換し、塩素化合物と塩化水素を生成して発熱する。発熱反応により災害の原因になることがある。（テキスト146頁参照）

ハ・・・○　設問のとおり。水分を含む塩素は、常温でも多くの金属を腐食するので、一般のブルドン管圧力計は使用できない。隔膜式圧力計がよい。（テキスト147頁参照）

ニ・・・×　液化塩素の容器の塗色は黄色、ガスの名称の文字は白色、「毒」の文字は黒色で明示する。（テキスト146頁参照）

問18　アンモニアに関する次の記述のうち正しいものはどれか。

イ．貯蔵庫内にガス漏えい検知警報設備のガス検出部を設置するときは、一般的に天井部に設置する。

ロ．容器は白色、ガスの名称の文字は黒色で明示する。

ハ．容器にガス名を刻印するため、その記号を「NH_3」とした。

ニ．用途には、冷凍機用冷媒や医薬品製造原料などがある。

　　　(1) イ、ロ　　　(2) イ、ニ　　　(3) ロ、ハ　　　(4) イ、ハ、ニ　　　(5) ロ、ハ、ニ

［正解］(4) イ、ハ、ニ

［解説］

イ・・・○　設問のとおり。アンモニアは空気より軽い気体であるので、ガス漏えい検知警報設備のガス検出部を設置するときは、一般的に天井部に設置する。（テキスト148頁参照）

ロ・・・×　容器の塗色は白色だが、ガスの名称の文字は赤色で明示する。また、「燃」の文字は赤色、「毒」の文字は黒色で明示する。（テキスト149頁参照）

ハ・・・○　設問のとおり。（テキスト216頁参照）

ニ・・・○　設問のとおり。冷凍機用冷媒や医薬品製造原料の他、化学工業用原料、冶金工業用などの用途がある。（テキスト149頁参照）

問19　特殊高圧ガスなどに関する次の記述のうち正しいものはどれか。

イ．モノシランは、燃焼するとSiO_2の粉末を生じ、白煙のように見える。

ロ．アルシンは、極めて毒性が強く、塩素との反応では塩化水素とヒ素を生成する。

ハ．モノゲルマンは、自己分解爆発性ガスである。

ニ．三フッ化窒素は、非常に強い支燃性を有し、酸化力の強さは酸素と同程度、高温では酸素以上と考える必要がある。

　　　(1) イ、ロ　　　(2) ハ、ニ　　　(3) イ、ロ、ハ

　　　(4) ロ、ハ、ニ　　　(5) イ、ロ、ハ、ニ

［正解］⑸　イ、ロ、ハ、ニ

［解説］

イ・・・○　設問のとおり。モノシランは、燃焼するとSiO_2（二酸化ケイ素）の粉末を生じる。SiO_2は白煙のように見える。（テキスト155頁参照）

ロ・・・○　設問のとおり。アルシンの許容濃度は、0.005ppmと極めて毒性が強く、塩素と激しく反応し、塩化水素とヒ素を生成する。（テキスト157頁参照）

ハ・・・○　設問のとおり。モノゲルマンは、自己分解爆発性ガスであり、取扱いには十分な注意が必要である。（テキスト159頁参照）

ニ・・・○　設問のとおり。三フッ化窒素は、非常に強い支燃性である。また。毒性ガスで、空気に比べ非常に重いガスである。（テキスト164参照）

問20　ガスに関する次の記述のうち正しいものはどれか。

イ．硫化水素は、無色で腐卵臭のあるガスで火山の噴出ガス中にも存在する。

ロ．クロロフルオロカーボンは、大気中に放出されてもほとんど分解せず、オゾン層の破壊に大きく影響している。

ハ．液石則の適用を受けるLPガスは、炭素数3のプロパン等または炭素数4のブタン等の炭化水素を主成分とするものである。

ニ．亜酸化窒素には、鎮痛・麻酔作用がある。

　　　⑴　イ、ロ　　　⑵　イ、ロ、ハ　　　⑶　イ、ハ、ニ

　　　⑷　ロ、ハ、ニ　　　⑸　イ、ロ、ハ、ニ

［正解］⑸　イ、ロ、ハ、ニ

［解説］

イ・・・○　設問のとおり。硫化水素は、無色で腐卵臭のあるガスで、空気よりわずかに重い気体である。また、火山の噴出ガス中にも存在し、石油、石炭などにも含まれている。（テキスト183、184頁参照）

ロ・・・○　設問のとおり。クロロフルオロカーボンはオゾン層の破壊に大きく影響していることが明らかになったため、先進国では1996年に製造が廃止された。（テキスト175頁参照）

ハ・・・○　設問のとおり。（テキスト177頁参照）

ニ・・・○　設問のとおり。亜酸化窒素には、鎮痛・麻酔作用があり、吸うと顔の筋肉がけいれんして、笑ったような顔になるので笑気ガスともいわれる。（テキスト11頁参照）

令和2年度

講 習 検 定 問 題

（令和2年10月8日実施）

　解説中の「テキスト」とは、高圧ガス保安協会発行「第一種販売講習テキスト　改訂版」のことである。

　次の各問について、正しいと思われる最も適切な答をその問の下に掲げてある(1)、(2)、(3)、(4)、(5)の選択肢の中から1個選びなさい。

問1　次のガスのうち、標準状態において、同一体積の空気より軽いガスはどれか。

イ．酸素

ロ．窒素

ハ．一酸化炭素

ニ．アセチレン

ホ．二酸化炭素

　　(1) イ、ロ、ハ　　　(2) イ、ロ、ホ　　　(3) イ、ニ、ホ

　　(4) ロ、ハ、ニ　　　(5) ハ、ニ、ホ

［正解］(4) ロ、ハ、ニ

［解説］

それぞれのガスの分子量は次のとおり。

	分子式	分子量
イ. 酸素	O_2	$16 \times 2 = 32$
ロ. 窒素	N_2	$14 \times 2 = 28$
ハ. 一酸化炭素	CO	$12 \times 1 + 16 \times 1 = 28$
ニ. アセチレン	C_2H_2	$12 \times 2 + 1 \times 2 = 26$
ホ. 二酸化炭素	CO_2	$12 \times 1 + 16 \times 2 = 44$

空気の平均分子量29.0と比較すると、窒素、一酸化炭素、アセチレンが空気より軽いガスである。よって、正解は(4) ロ、ハ、ニである。（テキスト8・169頁参照）

問2　次の記述のうち正しいものはどれか。

イ．ブタンの分子量は、空気の平均分子量より大きい。

ロ．塩素（Cl_2）は、単体である。

ハ．メタンの分子量は、アンモニアの分子量より大きい。

ニ．プロパンの分子量と二酸化炭素の分子量を整数で表せば、いずれも44である。

　　(1) イ、ロ　　(2) イ、ハ　　(3) ロ、ハ　　(4) ハ、ニ　　(5) イ、ロ、ニ

[正解] (5) イ、ロ、ニ

[解説]

イ…○ 設問のとおり。ブタン（C_4H_{10}）の分子量は、$12 \times 4 + 1 \times 10 = 58$であり、空気の平均分子量29.0より大きい。（テキスト8・169頁参照）

ロ…○ 設問のとおり。塩素は単一の元素からなる物質であり、2つの原子で構成される。（テキスト8頁参照）

ハ…× メタン（CH_4）の分子量は、$12 \times 1 + 1 \times 4 = 16$、アンモニア（$NH_3$）の分子量は、$14 \times 1 + 1 \times 3 = 17$であり、メタンの方が小さい。（テキスト8頁参照）

ニ…○ 設問のとおり。プロパン（C_3H_8）の分子量は、$12 \times 3 + 1 \times 8 = 44$、二酸化炭素（$CO_2$）の分子量は、$12 \times 1 + 16 \times 2 = 44$であり、整数で表すといずれも44である。（テキスト8頁参照）

問3 塩素10kgの標準状態における体積はおよそいくらか。ただし、塩素の分子量を71とし、アボガドロの法則を用いて計算せよ。

(1) 0.3 ㎥　　(2) 1.6 ㎥　　(3) 3.2 ㎥　　(4) 6.4 ㎥　　(5) 32 ㎥

[正解] (3) 3.2 ㎥

[解説]

すべての気体1molは、標準状態において、22.4Lの体積を占める。（テキスト9頁：アボガドロの法則）また、物質1molの質量（g/mol）は、その分子量と同じとなる。（テキスト9頁）

よって、10kg（＝ 10000g）の塩素は、$10000 \div 71 ≒ 140.8$molになる。

また、塩素1molは標準状態において22.4Lであるから、140.8molの塩素は

$140.8 \times 22.4 = 3153$L ≒ 3.2㎥

よって、正解は(3) 3.2 ㎥である。

問4 内容積47Lの容器に、温度15℃、圧力12MPa（絶対圧力）の窒素ガスが充てんされている。この窒素ガスの温度が40℃に上昇したとき、容器内の圧力はおよそ何MPa（絶対圧力）になるか。ただし、窒素は理想気体として計算せよ。また、容器の内容積は変わらないものとする。

(1) 12 MPa　　(2) 13 MPa　　(3) 14 MPa　　(4) 15 MPa　　(5) 16 MPa

[正解] (2) 13 MPa

[解説]

ボイル－シャルルの法則 $p_1 \cdot V_1/T_1 = p_2 \cdot V_2/T_2$により求める。（テキスト14頁参照）

容器の内容積は変わらないので、$V_1 = V_2$である。

15℃（T_1）のときの絶対圧力12MPaをp_1、40℃（T_2）のときの絶対圧力をp_2とすると、$T_1 = 15 + 273 = 288$K、$T_2 = 40 + 273 = 313$Kであるから、

$12 \times V_1/288 = p_2 \times V_1/313$

∴ $p_2 = 12 \times 313 \div 288 ≒ 13.0$MPa（絶対圧力）

よって、正解は(2) 13 MPaである。

問5　次の記述のうち正しいものはどれか。
イ．液体の沸点は、液面に加えられる圧力が高くなるほど高くなる。
ロ．ゲージ圧力と絶対圧力の間には次の関係がある。
　　　　　ゲージ圧力＝絶対圧力＋大気圧
ハ．絶対温度105 Kは、セルシウス（セ氏）温度でおよそ－168℃である。
ニ．SI単位では熱量の単位としてジュール（J）が用いられ、1 Jは1 N・mである。
　　　(1) イ、ハ　　　(2) イ、ニ　　　(3) ロ、ハ　　　(4) ロ、ニ　　　(5) イ、ハ、ニ

［正解］(5) イ、ハ、ニ
［解説］
イ…〇　設問のとおり。液体に圧力が加わるとその液体は沸騰しにくくなり、沸点は高くなる。（テキスト19頁参照）
ロ…×　ゲージ圧力は、絶対圧力から大気圧を差し引いた圧力であり、次の関係がある。
　　　　　ゲージ圧力＝絶対圧力－大気圧　　　　　　　　（テキスト11頁参照）
ハ…〇　設問のとおり。セルシウス度と絶対温度には次の関係がある。
　　　　絶対温度（K）＝ セルシウス温度（℃）＋273　　　　（テキスト12頁参照）
　　よって、絶対温度105 Kは105 － 273 ＝ －168で、セルシウス度で－168℃である。
ニ…〇　設問のとおり。熱量1 Jは、1 Nの力で物体を1 m動かすときの仕事の大きさに等しく、1 J＝1 N・mで表せる。（テキスト12頁参照）

問6　燃焼と爆発に関する次の記述のうち正しいものはどれか。
イ．可燃性ガスが酸素と混合した場合の爆発範囲は、空気と混合した場合の爆発範囲に比べて狭くなる。
ロ．爆発の中でも火炎の伝ぱ速度がそのガスの中の音速よりも大きくなるものを、爆ごうという。
ハ．モノシラン、ジシランのように発火点が常温以下のガスは、常温の空気中に流出すると直ちに発火する性質がある。
ニ．空気中、0.1013 MPa（絶対圧力）、常温において、水素とアセチレンの爆発範囲を比較すると、水素の爆発範囲のほうが広い。
　　　(1) イ、ハ　　　(2) イ、ニ　　　(3) ロ、ハ　　　(4) ロ、ニ　　　(5) ハ、ニ

［正解］(3) ロ、ハ
［解説］
イ…×　可燃性ガスは、空気中よりも酸素中の方がよく燃焼し、爆発範囲も広くなる。（テキスト24頁参照）
ロ…〇　設問のとおり。爆ごうは、爆発の中でも火炎の伝ぱ速度がそのガスの中の音速よりも大きい場合をいい、爆ごう範囲は爆発範囲より狭い。（テキスト22頁参照）

ハ…〇　設問のとおり。発火点（発火温度）が常温以下のモノシランやジシランは、大気中に流出すると直ちに発火する性質がある。このようなガスを自然発火性ガスという。（テキスト23頁参照）

ニ…×　水素とアセチレンの空気中、0.1013 MPa（絶対圧力）、常温における爆発範囲は、水素＝4〜25％（範囲71％）、アセチレン＝2.5〜100％（範囲97.5％）である。（テキスト24頁の表を参照）よって、爆発範囲が広いのはアセチレンである。

問7　直径50 mmの丸棒に300 kNの引張荷重をかけたとき、およそ何MPaの応力を生じるか。
　　(1) 0.153 MPa　　(2) 1.53 MPa　　(3) 15.3 MPa　　(4) 19.1 MPa　　(5) 153 MPa

［正解］(5) 153 MPa
［解説］
応力は、棒の内部の引きちぎられまいとする抵抗力（内力：F）をその断面積で割った値、つまり断面の単位面積（A）当たりの内力（σ）をいい、次のように表せる。
　　σ ＝ F/A（テキスト30頁参照）
ここで、内力FをN（ニュートン）、面積Aをmm²で表すと応力σはN/mm²（＝MPa）で表せる。丸棒の断面積Aは半径をrとすると、πr^2である。
　　F ＝ 300×10³ N
　　A ＝ πr^2 ＝ 3.14 × (50/2)² ＝ 1962.5 mm²
求める応力は
　　σ ＝ F/A ＝ 300×10³/1962.5 ≒ 153 MPa
よって、正解は(5) 153 MPaである。

問8　高圧ガス容器に関する次の記述のうち正しいものはどれか。
イ．容器はその構造上、継目なし容器、溶接容器、ろう付け容器、繊維強化プラスチック複合容器、超低温容器などに分類できる。
ロ．溶接容器は、製造後（容器検査合格後）の経過年数が6年以上20年未満のものは、外観を確認し損傷を受けてない場合、容器再検査をせずそのまま高圧ガスを充てんし使用してよい。
ハ．国産容器の生産が開始された当時の継目なし容器は、ほとんど炭素鋼で製造されていたが、最近では特殊な容器以外には炭素鋼製のものは使用されていない。
ニ．容器の塗色は、充てんするガスに応じて容規則に定められており、酸素ガスを充てんする容器の塗色の区分は黒色である。
　　　(1) イ、ロ　　　(2) イ、ニ　　　(3) ロ、ハ　　　(4) イ、ハ、ニ　　　(5) ロ、ハ、ニ

［正解］(4) イ、ハ、ニ
［解説］
イ…〇　設問のとおり。（テキスト39頁参照）

ロ…×　容器再検査の期間は容器の区分や経過年数等で規定されており、製造後の経過年数20年未満の容器も容器再検査の検査周期が設定されている。（テキスト49頁参照）

ハ…○　設問のとおり。炭素鋼は容器自体が重くなるので、最近は内容積が0.5 L以下の消火器用液化炭酸ガス容器などの特殊な容器以外には使用されていない。（テキスト41頁参照）

ニ…○　設問のとおり。なお、塗色は容器の表面積の1/2以上について行う。（テキスト47頁参照）

問9　容器の附属品（バルブ、安全弁）に関する次の記述のうち正しいものはどれか。

イ．バルブには、ガスの入り口（容器取付部）と出口（充てん口部）があり、その間に弁を開閉する機構が設けられている。その開閉機構にはパッキン式、バックシート式、ダイヤフラム式、Oリング式などがある。

ロ．容器の付属品のうちバルブについては、容器の安全を保つため、すべてのバルブに安全弁を設けなければならない。

ハ．溶栓（可溶合金、ヒューズメタル）式の安全弁は、容器の温度が規定温度に上昇した場合に、可溶合金が溶融してガスを放出する方式のものである。

ニ．バルブは、振動などによってスピンドルが緩まないようバルブのハンドルを適正な締め付けトルクで締め付けなければならないが、この締め付けトルクは、バルブの構造の違いによって異なる。
　　　⑴ イ、ロ　　⑵ イ、ハ　　⑶ ロ、ニ　　⑷ イ、ハ、ニ　　⑸ ロ、ハ、ニ

［正解］⑷ イ、ハ、ニ
［解説］

イ…○　設問のとおり。開閉操作の際の気密性を保持するバルブの開閉機構部の種類は、パッキン式、バックシート式、ダイヤフラム式、Oリング式がある。（テキスト52頁参照）

ロ…×　安全弁は、容器の破裂を防ぐ目的で装着されており、それに変わる安全装置が装着されている場合は、容器用バルブに安全弁はなくてもよい。（テキスト52頁参照）

ハ…○　設問のとおり。（テキスト53頁参照）

ニ…○　設問のとおり。バルブの構造や弁座の材質により、その接触部の気密性（ガスの止まり具合）は異なるので、締付けトルクは異なる。（テキスト56頁参照）

問10　高圧ガスの保安機器・設備等に関する次の記述のうち正しいものはどれか。

イ．アンモニア用のブルドン管圧力計のブルドン管には、銅及び銅合金を使用してはならない。

ロ．圧力調整器は、容器内の圧力の変化や機器のガス消費量の変化に対して、供給圧力を一定に保つための器具である。

ハ．アセチレン用のブルドン管圧力計のブルドン管には、銅及び銅合金（銅の含有量62%を超えるもの）を使用してはならない。

ニ．容積式流量計は、流体の流れる管内に、管の断面積より小さい絞り穴をもつ板「オリフィス板」を挿入して流量を測定するものである。

　　　(1) イ、ロ　　(2) イ、ニ　　(3) ロ、ハ　　(4) ハ、ニ　　(5) イ、ロ、ハ

［正解］(5) イ、ロ、ハ

［解説］

イ…〇　設問のとおり。アンモニアなどの腐食性の気体または液体に用いるブルドン管には、銅及び銅合金、アルミニウムおよびアルミニウム合金を使用したものを用いない。（テキスト68・149頁参照）

ロ…〇　設問のとおり。圧力調整器は、容器内の高圧ガスを使用する機器に必要とする適正圧力まで減圧し、容器内の圧力の変化や機器のガス消費量の変化に対して、供給圧力を一定に保つための器具である。（テキスト57頁参照）

ハ…〇　設問のとおり。アセチレンは銅、銀などの金属と反応して爆発性化合物であるアセチリドを生成するため、アセチレン用の圧力計などには、銅及び銅合金（銅の含有量62%を超えるもの）を使用することは禁じられている。（テキスト68・137頁参照）

ニ…✕　容積式流量計は、一定時間内に一定容積空間の「升」で何回流体を送り出したかを積算して全流量を示す積算流量計である。設問の記述は、差圧式流量計のオリフィスメータの内容である。（テキスト73頁参照）

問11　高圧ガスの販売、貯蔵に関する次の記述のうち正しいものはどれか。

イ．高圧ガスの貯蔵をせずに伝票のみにより販売するときは、販売するガスの種類、容器の内容積、用途にかかわらず販売の事業の届出は必要ない。

ロ．販売事業の届出をしていれば、販売する高圧ガスの種類を変更しても変更の届出はしなくてよい。

ハ．SDS（安全データシート）の配布が法で規定されている高圧ガスについては、新規販売時などにその高圧ガスのSDSを配布する。

ニ．販売業者が設ける容器置場であって、第一種ガスの圧縮ガスを3000㎥以上貯蔵する場合は、第一種貯蔵所の許可が必要である。

　　　(1) イ、ロ　　(2) イ、ハ　　(3) ロ、ニ　　(4) ハ、ニ　　(5) イ、ロ、ニ

［正解］(4) ハ、ニ

［解説］

イ…✕　伝票のみの高圧ガスの販売であっても販売するガスの種類、容器の内容積、用途によっては、販売事業の届出が必要である。（テキスト79・81頁参照）

ロ…✕　販売する高圧ガスの種類を変更したときは、都道府県知事に遅滞なく届け出なければならない。（テキスト81頁参照）

ハ…○　設問のとおり。SDSは、労働安全衛生法等により多くの毒性ガスやフルオロ
　　カーボン系の高圧ガスが配布義務の対象となっており、新規販売時およびSDS更新
　　時に配布する。なお、法対象以外の高圧ガスも販売先への安全指導の一環として配
　　布が行われている。（テキスト86頁参照）
ニ…○　設問のとおり。高圧ガスの貯蔵は、販売の規制としてではなく貯蔵の規制と
　　して基準が定められており、第一種ガスの圧縮ガスを3000 ㎥以上貯蔵する場合は、
　　第一種貯蔵所の許可が必要である。（テキスト96頁参照）

問12　高圧ガスの移動に関する次の記述のうち正しいものはどれか。
イ．支燃性の酸素と可燃性のアセチレンは、同一の車両に積載して移動してはならな
　　い。
ロ．特殊高圧ガスを運送する際に、運転室と荷物室の空間が完全に遮断されている構
　　造の車両を使用した。
ハ．可燃性かつ毒性ガスの高圧ガスを移動する際には、消火器、イエロー・カード、
　　資材、薬剤および工具のほか、保護具などを携行する。
ニ．液化炭酸ガスを充てんした継目なし容器を、車両に横積みして移動した。
　　　⑴　イ、ロ　　　⑵　イ、ニ　　　⑶　ロ、ハ　　　⑷　イ、ハ、ニ　　　⑸　ロ、ハ、ニ

　［正解］⑸　ロ、ハ、ニ
　［解説］
イ…×　可燃性ガスと酸素の充てん容器等は、同一の車両に積載してもよい。ただ
　　し、可燃性ガス容器と酸素容器のバルブの充てん口は相互に向き合わないようにす
　　る。（テキスト111頁参照）
ロ…○　設問のとおり。防護コンテナを用いる場合以外は、特殊高圧ガスを運送する
　　際に、運転室と荷物室の空間が完全に遮断されている構造の車両を使用する。（テ
　　キスト111頁参照）
ハ…○　設問のとおり。可燃性かつ毒性ガスを移動するときには、イエロー・カード、
　　保護具、資材、薬剤、工具などの携行が義務づけられている。（テキスト102・105
　　〜107頁参照）
ニ…○　設問のとおり。圧縮酸素や圧縮アルゴンなどと同じ継目なし容器に入ってい
　　る液化炭酸ガスは、液化ガスだが横積みが認められている。（テキスト109頁参照）

問13　消費と廃棄に関する次の記述のうち正しいものはどれか。
イ．純度98％以上で着色をしていないシアン化水素は、容器に充てんしたのち60日
　　を超えて消費しないこと。
ロ．高圧ガスの消費設備は、使用開始時および使用終了時に消費施設の異常の有無を
　　点検するほか、1日に1回以上消費設備の作動状況について点検する。
ハ．高圧ガス容器を若干の残圧（0.1MPa程度以上）を残した状態で販売業者へ返却した。
ニ．可燃性ガスを廃棄する場合は、容器内の残ガスをみだりに放出せず、圧力を残し
　　たまま、容器と共に廃棄する。

(1) イ、ロ　　　(2) イ、ニ　　　(3) ハ、ニ　　　(4) ロ、ハ　　　(5) ロ、ハ、ニ

［正解］(4) ロ、ハ
［解説］
イ…×　シアン化水素の消費は、容器に充てんしたのち60日を超えないものとする
　　が、純度98％以上で着色をしていないものについては、この限りではない。（テキ
　　スト123頁参照）
ロ…○　設問のとおり。高圧ガスの消費設備は使用開始時、終了時のほか、1日に1
　　回以上消費設備の作動状況について点検し、異常のあるときは、補修その他の危険
　　を防止する措置を講じる。（テキスト124頁参照）
ハ…○　設問のとおり。容器は残圧を残したまま販売事業者に返却する。（テキスト
　　125頁参照）
ニ…×　ガスを充てんした容器を廃棄すると容器内のガス漏れなどで外部に危害を
　　及ぼすのでガスを放出して容器を廃棄する。（テキスト125頁参照）

問14　高圧ガスの取扱いに関する次の記述のうち正しいものはどれか。
イ．可搬式超低温容器は、衝撃を与えたり、落下、転倒させたりしたものは真空が破
　　壊されているおそれがあるので、高圧ガス製造事業者などに連絡する。
ロ．液化窒素を取り扱うとき、専用の革手袋や保護めがねを使用した。
ハ．圧縮ガスを消費する際に、圧力のかかった配管の継手部分から漏えいがあった場
　　合は、そのまま増し締めをする。
ニ．一般的に酸素を用いる設備の気密試験には、酸素を用いる。
　　　(1) イ、ロ　　　(2) イ、ニ　　　(3) ロ、ハ　　　(4) ハ、ニ　　　(5) ロ、ハ、ニ

［正解］(1) イ、ロ
［解説］
イ…○　設問のとおり。二重殻構造の可搬式超低温容器は、外槽と内槽の間は真空に
　　してあり、外槽は外圧である大気圧に耐えられるだけの強度を持たせてあるため、
　　肉厚は薄い。落下、転倒させた場合は、真空が破壊されているおそれがあるので使
　　用せずに高圧ガス製造事業者などに連絡する。（テキスト130頁参照）
ロ…○　設問のとおり。低温の液化ガスを取り扱う際には、直接手を触れないよう専
　　用の革手袋を着用したり、保護めがねを着用する。素手で直接、低温の液化ガスに
　　触れると凍傷になる。（テキスト130頁参照）
ハ…×　圧力がかかったまま増し締めを行うと、思わぬ事故が発生するので大気圧
　　まで圧力を下げて作業を行なう。（テキスト130頁参照）
ニ…×　酸素は使用目的にのみ使用し、気密試験や内部清掃（吹かし）に使用する
　　などしてはならない。可燃性ガス、毒性ガスも同様である。（テキスト128頁参照）

問15　酸素に関する次の記述のうち正しいものはどれか。

イ．化学的に非常に活性な元素で、空気中では燃焼しない物質でも、酸素中では燃焼することがある。

ロ．酸素の濃度が高くなると、一般的に物質の燃焼速度は大きくなり、発火温度は高くなる。

ハ．ほとんどの化合物と直接化合して酸化物を作る。

ニ．酸素の容器および容器弁に油脂類を付着させたり、油脂類の付着した手や手袋で取り扱ってはならない。

　　　(1) イ、ニ　　　(2) イ、ロ、ハ　　　(3) イ、ハ、ニ

　　　(4) ロ、ハ、ニ　　　(5) イ、ロ、ハ、ニ

［正解］(3) イ、ハ、ニ

［解説］

イ…〇　設問のとおり。例えば、鉄片は空気中では燃焼しないが、赤熱した鉄片は酸素中では燃焼する。（テキスト133頁参照）

ロ…×　酸素濃度が高くなると、物質の燃焼速度は大きくなり、発火温度は低くなる。なお、火炎の温度は上がる。（テキスト133頁参照）

ハ…〇　設問のとおり。（テキスト134頁参照）

ニ…〇　設問のとおり。油脂類が残っていると発火の原因となるので、油脂類が付着しているときは溶剤などで洗浄し、乾燥してから使用する。（テキスト135頁参照）

問16　水を注ぐとアセチレンガスが発生する物質はどれか。

イ．炭化カルシウム（カーバイド）

ロ．メタン

ハ．塩素

ニ．シアン化水素

　　　(1) イ　　　(2) ロ　　　(3) ハ　　　(4) ニ　　　(5) イ、ニ

［正解］(1) イ

［解説］

水（H_2O）を注ぐと、アセチレンガス（C_2H_2）が発生するのは、炭化カルシウム（カーバイド：CaC_2）である。（テキスト136頁参照）

$$CaC_2 + 2H_2O \rightarrow Ca(OH)_2 + C_2H_2$$

問17　塩素に関する次の記述のうち正しいものはどれか。

イ．塩素と水素の等体積混合ガスは塩素爆鳴気と呼ばれ、日光を当てたり、加熱すると、爆発的に激しく化合し、塩化水素を生成する。

ロ．除害剤として、カセイソーダ水溶液のようなアルカリ性水溶液などが用いられる。

ハ．水分を含む塩素は、常温でもチタンと激しく反応し腐食する。

ニ．水道水の殺菌に使用されている。

(1) イ、ロ　　(2) イ、ロ、ニ　　(3) イ、ハ、ニ

(4) ロ、ハ、ニ　　(5) イ、ロ、ハ、ニ

［正解］(2) イ、ロ、ニ

［解説］

イ…○　設問のとおり。塩素爆鳴気の爆発下限界は水素濃度で4 vol%とされている。（テキスト146頁参照）

ロ…○　設問のとおり。塩素の除害にはカセイソーダ（水酸化ナトリウム）や炭酸ソーダ（炭酸ナトリウム）水溶液などのアルカリ性水溶液が用いられる。（テキスト146頁参照）

ハ…×　水分を含む塩素は、常温で多くの金属を腐食するが、チタンは腐食されにくい。ただし、水分を含まない塩素とは常温でも激しく反応し腐食される。（テキスト146頁参照）

ニ…○　設問のとおり。塩素は水道水の滅菌や塩化ビニルや有機溶剤の製造に使用される。（テキスト145・146頁参照）

問18　可燃性・毒性ガスに関する次の記述のうち正しいものはどれか。

イ．アンモニアは水によく溶解するが、ハロゲンや強酸とは反応しない。

ロ．アンモニアは、二酸化炭素と接触するとアンモニウムカーバメート（水の存在下で炭酸アンモニウム）の結晶を生成するので、アンモニア装置のガス置換に二酸化炭素は使用しない。

ハ．シアン化水素は、無色で特有なアーモンドのようなにおいがある。

ニ．アンモニアの容器のガスの名称の文字は赤色、「燃」文字は黒色、「毒」の文字は赤色で明示する。

(1) イ、ロ　　(2) ロ、ハ　　(3) ハ、ニ　　(4) イ、ロ、ハ　　(5) ロ、ハ、ニ

［正解］(2) ロ、ハ

［解説］

イ…×　アンモニアは、ハロゲンや強酸と接触すると激しく反応し、爆発・飛散することがある。（テキスト148頁参照）

ロ…○　設問のとおり。アンモニアは二酸化炭素と接触すると反応し、アンモニウムカーバメートの結晶を生成するので、二酸化炭素はアンモニア装置の置換用ガスとして使用できない。（テキスト148頁参照）

ハ…○　設問のとおり。シアン化水素は、無色で特有なアーモンドのようなにおいがあり、沸点以下の常温、常圧では液体である。（テキスト152頁参照）

ニ…×　アンモニアの容器の塗色は白色で、ガスの名称の文字および「燃」の文字は赤色、「毒」の文字は黒色で明示する。（テキスト149頁参照）

問19　特殊高圧ガス，五フッ化ヒ素等に関する次の記述のうち正しいものはどれか。

イ．一般則で定義されている特殊高圧ガスは、モノシラン、ホスフィンなどを含め6種類である。

ロ．ジボランは室温でゆっくり分解し、水素と高級ボラン化合物を生成する。

ハ．特殊高圧ガスは、ガスの種類に関係なく同一の最大充てん量（容器単位容積当たりの充てん質量）が規定されている。

ニ．三フッ化窒素は、非常に強い支燃性を有し、酸化力は酸素と同程度、高温では酸素以上と考える必要がある。

　　　⑴　イ、ハ　　　⑵　イ、ニ　　　⑶　ロ、ニ　　　⑷　イ、ロ、ニ　　　⑸　ロ、ハ、ニ

［正解］⑶　ロ、ニ

［解説］

イ…×　モノシラン、ホスフィン、アルシン、ジボラン、モノゲルマン、ジシランおよびセレン化水素の7種類が特殊高圧ガスとして定義されている。（テキスト154頁参照）

ロ…○　設問のとおり。ジボランは、常温でゆっくり分解し、水素と高級ボラン化合物を生成する。（テキスト159頁参照）

ハ…×　平成26年7月14日付経済産業省内規により、特殊高圧ガスの最大充てん量はそれぞれ個別に定められている。（テキスト93頁参照）

ニ…○　設問のとおり。三フッ化窒素は、非常に強い支燃性である。また。毒性ガスで、空気に比べ非常に重いガスである。（テキスト164頁参照）

問20　次の記述のうち正しいものはどれか。

イ．二酸化炭素を狭い室内で消費するときは、酸素欠乏を起こさないように部屋の喚起に注意する必要がある。

ロ．アルゴン、ネオン、クリプトンは希ガスに属し、空気中に少量含まれている。

ハ．フルオロカーボンは、冷媒として広く利用されているが、オゾン層の破壊や地球温暖化への影響があるものがあるので、環境への配慮が必要である。

ニ．二酸化硫黄（亜硫酸ガス）は、無色の空気より軽いガスである。

　　　⑴　イ、ロ　　　⑵　ハ、ニ　　　⑶　イ、ロ、ハ
　　　⑷　ロ、ハ、ニ　　　⑸　イ、ロ、ハ、ニ

［正解］⑶　イ、ロ、ハ

［解説］

イ…○　設問のとおり。二酸化炭素は無色、無臭、不燃性のガスで、毒性ガスではないが、単純窒息性を有し、空気中での濃度が10％以上になると意識不明になり、やがて死亡する。（テキスト173頁参照）

ロ…○　設問のとおり。周期表の右端を占める気体元素を希ガスと総称し、アルゴン、ネオン、クリプトンが含まれる。空気中には少量含まれている。（テキスト171・173頁参照）

ハ…〇　設問のとおり。主に冷媒で利用されているフルオロカーボンは、大気中の寿命が長いものがあり、地球温暖化に影響を及ぼすので、回収利用したり、使用量を削減するなど、環境に配慮した利用法が求められる。（テキスト175頁参照）

ニ…×　二酸化硫黄は無色の強い刺激臭のある気体で、空気より重い。（テキスト186頁参照）

令和3年度

講 習 検 定 問 題

(令和3年6月25日実施)

　解説中の「テキスト」とは、高圧ガス保安協会発行「第一種販売講習テキスト　改訂版」のことである。
　次の各問について、正しいと思われる最も適切な答をその問の下に掲げてある(1)、(2)、(3)、(4)、(5)の選択肢の中から1個選びなさい。

問1　分子量などに関する次の記述のうち正しいものはどれか。
イ．プロパンの分子量と二酸化炭素の分子量を整数で表すと、同じ値である。
ロ．酸素の原子量は、炭素の原子量のおよそ16/12倍である。
ハ．二酸化炭素のように2種類以上の元素からできている物質は、化合物である。
ニ．空気の平均分子量は、酸素の分子量より大きい。
　　(1) イ、ハ　　(2) イ、ニ　　(3) ロ、ニ　　(4) イ、ロ、ハ　　(5) ロ、ハ、ニ

　[正解] (4) イ、ロ、ハ
　[解説]
イ…○　設問のとおり。プロパン（C_3H_8）の分子量は、$12×3＋1×8＝44$、二酸化炭素（CO_2）の分子量は、$12×1＋16×2＝44$であり、整数で表すといずれも44である。
　（テキスト8頁参照）
ロ…○　設問のとおり。炭素の原子量を12としたとき、酸素の原子量は16であるので、酸素原子の質量は炭素原子の質量のおよそ 16/12 倍である。（テキスト7頁参照）
ハ…○　設問のとおり。化合物に対し、単一の元素からなる物質を単体という。
　（テキスト7頁参照）
ニ…×　酸素（O_2）の分子量は32、空気の平均分子量は29であり、酸素の分子量のほうが大きい。（テキスト8、169頁参照）

問2　単位などに関する次の記述のうち正しいものはどれか。
イ．大気圧とは、大気が地球の表面に及ぼす圧力のことをいい、絶対圧力で101325Paを標準大気圧としている。
ロ．SI単位で使用されている圧力の単位はパスカル（Pa）で、1Paは物体の単位面積1cm²当たりに1ニュートン（N）の力が働くときの圧力を示す。
ハ．熱力学温度（絶対温度）100 Kは、セ氏温度ではおよそ−173 ℃である。
ニ．絶対圧力とは、ゲージ圧力から大気圧を引いたものである。
　　(1) イ、ロ　　(2) イ、ハ　　(3) イ、ニ　　(4) ロ、ニ　　(5) ハ、ニ

　[正解] (2) イ、ハ

［解説］

イ…〇　設問のとおり。一般に標準大気圧は、0.1013 MPaとして使用してもよい。（テキスト11頁参照）

ロ…×　1 Paは物体の単位面積1 ㎡当たりに1 Nの力が働くときの圧力を表す。

1 Pa ＝ 1 N/㎡（テキスト10頁参照）

ハ…〇　設問のとおり。絶対温度T（K）とセ氏温度t（℃）との間には次の関係がある。

$T = t + 273.15$

したがって、絶対温度 100 Kは、100－273.15 ＝－173.15となり、セ氏温度でおよそ－173 ℃である。（テキスト12頁参照）

ニ…×　絶対圧力とは、ゲージ圧力に大気圧を加えた圧力である。（テキスト11頁参照）

問3　二酸化炭素4.0 kgの標準状態における体積はおよそいくらか。ただし、二酸化炭素の分子量を44とし、理想気体として計算せよ。
    (1) 1.0㎥　　(2) 1.5㎥　　(3) 2.0㎥　　(4) 2.5㎥　　(5) 3.0㎥

［正解］(3) 2.0㎥

［解説］

「すべての気体1 molは、標準状態において、22.4 Lの体積を占める。」（テキスト9頁：アボガドロの法則）また、物質1 molの質量（g）は、その分子量と同じとなる。（テキスト9頁）

4.0 kg（＝4000 g）の二酸化炭素は、4000 ÷ 44 ≒ 90.9 molになる。

また、理想気体1 molは標準状態において22.4 Lであるから、90.9 molの二酸化炭素は

90.9 × 22.4 ＝ 2036 L ≒ 2.0㎥

したがって、正解は(3) 2.0㎥である。

問4　内容積43 Lの真空の容器に窒素5.6 kgを充てんすると、その圧力は0℃でおよそ何MPa（絶対圧力）になるか。ただし、窒素の分子量は28とし、理想気体として計算せよ。
    (1) 6.5 MPa　　(2) 8.5 MPa　　(3) 10.6 MPa　　(4) 12.5 MPa　　(5) 14.5 MPa

［正解］(3) 10.6 MPa

［解説］

まず、窒素5.6 kg（＝5600 g）の標準状態（0℃、0.1013 MPa）における体積を求める。

「すべての気体1モル（mol）は、標準状態において、22.4 Lの体積を占める。」（テキスト9頁：アボガドロの法則）また、物質1モル（mol）の質量（g）は、その分子量と同じ数値となる。（テキスト9頁）

窒素の分子量は28であるから、窒素 5600 gは　5600 ÷ 28 ＝ 200 molである。

1 molは標準状態において22.4 Lであるから、200 molは200 × 22.4 ＝ 4480 Lである。次に、容器内の圧力をボイルの法則 $p_1 \cdot V_1 ＝ p_2 \cdot V_2$ により求める（テキスト13頁参照）。なお、この式での圧力p_1、p_2は絶対圧力である。

標準状態で4480 Lの水素が容積 43 Lの容器に充てんされているので、p_1を0.1013 MPa（絶対圧力）としたとき、V_1は4480L、V_2は43 L。それぞれの値を式に入れると

0.1013 MPa × 4480 L ＝ p_2 × 43 L

∴p_2 ＝0.1013 × 4480 ÷ 43 ＝ 10.55 MPa （絶対圧力）

したがって、正解は(3) 10.6 MPaである。

問5　液化ガスなどに関する次の記述のうち正しいものはどれか。

イ．液化ガスの沸点は、液面に加わる圧力が高くなると高くなる。

ロ．大気圧下では、二酸化炭素は液体にすることができず、沸点をもたない。

ハ．ガスを圧縮して液化する場合は、臨界温度以下でなければならない。

ニ．液化ガスが温度一定で、状態変化（相変化）するときに出入りする熱量を潜熱という。

　　　(1) イ、ハ　　(2) イ、ニ　　(3) ロ、ハ　　(4) ロ、ニ　　(5) イ、ロ、ハ、ニ

［正解］(5) イ、ロ、ハ、ニ

［解説］

イ…○　設問のとおり。液体に圧力が加わるとその液体は沸騰しにくくなり、沸点は高くなる。（テキスト19頁参照）

ロ…○　設問のとおり。二酸化炭素は、三重点（－56.6 ℃、0.53 MPa）以上で液化するが、大気圧（0.1013 MPa）ではいくら温度を下げても液化しないし沸点ももたない。（テキスト20頁参照）

ハ…○　設問のとおり。温度が臨界温度より高い場合には、いくら圧力を加えても液化しない。（テキスト19頁参照）

ニ…○　設問のとおり。状態変化（相変化）に伴って出入りする熱量は総称して潜熱という。状態変化せずに温度が変化するときの熱量は顕熱という。（テキスト19頁参照）

問6　燃焼、爆発に関する次の記述のうち正しいものはどれか。

イ．水素、アセチレン、プロパンの単位体積（0.1013 MPa、25 ℃）当たりの総発熱量を比較すると、水素が最も小さく、アセチレンが最も大きい。

ロ．アセチレンは空気と混合しなくても分解爆発が起こりうるので、爆発上限界（空気中、大気圧、常温）は100 vol％である。

ハ．爆発の中でも火炎の伝ぱ速度が音速よりも小さくなるものを爆ごうという。

ニ．発火点とは、可燃性ガスと空気の混合ガスを一様に加熱した時に、この混合ガスが自然に燃え始める温度である。

　　　(1) イ、ロ　　(2) イ、ハ　　(3) ロ、ハ　　(4) ロ、ニ　　(5) ロ、ハ、ニ

［正解］(4) ロ、ニ

［解説］

イ…×　各ガスの単位体積（0.1013 MPa、25 ℃）当たりの総発熱量は、水素は13 MJ/㎥、アセチレンは58 MJ/㎥、プロパンは99 MJ/㎥で、水素が最も小さく、プロパンが最も大きい。（テキスト23頁　表2.5参照）

ロ…○　設問のとおり。アセチレンは分解爆発性ガスである。（テキスト22頁参照）アセチレンは温度などの条件によって大気圧下でも分解爆発を起こすので、爆発範囲の上限は100 vol％である。（テキスト136頁参照）

ハ…×　爆ごうは、爆発の中でも火炎の伝ぱ速度がそのガスの中の音速よりも大きい場合をいう。（テキスト22頁参照）

ニ…○　設問のとおり。可燃性ガスと空気の混合ガスを一様に加熱したときに、この混合ガスが自然に燃え始める温度を発火点または発火温度という。（テキスト23頁参照）

問7　金属材料に関連する記述のうち正しいものはどれか。

イ．材料は外力の大きさに応じて変形し、ある範囲を超えた外力に対しては外力を取り除いたとき、変形の一部は元に復するが、なお変形が残り完全に原形に戻らないことがあり、このような性質を塑性という。

ロ．機械を設計する場合、各部分の材料に生じる最大応力が一定の制限を超えないように設計しなければならない。この制限の応力を許容応力という。

ハ．水分が関与した湿潤環境における腐食を湿食といい、高温ガスなどの乾燥環境における腐食を乾食という。

ニ．アセチレンは、銅・銅合金に作用し爆発性の化合物を生成するので、アセチレンの配管、バルブ、圧力計のブルドン管などには銅・銅合金（銅の含有量が62％を超えるもの）を使用してはならない。

　　(1) イ、ハ　　　(2) イ、ニ　　　(3) ロ、ハ　　　(4) ロ、ニ　　　(5) イ、ロ、ハ、ニ

［正解］(5) イ、ロ、ハ、ニ

［解説］

イ…○　設問のとおり。材料に外力をかけると変形し、その後に外力を取り除いたとき変形が残り完全に原形に戻らないことを塑性という。これに対して、外力を取り除くと変形が消失し原形に戻る性質を弾性という。（テキスト31頁参照）

ロ…○　設問のとおり。（テキスト33頁参照）

ハ…○　設問のとおり。腐食には湿食と乾食があり、水分が関与した湿潤環境における腐食を湿食といい、高温ガスなどの乾燥環境における腐食を乾食と呼んでいる。（テキスト37頁参照）

ニ…○　設問のとおり。アセチレンは、銅や銀などの金属に作用して爆発性化合物であるアセチリドを生成する。したがって、アセチレン用の配管、バルブ、圧力計のブルドン管などには、銅または銅の含有量が 62 ％を超える銅合金の使用が禁止されている。（テキスト38頁参照）

問8　高圧ガス容器に関する次の記述のうち正しいものはどれか。

イ．継目なし容器の製造方法として、継目なしの鋼管の一端をスピニング、ハンマリングなどにより閉じ、底部を整形して製造する方式をマンネスマン式という。

ロ．継目なし容器は、主に単体容器として使用されており、カードル（枠組容器）、トレーラ等（集結容器）には容器自体が重いので使用されていない。

ハ．継目なし容器の材料として、ステンレス鋼は使用されていない。

ニ．容器の塗色は充てんするガスに応じて定められており、酸素ガスを充てんする容器の塗色の区分は黒色、液化炭酸ガスを充てんする容器の塗色の区分は緑色である。

　　　⑴ イ、ロ　　　⑵ イ、ニ　　　⑶ ロ、ハ　　　⑷ イ、ハ、ニ　　　⑸ ロ、ハ、ニ

［正解］⑵ イ、ニ
［解説］

イ…○　設問のとおり。マンネスマン式は、継目なし鋼管の一端を閉じ底部を成型して製造する方式である。（テキスト40頁参照）

ロ…×　継目なし容器は、単体容器（ばら瓶）のほかにカードルに用いられる容器や集結容器に用いられる長尺容器にも使用される。（テキスト39頁参照）

ハ…×　ステンレス鋼は、半導体製造などに使用するガスの充てん用容器など、特別な用途に供する継目なし容器の材料として使用される。（テキスト41頁参照）

ニ…○　設問のとおり。なお、塗色は容器の表面積の1/2以上について行う。（テキスト47頁参照）

問9　容器の附属品（バルブ、安全弁）に関する次の記述のうち正しいものはどれか。

イ．バルブの容器取付部のねじには、テーパねじと平行ねじがある。

ロ．バルブに装着されている安全弁によりガスを放出するためには、バルブを全開にしておかなければならない。

ハ．破裂版（ラプチャディスク）式の安全弁は、容器内圧力が規定作動圧力に達したときに破裂板が破壊し、容器内のガスを放出する方式のものである。

ニ．バルブは振動などによってスピンドルが緩まないようにバルブのハンドルを適正な締付けトルクで締め付けなければならないが、この締め付けトルクは、バルブの構造などの違いによって異なる。

　　　⑴ イ、ロ　　　⑵ イ、ハ　　　⑶ ロ、ニ　　　⑷ イ、ハ、ニ　　　⑸ イ、ロ、ハ

［正解］⑷ イ、ハ、ニ
［解説］

イ…○　設問のとおり。容器取付部のねじは、テーパねじと平行ねじがある。大部分がテーパねじであり、平行ねじはアルミニウム合金の容器に使用される場合が多い。（テキスト52頁参照）

ロ…×　安全弁は、いかなる場合にも作動しなければならず、容器バルブの開閉に関係なく作動しなければならない。（テキスト51頁の図参照）

ハ…〇　設問のとおり。破裂板式安全弁は、薄板が破裂してガスが放出される安全弁である。（テキスト53頁参照）

ニ…〇　設問のとおり。バルブの構造や弁座の材質により、その接触部の気密性（ガスの止まり具合）は異なるので、締付けトルクも異なる。（テキスト56頁参照）

問10　高圧ガスの保安機器・設備等に関する次の記述のうち正しいものはどれか。

イ．酸素の消費設備に設置したガス漏えい検知警報設備の警報設定値を、酸素濃度25％とした。

ロ．酸素ガスに用いる調整器は、ガス供給側（上流側）の取付部のねじが左ねじで統一されており、可燃性ガスに用いる調整器と誤用されないようになっている。

ハ．容器に調整器を取り付ける際に、取付部の気密が損なわれないよう取付部を十分清掃してから取り付けた。

ニ．大型の低温液化ガス貯槽に差圧式液面計を設置した。

　　　⑴　イ、ロ　　　⑵　ロ、ニ　　　⑶　ハ、ニ　　　⑷　イ、ロ、ハ　　　⑸　イ、ハ、ニ

［正解］⑸　イ、ハ、ニ

［解説］

イ…〇　設問のとおり。一般則等の例示基準「ガス漏えい検知警報設備及びその設置場所」で酸素の警報設定値は25％と規定されている。（テキスト76頁参照）

ロ…×　一般に、支燃性および不燃性ガス用の圧力調整器の入口側取付部のねじは右ねじで製造されており、可燃性ガス用は左ねじになっている。支燃性である酸素用の調整器の取付部は右ねじである。（テキスト62頁参照）

ハ…〇　設問のとおり。調整器の取付部にごみなどが存在すると取付部の気密が損なわれたり、フィルタの目詰まりやシート部を損傷して気密不良（出流れ）を起こすなどの不具合の原因となる。（テキスト62頁参照）

ニ…〇　設問のとおり。差圧式液面計は、低温液化ガス貯槽の底部にかかる液化ガスの圧力を測定し、液面の高さを知るものである。（テキスト71頁参照）

問11　高圧ガスの販売、貯蔵に関する次の記述のうち正しいものはどれか。

イ．水素の容器置場の周囲2ｍ以内には、火気または引火性もしくは発火性の物を置かないようにした。

ロ．販売事業者は、使用済み容器が返却されずに放置されることのないよう、帳簿によって十分な容器管理を行わなければならない。

ハ．現物を取り扱わず、伝票のみにより高圧ガスを販売する場合は、容器授受簿は必要ない。

ニ．SDS（安全データシート）の内容を変更した際には、販売先への再配布が必要である。

　　　⑴　イ、ロ　　　⑵　イ、ハ　　　⑶　ロ、ニ　　　⑷　ハ、ニ　　　⑸　イ、ロ、ニ

［正解］⑸　イ、ロ、ニ

［解説］

イ…○　設問のとおり。不活性ガスおよび空気を除き、容器置場の周囲2m以内には、火気の使用を禁じ、かつ引火性もしくは発火性の物を置くことは禁止されている（有効に遮る措置を講じた場合は除く）。（テキスト96頁参照）

ロ…○　設問のとおり。使用済み容器が返却されずに放置されることのないよう販売業者は消費者に対して貸与物件である容器について啓発するとともに、容器授受簿により管理する。（テキスト84頁参照）

ハ…×　伝票のみの高圧ガスの販売であっても販売するガスの種類、容器の内容積、用途によっては、販売事業の届出が必要であり、販売業者は容器授受簿が必要である。（テキスト79・83頁参照）

ニ…○　設問のとおり。SDSは、労働安全衛生法などにより多くの毒性ガスやフルオロカーボン系の高圧ガスが配布義務の対象となっており、新規販売時およびSDSの更新時に配布する。なお、法対象以外の高圧ガスも販売先への安全指導の一環として配布が行われている。（テキスト86頁参照）

問12　高圧ガスの移動に関する次の記述のうち正しいものはどれか。

イ．特殊高圧ガスの10L充てん容器1本を移動する場合には、移動監視者の監視（乗務）は不要である。

ロ．充てん容器等を車両に積載、または荷下ろしする際に、充てん容器等が衝撃を受けないようゴム製マットの上で行った。

ハ．プロテクタのない充てん容器等を移動する際、充てん容器等の転落、転倒などを防止する措置として、容器にキャップを施して行った。

ニ．可燃性ガスの高圧ガスを移動するときは、特に定める場合を除きイエロー・カードを運転者に交付し、移動中携帯させ、これを遵守させなければならない。

　　⑴ イ、ロ　　　⑵ イ、ニ　　　⑶ ロ、ハ　　　⑷ ロ、ハ、ニ　　　⑸ イ、ロ、ハ

［正解］⑷ ロ、ハ、ニ

［解説］

イ…×　特殊高圧ガスは数量に関係なく、車両に積載して移動するときは、移動監視者の資格を有する者が運転するか、同乗させなければならない。（テキスト101頁参照）

ロ…○　設問のとおり。充てん容器等の車両への積載または荷おろしは、ゴム製マットなどの衝撃を緩和するものの上で行うなどの措置を講じる。（テキスト109頁参照）

ハ…○　設問のとおり。プロテクタのない容器にキャップをつけないで移動すると、思わぬ事故で容器弁が破損し、ガス漏れなどが発生するので、必ずキャップを施して移動させなければならない。（テキスト109頁参照）

ニ…○　設問のとおり。高圧ガス保安法では移動する可燃性ガスのガス量により義務となっているが、災害拡大防止のため、義務ではないガスについても運転者に通常携行させている。（テキスト102頁参照）

問13　高圧ガスの消費と廃棄に関する次の記述のうち正しいものはどれか。

イ．高圧ガスの消費は、消費設備の使用開始時および使用終了時に消費施設の異常の
　　有無を点検するほか、1日に1回以上消費設備の作動状況について点検する。

ロ．スターフィンチューブは、大気を熱源とする気化装置の熱交換器に用いられる。

ハ．液化ガスを気体で使用するために、充てん容器を石油ストーブの近くに置いて
　　50 ℃以上に温めた。

ニ．酸素の高圧ガスの廃棄は、可燃性ガスの廃棄と異なり容器とともに行ってもよい。

　　　(1) イ、ロ　　　(2) イ、ニ　　　(3) ロ、ハ　　　(4) ハ、ニ　　　(5) イ、ロ、ハ

［正解］(1) イ、ロ

［解説］

イ…〇　設問のとおり。高圧ガスの消費設備は使用開始時、終了時の他、1日に1回
　　以上消費設備の作動状況について点検し、異常のあるときは、補修その他の危険を
　　防止する措置を講じる。（テキスト124頁参照）

ロ…〇　設問のとおり。大気を熱源とする気化器は、大気に触れる面積を大きくする
　　ため、チューブに星型の襞（フィン）をつけたスターフィンチューブが使用される。
　　（テキスト118頁参照）

ハ…×　高圧ガスボンベを温める必要のあるときは、熱湿布または40 ℃以下の温湯
　　を使用し、決して直火などを用いてはならない。（テキスト123頁参照）

ニ…×　ガス種にかかわらず、ガスを充てんした容器を廃棄すると容器内のガス漏
　　れなどで外部に危害を及ぼすのでガスを放出して容器を廃棄処分する。（テキスト
　　125頁参照）

問14　高圧ガスの取扱いに関する次の記述のうち正しいものはどれか。

イ．液化窒素を用いる機器の配管は、低温脆性を起こさない材料を使用すれば、初め
　　て配管に液化ガスを注入するときでも、予冷する必要はない。

ロ．窒素や二酸化炭素などの不燃性ガスであっても、狭い室内やピット内で放出され
　　ると、酸素欠乏などの事故につながるおそれがある。

ハ．バルブは静かに開閉し、開ける場合には全開してから半回転ほど戻しておくこと
　　が原則である。

ニ．一般に容器は、火災にあっても安全装置が作動するので、火災で熱的影響を受け
　　た容器でもそのまま使用できる。

　　　(1) イ、ロ　　　(2) イ、ハ　　　(3) ロ、ハ　　　(4) ハ、ニ　　　(5) イ、ロ、ニ

［正解］(3) ロ、ハ

［解説］

イ…×　配管に、初めて低温液化ガスを注入するときに予冷しないで注入すると、
　　液化ガスが急速に蒸発し、配管内の圧力が急上昇し、安全弁が作動したり、場合に
　　よっては配管が破損することもある。したがって、徐々に予冷しながら注入しなけ
　　ればならない。（テキスト130頁参照）

ロ…○　設問のとおり。窒素や二酸化炭素などのガスが狭い空間に放出されると窒素や二酸化炭素などのガスの量が増え、空気中に21%存在する酸素の比率が下がり、酸素欠乏になる。（テキスト127頁参照）

ハ…○　設問のとおり。バルブを全開することによってバルブ漏れを止める構造の容器弁（バックシートバルブ）を除いて、全開してから半回転ほど戻しておくことが原則である。（テキスト128頁参照）

ニ…×　容器は厳密な熱処理を施してあるので、火災などにより熱的影響を受けた容器は廃棄処分しなければならない。（テキスト129頁参照）

問15　酸素に関する次の記述のうち正しいものはどれか。

イ．液化酸素に使用する配管などの材料は、低温脆性について注意する必要がある。

ロ．温度、圧力が同じであれば、可燃性ガスの爆発範囲は、空気中よりも酸素中のほうが狭い。

ハ．タンクローリの容器に充てんされた液体酸素の蒸気圧は、容器内の温度に関係なく一定である。

ニ．酸素は、単体や化合物として、空気や水に含まれるが、土砂や岩石には含まれない。

　　　⑴ イ　　　⑵ イ、ロ　　　⑶ ハ、ニ　　　⑷ イ、ハ、ニ　　　⑸ ロ、ハ、ニ

［正解］⑴ イ

［解説］

イ…○　設問のとおり。液化酸素の大気圧における沸点は－183.0℃と低温であり、液化酸素に使用する材料は低温脆性を示さない材料を使用する必要がある。（テキスト136頁参照）

ロ…×　可燃性ガスの爆発範囲は、空気中より酸素中のほうが広くなる。（テキスト133頁参照）

ハ…×　タンクローリの容器内の圧力は、その温度に相当する蒸気圧となり、一定ではない。（テキスト135頁参照）

ニ…×　酸素は、空気中に体積でおよそ21%含まれ、水、土砂、岩石などの化合物となって地球上に広く存在している。（テキスト133頁参照）

問16　可燃性ガスに関する次の記述のうち正しいものはどれか。

イ．アセチレンを、アセトンを浸潤させた多孔質物を内蔵する容器に充てんした。

ロ．高温高圧の水素は、炭素鋼中に侵入し、脱炭作用により炭素鋼を脆化させる。

ハ．水素を完全燃焼させると、メタンが完全燃焼するときと同じように水と二酸化炭素を生成する。

ニ．水素は、還元性の強いガスで、金属の酸化物や塩化物に高温で作用して金属を遊離する性質がある。

　　　⑴ イ、ロ　　　⑵ イ、ハ　　　⑶ ハ、ニ　　　⑷ イ、ロ、ニ　　　⑸ ロ、ハ、ニ

［正解］(4) イ、ロ、ニ

［解説］

イ…○　設問のとおり。アセチレンの分解反応を防止するためにアセトンまたはジメチルホルムアミドを浸潤させた多孔質物を内蔵した容器に充てんする。（テキスト139頁参照）

ロ…○　設問のとおり。水素は、高温高圧において炭素鋼中に侵入して炭素と反応し、脱炭作用を起こす。炭素鋼は炭素が減少すると脆くなる（脆化する）。（テキスト142頁参照）

ハ…×　水素は空気中で燃焼すると酸素と反応し水を生成する（$2H_2 + O_2 \rightarrow 2H_2O$）。（テキスト141頁参照）

ニ…○　設問のとおり。水素は、還元性の強いガスのため、金属の酸化物や塩化物に高温で作用し金属を遊離する。（テキスト142頁参照）

問17　塩素に関する次の記述のうち正しいものはどれか。

イ．アンモニアと接触すると塩化アンモニウムを生成し、白煙となって見える。

ロ．毒性があるが、支燃性はない。

ハ．空気より重い黄緑色の気体で、激しい刺激臭がある。

ニ．容器の塗色は黄色で、ガスの名称の文字は黒色、毒性を表す「毒」の文字は赤色で明示する。

　　(1) イ、ハ　　(2) イ、ニ　　(3) ロ、ニ　　(4) イ、ロ、ハ　　(5) ロ、ハ、ニ

［正解］(1) イ、ハ

［解説］

イ…○　設問のとおり。塩素はアンモニアと接触すると反応して、塩化アンモニウムと窒素を生成し、塩化アンモニウムが白煙となって見える。（テキスト146頁参照）

ロ…×　塩素は、支燃性で毒性のガスである。（テキスト145頁参照）

ハ…○　設問のとおり。塩素は、黄緑色の刺激臭のあるガスで、空気より重いガスである。（テキスト145頁参照）

ニ…×　液化塩素の容器の塗色は黄色、ガスの名称の文字は白色、毒性を表す「毒」の文字は黒色で明示する。（テキスト146頁参照）

問18　可燃性・毒性ガスに関する次の記述のうち正しいものはどれか。

イ．クロルメチルは、アルミニウムとは自然発火性の化合物を生成することがある。

ロ．アンモニアは、銅および銅合金を著しく腐食する。

ハ．アンモニアは、ハロゲンや強酸と接触しても反応しない。

ニ．シアン化水素の容器には安全弁が設けられていない。

　　(1) イ、ニ　　(2) ロ、ハ　　(3) ハ、ニ　　(4) イ、ロ、ハ　　(5) イ、ロ、ニ

［正解］(5) イ、ロ、ニ

［解説］

イ…○　設問のとおり。クロルメチルは、アルミニウムとは自然発火性の化合物を生成することがあるので、これらの材料および合金を使用してはならない。（テキスト 151頁参照）

ロ…○　設問のとおり。アンモニアは、銅、アルミニウムおよびその合金を著しく腐食するので、配管はもとよりバルブや圧力計などに銅製のものは使用できない。（テキスト148、149頁参照）

ハ…×　アンモニアは、ハロゲンや強酸と接触すると激しく反応し、爆発・飛散することがある。（テキスト148頁参照）

ニ…○　設問のとおり。シアン化水素は安全弁を著しく劣化させるおそれがあるため、安全弁が設けられていない。（テキスト153頁参照）

問19　特殊高圧ガスおよび五フッ化ヒ素等に関する次の記述のうち正しいものはどれか。

イ．モノシランは、フッ素、塩素とは常温でも爆発的に反応する。

ロ．モノゲルマンは、可燃性は有するが自己分解爆発性ガスではない。

ハ．三フッ化窒素は、可燃性を有する。

ニ．特殊高圧ガスは、半導体の製造などに使用されている。

　　⑴ イ、ロ　　　⑵ イ、ニ　　　⑶ ハ、ニ　　　⑷ イ、ロ、ハ　　　⑸ ロ、ハ、ニ

〔正解〕⑵ イ、ニ

〔解説〕

イ…○　設問のとおり。モノシランは、フッ素、塩素のほか、臭素と常温でも爆発的に反応する。（テキスト155頁参照）

ロ…×　モノゲルマンは、可燃性を有する自己分解爆発性ガスであり、取扱いには十分な注意が必要である。（テキスト159頁参照）

ハ…×　三フッ化窒素は非常に強い支燃性を有し、その酸化力の強さは酸素と同程度、高温では酸素以上と考える必要がある。（テキスト164頁参照）

ニ…○　設問のとおり。特殊高圧ガスは半導体を始めとしてファインセラミックス、光ファイバーなどの製造に使用されている。（テキスト154頁参照）

問20　ガスに関する次の記述のうち正しいものはどれか。

イ．ヘリウム、ネオン、アルゴンをそれぞれ放電管に入れて放電させると、いずれのガスも特有の色を発光する。

ロ．酸化エチレンは、可燃性を有するが毒性はない。

ハ．二酸化硫黄（亜硫酸ガス）は、水分を含まなければ一般の金属に対して腐食性はないが、水分があると硫酸となり腐食性を有するようになる。

ニ．窒素は、空気の主要な成分であり、空気中に約68 vol％含まれている。

　　⑴ イ、ロ　　　⑵ イ、ハ　　　⑶ ハ、ニ　　　⑷ イ、ロ、ニ　　　⑸ ロ、ハ、ニ

〔正解〕⑵ イ、ハ

［解説］

イ…〇　設問のとおり。それぞれのガスを放電管に入れて放電させると、ヘリウムは
　　黄色、ネオンは橙赤色、アルゴンは赤色に発光する。
　　（テキスト171、173頁表13.3参照）

ロ…×　酸化エチレンは、可燃性、毒性の非常に危険性の高いガスで、取扱いには
　　十分な注意を要するガスである。（テキスト181頁参照）

ハ…〇　設問のとおり。二酸化硫黄は、水分があると硫酸となり金属を腐食する。
　　（テキスト186頁参照）

ニ…×　窒素は空気中に約78 vol％含まれており、空気の主要な成分である。（テキ
　　スト169、170頁参照）

令和4年度

講　習　検　定　問　題

(令和4年7月1日実施)

　　解説中の「テキスト」とは、高圧ガス保安協会発行「第一種販売講習テキスト　改訂版」のことである。

　　次の各問について、正しいと思われる最も適切な答をその問の下に掲げてある⑴、⑵、⑶、⑷、⑸の選択肢の中から1個選びなさい。

問1　次のガスのうち標準状態において空気より重いガスはどれか。

イ．アセチレン

ロ．二酸化炭素

ハ．酸素

ニ．プロパン

ホ．メタン

　　⑴ イ、ロ、ハ　　　⑵ イ、ロ、ニ　　　⑶ イ、ニ、ホ

　　⑷ ロ、ハ、ニ　　　⑸ ハ、ニ、ホ

　［正解］⑷ ロ、ハ、ニ

　［解説］

それぞれのガスの分子量は次のとおり。

	分子式	分子量
イ．アセチレン	C_2H_2	$12 \times 2 + 1 \times 2 = 26$
ロ．二酸化炭素	CO_2	$12 \times 1 + 16 \times 2 = 44$
ハ．酸素	O_2	$16 \times 2 = 32$
ニ．プロパン	C_3H_8	$12 \times 3 + 1 \times 8 = 44$
ホ．メタン	CH_4	$12 \times 1 + 1 \times 4 = 16$

空気の平均分子量29.0と比較すると、二酸化炭素、酸素、プロパンが空気より重いガスである。従って、正解は　⑷ ロ、ハ、ニ　である。（テキスト8、169頁参照）

問2　次に示す圧力（絶対圧力）を高いものから低いものへ正しく順に並べてあるものはどれか。

イ．0.1MPa

ロ．1 atm

ハ．10kPa

ニ．90000Pa

　　⑴ イ＞ロ＞ハ＞ニ　　　⑵ ロ＞イ＞ニ＞ハ　　　⑶ ハ＞ロ＞イ＞ニ

　　⑷ ニ＞ロ＞イ＞ハ　　　⑸ ニ＞ハ＞イ＞ロ

［正解］(2) ロ＞イ＞ニ＞ハ

［解説］

　1 MPa ＝ 10^3 kPa ＝ 10^6 Pa、 1 atm ＝ 101325 Pa

それぞれの圧力をPaで示すと次のとおり。

イ．100000 Pa

ロ．101325 Pa

ハ．10000 Pa

ニ．90000 Pa

圧力の高いものから並べると、正解は(2)ロ＞イ＞ニ＞ハである。（テキスト11頁参照）

問3　水素1kgの標準状態における体積はおよそいくらか。アボガドロの法則を用い
　　て計算せよ。

　　(1) 11㎥　　(2) 22㎥　　(3) 44㎥　　(4) 110㎥　　(5) 220㎥

［正解］(1) 11㎥

［解説］

「物質1molの質量は、その物質の分子量と同じ数値になる。」（テキスト9頁）

また、「すべての気体1molは、標準状態において、22.4Lの体積を占める。」（テキス
ト9頁：アボガドロの法則）より質量を換算する。

水素の分子量は2なので、1kg（＝1000g）の水素は、1000 ÷ 2 ＝ 500 molになる。

また、水素1molは標準状態において22.4Lであるから、500molの水素は

　　500 × 22.4 ≒ 11200L ≒ 11㎥

従って、正解は　(1) 11㎥　である。

問4　内容積40Lの容器に、温度35℃、圧力14.7MPa（絶対圧力）で充てんされた圧縮
　　アルゴンがある。この容器から標準状態で2㎥のガスを使用すると、この容器内の
　　圧力（絶対圧力）は温度35℃でおよそいくらになるか。理想気体として計算せよ。

　　(1) 7.5MPa　　(2) 8.5MPa　　(3) 9.0MPa　　(4) 9.5MPa　　(5) 10.0MPa

［正解］(3) 9.0MPa

［解説］

まず、充てんされている圧縮アルゴンの標準状態での体積を求める。

ボイル－シャルルの法則 $p_1 \cdot V_1 / T_1 ＝ p_2 \cdot V_2 / T_2$ により求める。（テキスト14頁参照）

この式では、圧力は絶対圧力（abs）、温度は絶対温度（K）である。

充てんされたときをp_1、V_1、T_1、標準状態をp_2、V_2、T_2とすると

　$p_1 ＝ 14.7$ MPa （絶対圧力）である。

また、V_1は容器の内容積の40 L、$T_1 ＝ 35℃ ＝ 308$ K となる。

標準状態は、$p_2 ＝ 0.1013$ MPa abs（絶対圧力）、$T_2 ＝ 0℃ ＝ 273$ Kである。

これらの数値を式に代入すると

　14.7 MPa abs × 40 L／308 K ＝ 0.1013 MPa abs × V_2／273 K

$\therefore$ $V_2 = 14.7 \times 40 \times 273 \div 308 \div 0.1013 \fallingdotseq 5145$ L

充てんされているアルゴンガスは5145 Lである。

この充てんされているアルゴンガスを2㎥（＝2000L）使用すると

$\quad$ 5145 L － 2000 L ＝ 3145 Lのガスが残る。

このガスを内容積40 Lの容器に温度35℃で充てんした状態の圧力を

$p_1 \cdot V_1 / T_1 = p_2 \cdot V_2 / T_2$から求める。

残ガスの標準状態をp_3、V_3、T_3、圧縮した状態をp_4、V_4、T_4とすると

$P_3 = 0.1013$ M P a abs、$V_3 = 3145$ L、$T_3 = 0℃ = 273$ K

V_4は容器の内容積の40 L、$T_1 = 35℃ = 308$ K となり、これらの数値を式に代入すると

$\quad$ 0.1013 MPa abs $\times$ 3145 L / 273 K ＝ p_4 $\times$ 40 L / 308 K

$\quad\quad \therefore$ $p_4 = 0.1013 \times 3145 \times 308 \div 273 \div 40 \fallingdotseq 9.0$ MPa abs

従って、正解は ⑶ 9.0Mpa である。

問5　液化ガスの性質に関する次の記述のうち正しいものはどれか。

イ．液化ガスの沸点は、液面に加わる圧力が高くなると高くなる。

ロ．大気圧下では、二酸化炭素は液体にすることができず、沸点をもたない。

ハ．ガスを圧縮して液化する場合は、臨界温度以下でなければならない。

ニ．液化ガスが温度一定で、状態変化（相変化）するときに出入りする熱量を顕熱という。

$\quad$ ⑴ イ、ハ　　⑵ イ、ニ　　⑶ ロ、ニ　　⑷ イ、ロ、ハ　　⑸ ロ、ハ、ニ

［正解］⑷ イ、ロ、ハ

［解説］

イ・・・○　設問のとおり。液化ガスの液面に加わる圧力が高くなるほど、沸騰が起こる温度は高くなり、逆に液面に加わる圧力が低くなれば、沸騰が起こる温度は低くなる。（テキスト19頁参照）

ロ・・・○　設問のとおり。二酸化炭素は絶対圧力0.53 MPaにおいて、三重点（気体・液体・固体の共存する状態）が存在するため、その圧力より低い大気圧下（0.1013 Mpa）では液体で存在せず、沸点を持たない。（テキスト20頁参照）

ハ・・・○　設問のとおり。ガスを液化することのできる最高の温度が臨界温度であり、臨界温度以下で圧縮すれば液化するが、臨界温度を超えた温度ではいくら圧縮しても液化しない。（テキスト18頁参照）

ニ・・・×　温度一定のまま、物質が状態変化（相変化）するときに出入りする熱量は、潜熱である。顕熱は、ガスの温度が上昇することによるそのガスの保有熱量の増加分の熱量である。（テキスト19頁参照）

問6　燃焼、爆発に関する次の記述のうち正しいものはどれか。

イ．火炎、電気火花、静電気の放電は発火源になるが、断熱圧縮や光は発火源とはならない。

ロ．爆発の中でも火炎の伝ぱ速度が音速よりも小さくなるものを爆ごうという。

ハ．アセチレンやプロパンの完全燃焼では、二酸化炭素と水を生成するが、不完全燃焼の場合、一酸化炭素や炭素（すす）も生成する。

ニ．0.1013MPa（絶対圧力）、25℃において、水素、アセチレン、プロパンの単位体積当たりの総発熱量を比較すると、水素が最も小さく、プロパンが最も大きい。

　　　(1) イ、ロ　　　(2) イ、ハ　　　(3) ロ、ハ　　　(4) ロ、ニ　　　(5) ハ、ニ

［正解］(5) ハ、ニ

［解説］

イ・・・×　発火するには、一定のエネルギーが必要である。エネルギーとしては、火炎の他に断熱圧縮による温度上昇や赤外線などの光もエネルギーとなり発火源となる。（テキスト24頁参照）

ロ・・・×　爆ごうは、爆発の中でも火炎の伝ぱ速度がその音速よりも大きい場合をいい、爆ごう範囲は、爆発範囲より狭い。（テキスト22、24頁参照）

ハ・・・○　設問のとおり。アセチレン（C_2H_2）やプロパン（C_3H_8）は、完全燃焼すると、二酸化炭素（CO_2）と水（H_2O）になる。不完全燃焼の場合、酸素が不足するため二酸化炭素（CO_2）にならず、一酸化炭素（CO）や炭素（C、すす）が残る。（テキスト23頁参照）

ニ・・・○　設問のとおり。可燃性ガスの単位体積当たりの発熱量は、分子量が大きいほど大きくなる。（テキスト23頁参照）それぞれの分子量は、水素（H_2）＝ 2 、アセチレン（C_2H_2）＝ 26、プロパン（C_3H_8）＝ 44 であるから、水素（発熱量13MJ/㎥）が最も小さく、プロパン（発熱量99MJ/㎥）が最も大きい。

問7　金属材料に関する次の記述のうち正しいものはどれか。

イ．材料は外力の大きさに応じて変形するが、ある範囲を超えた外力に対しては外力を取り除いたとき、変形の一部は元に復するが、なお、変形が残り完全に原形に戻らないことがあり、このような性質を塑性という。

ロ．機器や構造物に使用される通常の材料は、比例限度以内では応力とひずみは比例する関係がある。これをフックの法則という。

ハ．炭素鋼とは、鉄と炭素の合金で、通常、炭素の含有率はおよそ５～20％であり、炭素の含有量が増加すると、硬く脆くなる。

ニ．水分が関与した湿潤環境における腐食を湿食といい、高温ガスなどの乾燥環境における腐食を乾食という。

　　　(1) イ、ロ　　　(2) イ、ハ　　　(3) ハ、ニ　　　(4) イ、ロ、ニ　　　(5) ロ、ハ、ニ

［正解］(4) イ、ロ、ニ

［解説］

イ・・・○　設問のとおり。材料の塑性とは、材料に外力をかけると変形し、その後に外力を取り除いたとき変形が残り完全に原形に戻らないことをいい、外力を取り除くと変形が消失し原形に戻る性質は弾性という。（テキスト31頁参照）

ロ・・・○　設問のとおり。フックの法則が成り立つ比例限度以内では応力とひずみは正比例する関係がある。（テキスト31頁参照）

ハ・・・×　炭素鋼は、炭素の含有量がおよそ0.02～2％である。2％程度以上の炭素を含むのは鋳鉄と呼ばれ、炭素鋼に比べて硬くて脆い。（テキスト34、35頁）

ニ・・・○　設問のとおり。（テキスト37頁参照）

問8　高圧ガス容器に関する次の記述のうち正しいものはどれか。

イ．継目なし容器の使用形態には、単体容器 、カードル（枠組容器）、トレーラ等（集結容器）がある。

ロ．容器の塗色は、充てんするガスに応じて容器則に定められている。例えば、水素ガスは赤色、酸素ガスは緑色と定められている。

ハ．継目なし容器の製造方法には、継目なし鋼管の一端を閉じ、底部を成型して製造するマンネスマン式がある。

ニ．容器再検査は、容器が容器検査または前回の容器再検査ののち、容器の区分および製造後の経過年数にかかわらず5年を経過したときおよび容器が損傷を受けたときに、容器の安全性を確認するために行うものである。

　　　⑴ イ、ハ　　　⑵ イ、ニ　　　⑶ ロ、ハ　　　⑷ イ、ロ、ニ　　　⑸ ロ、ハ、ニ

［正解］⑴ イ、ハ

［解説］

イ・・・○　設問のとおり。継目なし容器は、単体容器の他にカードルやトレーラーの長尺容器として使用される。（テキスト39頁参照）

ロ・・・×　酸素ガスの容器の塗色は黒色である。（テキスト47頁参照）

ハ・・・○　設問のとおり。日本の容器の過半数はこのマンネスマン式により製造されている。（テキスト40頁参照）

ニ・・・×　容器再検査の期間は容器の区分や経過年数等で規定されており、一般複合容器のように3年周期のもの、経過年数により検査周期が設定されている容器がある。（テキスト49頁参照）

問9　容器の附属品（バルブ、安全弁）に関する次の記述のうち正しいものはどれか。

イ．バルブの容器取付部のねじには、テーパねじと平行ねじがある。平行ねじは、アルミニウム合金の容器に使用される場合が多い。

ロ．溶解アセチレン容器の安全弁 （溶栓）は、溶栓が作動した場合、そのガスの噴出方向は容器の軸心に対して30度以内の下向きになる構造となっている。

ハ．破裂板と溶栓の併用式の安全弁は、破裂板の疲労による破裂圧力低下を防ぐため安全弁の吹出し孔内に可溶合金を充てんして、容器内圧力による破裂板のふくらみを抑え、安全性を高めた方式である。

ニ．バルブは、振動などによってスピンドルが緩まないようにバルブのハンドルを強い締付けトルクでしっかりと締め付けなければならないが、この締付けトルクは、バルブの構造の違いにかかわらず一定のトルクで行うようにしなければならない。

⑴ イ、ロ　　⑵ イ、ハ　　⑶ ロ、ニ　　⑷ イ、ハ、ニ　　⑸ ロ、ハ、ニ

［正解］⑵ イ、ハ

［解説］

イ・・・○　設問のとおり。容器取付部のねじは、右ねじでテーパねじと平行ねじがある。大部分がテーパねじであり、平行ねじはアルミニウム合金の容器に使用される場合が多い。（テキスト52頁参照）

ロ・・・×　溶解アセチレン容器の安全弁（溶栓）の噴出方向は容器の軸心に対して30度以内の上方にあることになっている。（テキスト53頁参照）

ハ・・・○　設問のとおり。（テキスト53、54頁参照）

ニ・・・×　バルブの構造や弁座の材質により、その接触部の気密性（ガスの止まり具合）は異なるので、締付けトルクは異なる。（テキスト56頁参照）

問10　高圧ガスの圧力調整器および保安機器・設備に関する次の記述のうち正しいものはどれか。

イ．可燃性ガス用の圧力調整器のガス供給源への取付部のねじは、一般的に右ねじで製造されており、支燃性および不燃性ガス用のねじと誤用されないようになっている。

ロ．ガス漏えい検知警報設備の検出端部の設置場所は、当該ガスの比重、周囲の状況、ガス設備の高さなどの条件に応じて定める。

ハ．酸素用のブルドン管圧力計は、油脂類が付着するような取扱いは厳禁で、禁油の表示がされている。

ニ．容器に圧力調整器を取り付ける前には、圧力調整ハンドルを締め、シートとバルブの状態を閉にしておかなければならない。

　　⑴ イ　　⑵ ニ　　⑶ ロ、ハ　　⑷ ハ、ニ　　⑸ イ、ロ、ハ

［正解］⑶ ロ、ハ

［解説］

イ・・・×　可燃性ガス用の圧力調整器の取付部のねじは左ねじで製造されており、支燃性および不燃性ガス用は右ねじで製造されており、誤用されないようになっている。（テキスト62頁参照）

ロ・・・○　設問のとおり。例えば、水素のように空気より軽いガスの場合、ガス漏えい検知警報設備の検出端部は、ガスが滞留しやすい天井付近とする。（テキスト76頁参照）

ハ・・・○　設問のとおり。酸素用の場合、油脂類が残っていると発火の原因となる。（テキスト68頁参照）

ニ・・・×　調整器を取り付けたとき、圧力調整ハンドルを締めて、シートとバルブを開のままにしておくと、容器弁を開にしたとき、ガスが出て危険である。圧力調整ハンドルを緩め、シートとバルブの状態を閉にして取り付ける。（テキスト63頁参照）

問11　空気、炭酸ガスを事業所内に貯蔵して販売する販売業者に関する次の記述のうち正しいものはどれか。

イ．合計貯蔵量が1000㎥（10000kg）の場合、第一種貯蔵所の許可が必要である。

ロ．第一種販売主任者免状の交付を受けて、販売するガスの製造や販売に関する経験を有している者のうちから販売主任者を選任しなければならない。

ハ．高圧ガスのみを容器により販売する場合は、使用済みの容器が返却されずに放置されることのないよう、容器授受簿により管理した。

ニ．販売するガスが不活性ガスと空気のみなので、引渡し先の保安状況を明記した保安台帳の作成は不要である。

　　　⑴　イ　　　⑵　ハ　　　⑶　イ、ロ　　　⑷　ロ、ニ　　　⑸　ハ、ニ

［正解］⑵　ハ

［解説］

イ・・・×　空気、炭酸ガスは第一種ガスに該当し、合計貯蔵量が1000㎥の場合は、第二種貯蔵所の届出が必要である。（テキスト95頁参照）

ロ・・・×　空気、炭酸ガスの販売をする場合は、販売主任者を選任する必要はない。（テキスト83頁参照）

ハ・・・○　設問のとおり。販売業者は高圧ガスを容器により授受した場合、容器授受簿を備え、２年間保存しなければならない。（テキスト83、84頁参照）

ニ・・・×　販売業者は保安台帳を作成し、引渡し先の保安状況を把握しておかなければならない。（テキスト85頁参照）

問12　高圧ガスの移動に関する次の記述のうち正しいものはどれか。

イ．車両に固定した容器により特定不活性ガスを移動する場合には、所定の消火器を速やかに使用できる位置に取り付ける。

ロ．充てん容器等を車両に積載、または荷下ろしする際に、充てん容器等が衝撃を受けないようゴム製マットの上で行った。

ハ．容積30㎥の毒性ガスでない可燃性ガス（圧縮ガス）を、車両に積載して移動するときは、移動監視者の監視（乗務）が必要である。

ニ．特殊高圧ガスの移動をする場合は、イエロー・カードを運転者に交付し、移動中携帯させ、これを遵守させなければならない。

　　　⑴　イ、ロ　　　⑵　イ、ニ　　　⑶　ロ、ハ　　　⑷　ハ、ニ　　　⑸　イ、ロ、ニ

［正解］⑸　イ、ロ、ニ

［解説］

イ・・・○　設問のとおり。特定不活性ガスを車両に固定した容器により移動する際にはガス量に応じた能力の消火器を携行しなければならない。（テキスト105頁参照）

ロ・・・〇　設問のとおり。充てん容器等を車両に積載、または荷下ろしする際には、ゴム製マットその他衝撃を緩和するものの上で行うことにより、充てん容器等が衝撃を受けないような措置を講ずる。（テキスト109頁参照）

ハ・・・×　可燃性の圧縮ガスを積載して移動するときに、移動監視者の資格を有する者の乗務が必要な容積は300m³以上である。（テキスト101頁参照）

ニ・・・〇　設問のとおり。イエロー・カードには当該高圧ガスの名称、性質および移動中の災害防止のために必要な注意事項が記載されている。（テキスト102頁参照）

問13　高圧ガスの消費と廃棄に関する次の記述のうち正しいものはどれか。

イ．酸素の入った残ガス容器をスクラップとして廃棄した。

ロ．消費設備のうち、貯槽などに設ける安全弁は常用の圧力を相当程度異にし、または異にするおそれのある区分ごとに設置する。

ハ．CE（コールドエバポレータ）により酸素を消費する場合、液化酸素の貯蔵量が3000kg以上であれば、貯蔵の許可または届出および特定高圧ガス消費者の届出が必要であるが、製造の許可も届出も不要である。

ニ．トレーラ方式による消費は、長尺枠組容器をセミトレーラに組み込んで、この部分を切り離して消費に供する方法である。

　　(1) イ、ロ　　　(2) イ、ニ　　　(3) ロ、ハ　　　(4) ロ、ニ　　　(5) ロ、ハ、ニ

［正解］(4) ロ、ニ

［解説］

イ・・・×　高圧ガスを容器とともに廃棄すると容器内のガス漏れなどで外部に危害を及ぼすおそれがあるので、容器はガスを放出してから処分する。（テキスト125頁参照）

ロ・・・〇　設問のとおり。具体的には、貯槽、蒸発器の気相部に設ける。（テキスト119頁参照）

ハ・・・×　液化酸素の貯蔵量が3000kg以上の場合、特定高圧ガス消費者の届出が必要である。また、CEは貯槽内を気化したガスで加圧するため、「高圧ガスの製造」と解釈されており、その処理量によって許可または届出が必要である。（テキスト119頁参照）

ニ・・・〇　設問のとおり。トレーラ方式は液化することが困難な水素などの圧縮ガスの大量消費に適している。（テキスト114頁参照）

問14　高圧ガスの取扱いに関する次の記述のうち正しいものはどれか。

イ．使用済みの容器を返却する場合は、若干の圧力を残した状態で消費を止め、必ず容器バルブを締め、キャップを取り付けて容器置場に収納しておく。

ロ．所有する高圧ガス容器を喪失したので、遅滞なく警察官に届け出た。

ハ．配管、機器に初めて温度の低い液化窒素などの液化ガスを注入するときは、徐々に予冷しながら行う。

ニ．容器を吊り上げて移動するときは、ロープ、鎖などを容器に直接巻き付けて吊り
　上げる。
　　　⑴ イ、ロ　　⑵ イ、ニ　　⑶ ロ、ハ　　⑷ イ、ロ、ハ　　⑸ イ、ロ、ニ

［正解］⑷ イ、ロ、ハ
［解説］
イ・・・○　設問のとおり。容器内のガスは、0.1MPa程度の圧力を残して使用をやめる。
　完全に使い切ると空気を吸い込むことがあり、充てん時に容器内のパージが必要に
　なる。（テキスト129頁参照）
ロ・・・○　設問のとおり。高圧ガス容器を喪失し、または盗まれたときは遅滞なく都
　道府県知事または警察官に届け出る。（テキスト131頁参照）
ハ・・・○　設問のとおり。配管、機器に初めて低温液化ガスを注入するときに、予冷
　しないで注入すると、液化ガスが急速に蒸発し、配管・機器内の圧力が急上昇し、
　安全弁が作動したり、場合に従っては配管等を破損することもある。徐々に予冷し
　ながら注入しなければならない。（テキスト130頁参照）
ニ・・・×　ロープ、鎖などを直接巻き付けて吊り上げることは落下事故の元になり危
　険である。専用の吊り具を使用する。（テキスト128頁参照）

問15　酸素に関する次の記述のうち正しいものはどれか。
イ．空気中におよそ21vol％含まれ、水、土砂などの化合物となって地球上に広く存
　在している。
ロ．気体でも液体でも無色である。
ハ．液化ガス１㎥が気化すると、標準状態でおよそ800㎥の気体となる。
ニ．一般に空気液化分離法やＰＳＡ（圧力スイング吸着）法に従って製造されている。
　　　⑴ イ、ロ　　⑵ ハ、ニ　　⑶ イ、ロ、ハ
　　　⑷ イ、ハ、ニ　　⑸ ロ、ハ、ニ

［正解］⑷ イ、ハ、ニ
［解説］
イ・・・○　設問のとおり。酸素は空気中に体積でおよそ21vol％含まれ、水、土砂、岩
　石などの化合物となって地球上に広く存在している。（テキスト133頁参照）
ロ・・・×　気体は、無色、無臭だが、液化酸素は淡青色である。（テキスト134頁参照）
ハ・・・○　設問のとおり。（テキスト135頁参照）
ニ・・・○　設問のとおり。空気中に含まれている酸素を他の成分から分離する方法が
　工業的に行われており、大規模な装置では空気液化分離法、中小規模ではPSA法で
　行われている。（テキスト134頁参照）

問16　可燃性ガスに関する次の記述のうち正しいものはどれか。
イ．アセチレンは、炭化カルシウム（カーバイト）に水を注ぐと発生する。

ロ．アセチレンの発火温度は、水素、メタンの発火温度と比べてかなり低く、可燃性
　ガスの中でも危険度が高いガスである。
ハ．水素は燃焼しても炎はほとんど無色であるので、漏えいした水素が発火燃焼して
　いても見落とすことがあるので注意が必要である。
ニ．メタンを圧縮ガスとして充てんする容器を、表面全体をねずみ色に塗色し、「燃」
　の文字を赤色で明示した。
　　　(1) イ、ロ　　　(2) ハ、ニ　　　(3) イ、ハ、ニ
　　　(4) ロ、ハ、ニ　　　(5) イ、ロ、ハ、ニ

［正解］(5) イ、ロ、ハ、ニ
［解説］
イ・・・○　設問のとおり。次の反応式のとおり、アセチレン（C_2H_2）が発生する。
CaC_2（炭化カルシウム）　＋　$2H_2O$　→　$Ca(OH)_2$ ＋ C_2H_2（テキスト136頁参照）
ロ・・・○　設問のとおり。アセチレンの発火温度（大気中、空気中）は305℃で、水素
　（＝560℃）やメタン（＝600℃）と比べるとかなり低い。（テキスト137、141、144
　頁参照）
ハ・・・○　設問のとおり。水素ガスが燃焼するときの炎は、ほとんど無色で、日中屋
　外では全く炎が見えないほどである。（テキスト141頁参照）
ニ・・・○　設問のとおり。メタンの容器の塗色はねずみ色、ガスの名称の文字は赤色、
　「燃」の文字は赤色で明示する。（テキスト144頁参照）

問17　塩素に関する次の記述のうち正しいものはどれか。
イ．強い刺激臭があるので、0.3volppm程度の微量であっても、そのにおいにより塩
　素の存在を知ることができる。
ロ．有機化合物と反応すると、その成分中の水素と塩素が置換し、塩素化合物と塩化
　水素を生成して発熱することがある。
ハ．食塩水の電気分解に従って、水酸化ナトリウム（カセイソーダ）、水素とともに
　製造される。
ニ．高圧ガス保安法では可燃性の毒性ガスであり、毒物及び劇物取締法でも劇物に該
　当する。
　　　(1) イ、ロ　　　(2) ハ、ニ　　　(3) イ、ロ、ハ
　　　(4) ロ、ハ、ニ　　　(5) イ、ロ、ハ、ニ

［正解］(3) イ、ロ、ハ
［解説］
イ・・・○　設問のとおり。強い刺激臭があるので、0.1～0.3volppm程度の微量であっ
　ても、そのにおいにより塩素の存在を知ることができる。（テキスト145頁参照）
ロ・・・○　設問のとおり。有機化合物と反応すると、その成分中の水素と塩素が置換
　し、塩素化合物と塩化水素を生成して発熱する。なお、発熱反応が災害の原因にな
　ることがある。（テキスト146頁参照）

ハ・・・〇　設問のとおり。工業的には、食塩水の電気分解から製造され、化学薬品の原料などになる。（テキスト146頁参照）

ニ・・・×　塩素は支燃性の毒性ガスである。（テキスト145頁参照）

問18　可燃性・毒性ガスに関する次の記述のうち正しいものはどれか。

イ．アンモニアは酸素中で黄色い炎をあげて燃え、窒素と水が生じる。

ロ．アンモニアの容器の塗色はねずみ色、ガスの名称の文字は白色、「毒」の文字は黒色で明示する。

ハ．クロルメチルの除害には大量の水が用いられる。

ニ．シアン化水素の容器には安全弁が設けられている。

　　⑴ イ、ハ　　⑵ イ、ニ　　⑶ ロ、ハ　　⑷ イ、ロ、ニ　　⑸ ロ、ハ、ニ

［正解］⑴ イ、ハ

［解説］

イ・・・〇　設問のとおり。酸素中で黄色い炎をあげて燃え、窒素と水になる。（テキスト147頁参照）

ロ・・・×　アンモニアの容器の塗色は白色、ガスの名称の文字は赤色で明示する。（テキスト149頁参照）

ハ・・・〇　設問のとおり。（テキスト151頁参照）

ニ・・・×　シアン化水素は猛毒であり、容器には安全弁が設けられていない。（テキスト153頁参照）

問19　特殊高圧ガスなどに関する次の記述のうち正しいものはどれか。

イ．7種類の特殊高圧ガスは、その分子式から分かるようにすべて水素化物である。

ロ．ジボランは常温で加水分解を起こし、水素とリン酸になる。

ハ．三フッ化窒素は支燃性や酸化力はない。

ニ．五フッ化ヒ素は、漏えいすると大気中の水分と反応してフッ化水素を生成することがある。

　　⑴ イ、ロ　　⑵ イ、ニ　　⑶ ハ、ニ　　⑷ イ、ハ、ニ　　⑸ ロ、ハ、ニ

［正解］⑵ イ、ニ

［解説］

イ・・・〇　設問のとおり。特殊高圧ガスは、すべて水素原子が含まれている。（テキスト154頁の表13.1参照）

ロ・・・×　ジボランは、常温でゆっくり分解し、水素と高級ボラン化合物を生成する。（テキスト159頁参照）

ハ・・・×　三フッ化窒素は、非常に強い支燃性ガスであり、酸化力の強さは酸素と同程度、高温では酸素以上と考える必要がある。（テキスト164頁参照）

ニ・・・〇　設問のとおり。空気中に漏れた場合、発煙して刺激臭のあるフッ化水素ガスを発生し、このガスは刺激性が強い。（テキスト163頁参照）

問20　ガスに関する次の記述のうち正しいものはどれか。

イ．希ガスであるネオンは、橙赤色の無臭の気体である。

ロ．フルオロカーボンは、火災などで加熱されると分解して有毒なフッ化水素を発生することがある。

ハ．酸化エチレンは、優れた殺菌効果があるので、医療器具や衣類などのくん蒸などに広く用いられている。

ニ．硫化水素は、無色で腐卵臭のある、空気よりわずかに重い気体である。

　　⑴　イ、ロ　　　⑵　イ、ハ　　　⑶　ハ、ニ　　　⑷　イ、ロ、ニ　　　⑸　ロ、ハ、ニ

　［正解］⑸　ロ、ハ、ニ

　［解説］

イ・・・×　希ガス類はいずれも無色、無臭の気体である。橙赤色はネオンの放電管の発光色である。（テキスト171、173頁参照）

ロ・・・○　設問のとおり。フルオロカーボンは、可燃性、不燃性にかかわらず火災などで加熱されると分解して有毒なフッ化水素を発生し、塩素を含む場合は塩化水素も発生する。（テキスト176頁参照）

ハ・・・○　設問のとおり。酸化エチレンは、優れた殺菌効果があるが、爆発の危険性があることから、炭酸ガスなどを混合して爆発範囲を狭くしたり、または全く不燃化することにより、取扱いを安全にして市販されている。（テキスト183頁参照）

ニ・・・○　設問のとおり。硫化水素は、無色で腐乱臭のある、分子量34.1の空気よりわずかに重い気体である。（テキスト184頁参照）

講 習 検 定 問 題

（令和5年6月30日実施）

解説中の「テキスト」とは、高圧ガス保安協会発行「第一種販売講習テキスト　改訂版」のことである。

次の各問について、正しいと思われる最も適切な答をその問の下に掲げてある(1)、(2)、(3)、(4)、(5)の選択肢の中から1個選びなさい。

問1　次のガスのうち標準状態において、質量が同一体積の空気より大きいガスはどれか。

イ．ブタン

ロ．シアン化水素

ハ．アルゴン

ニ．アセチレン

ホ．二酸化炭素

　　(1) イ、ロ、ホ　　(2) イ、ハ、ホ　　(3) ロ、ハ、ニ

　　(4) ハ、ニ、ホ　　(5) イ、ロ、ハ、ホ

［正解］(2) イ、ハ、ホ

［解説］

標準状態のガスの質量は分子量で比較することができる。それぞれのガスの分子量は次のとおり。

	分子式	分子量
イ．ブタン	C_4H_{10}	$12 \times 4 + 1 \times 10 = 58$
ロ．シアン化水素	HCN	$1 \times 1 + 12 \times 1 + 14 \times 1 = 27$
ハ．アルゴン	Ar	$40 \times 1 = 40$
ニ．アセチレン	C_2H_2	$12 \times 2 + 1 \times 2 = 26$
ホ．二酸化炭素	CO_2	$12 \times 1 + 16 \times 2 = 44$

空気の平均分子量29.0と比較すると、空気より分子量が大きいガスはブタン、アルゴン、二酸化炭素である。よって、正解は(2) イ、ハ、ホである。（テキスト8・179頁参照）

問2　単位に関する次の記述のうち正しいものはどれか。

イ．セルシウス温度273℃を熱力学温度（絶対温度）に換算するとおよそ0Kになる。

ロ．1Pa＝1N/㎡＝1kg/（㎡・s）である。

ハ．標準大気圧は、およそ101.3kPa（絶対圧力）である。

(1) ロ　　(2) ハ　　(3) イ、ロ　　(4) イ、ハ　　(5) イ、ロ、ハ

［正解］(2) ハ

［解説］

イ・・・×　絶対温度T（K）とセ氏温度t（℃）との間には次の関係がある。

$$T = t + 273.15$$

　よって、絶対温度が０Kとなるセルシウス温度は273℃ではなく、およそ−273 ℃である。（テキスト12頁参照）

ロ・・・×　1Paは物体の単位面積1 m^2 当たりに1Nの力が働くときの圧力を表す。1N は質量1kgの物体に作用し、1 m/s^2 の加速度を生ずる力と定義される。したがって、（力）＝（質量）×（加速度）であるから、1N ＝1kg ×1 m/s^2 ＝1kg・m/s^2

　よって、1Pa ＝1N/m^2 ＝（1kg・m/s^2）/ m^2 ＝1kg/（m・s^2）（テキスト10頁参照）

ハ・・・○　設問のとおり。標準大気圧は101325Pa（絶対圧力）であり、およそ 101.3kPaである。（テキスト11頁参照）

問3　液化酸素10.0kgがすべて気化して酸素ガスになったときの体積は、標準状態でおよそいくらか。ただし、この酸素ガスはアボガドロの法則に従うものとし、酸素の分子量は32とする。

(1) 0.7 m^3　　(2) 1.4 m^3　　(3) 7.0 m^3　　(4) 14 m^3　　(5) 70 m^3

［正解］(3) 7.0 m^3

［解説］

まず、酸素10.0kgの標準状態における体積を求める。

「すべての気体1モル（mol）は、標準状態において、22.4Lの体積を占める。」 （テキスト9頁：アボガドロの法則）また、「物質1モル（mol）の質量（g/mol）は、その分子量と同じ数値となる。」（テキスト9頁）、酸素の分子量は32であるから、酸素10.0kgは10000 ÷ 32 ＝ 312.5molである。

1molは標準状態において22.4Lであるから、312.5molは312.5 × 22.4 ＝ 7000L ＝ 7.0 m^3 である。

よって、正解は(3) 7.0 m^3 である。

問4　ある一定量の理想気体について、圧力（絶対圧力）を元の3倍、温度（熱力学温度）を元の4倍にすると、その気体の体積は元の体積の何倍になるか。

(1) $\frac{1}{4}$ 倍　　(2) $\frac{1}{2}$ 倍　　(3) $\frac{3}{4}$ 倍　　(4) $\frac{4}{3}$ 倍　　(5) $\frac{3}{2}$ 倍

［正解］(4) $\frac{4}{3}$ 倍

［解説］

標準状態での理想気体の体積は、ボイル−シャルルの法則 $p_1 \cdot V_1/T_1 = p_2 \cdot V_2/T_2$ により求められる。（テキスト14頁参照）　　$p_2 = 3p_1$、$T_2 = 4T_1$

体積 $V_2 =$ （$p_1 \cdot V_1/T_1$）×（T_2/ p_2）＝（$p_1 \cdot V_1/T_1$）×（$4T_1/ 3p_1$）＝ $\frac{4}{3} V_1$

よって、正解は(4) $\frac{4}{3}$ 倍である。

問5　液化ガスに関する次の記述のうち正しいものはどれか。

イ．蒸発熱、凝縮熱のように、温度一定のまま、状態変化（相変化）に伴って出入り
　　する熱量を潜熱という。

ロ．LPガスのような混合物である液化ガスが密閉容器に充填されているとき、この液
　　化ガスの飽和蒸気圧は、温度一定であれば液化ガスの量や組成に関係なく一定であ
　　る。

ハ．標準大気圧下において、液化酸素の沸点は、水の沸点よりも高い。

　　(1) イ　　(2) ハ　　(3) イ、ロ　　(4) ロ、ハ　　(5) イ、ロ、ハ

［正解］(1) イ
［解説］

イ・・・○　設問のとおり。温度一定のまま、物質が状態変化（相変化）するときに出
　　入りする熱量は潜熱といい、固体－液体間の融解熱、凝固熱もこれに含まれる。
　　（テキスト19頁参照）

ロ・・・×　蒸気圧は液体の種類により固有の値であるが、LPガスのように混合物であ
　　る場合、蒸発しやすい成分が先に蒸発するため、液相の組成が変化するので蒸気圧
　　も変化する。（テキスト20～21頁参照）

ハ・・・×　水の沸点は100℃、酸素の沸点は約−183℃である。（テキスト20頁参照）

問6　可燃性ガスの燃焼と爆発に関する次の記述のうち正しいものはどれか。

イ．水素、プロパンおよびアンモニアを、常温、大気圧、空気中の爆発下限界
　　（vol%）の低いものから高いものへ順に並べると以下のとおりとなる。

　　　　プロパン＜水素＜アンモニア

ロ．可燃性ガスと空気の混合ガスを一様に加熱したときに、この混合ガスが自然に燃
　　え始める温度は、発火温度（発火点）という。

ハ．ホスフィンとモノシランは、発火温度が常温以下の自然発火性ガスに該当する。

　　(1) イ　　(2) ハ　　(3) イ、ロ　　(4) ロ、ハ　　(5) イ、ロ、ハ

［正解］(5) イ、ロ、ハ
［解説］

イ・・・○　設問のとおり。可燃性ガスの空気中における爆発下限界は次のとおりであ
　　る。

　　水素：4%、プロパン：2.1%、アンモニア：15%

　　よって、プロパン、水素、アンモニアの順である。（テキスト24頁の表2.6参照）

ロ・・・○　設問のとおり。可燃性ガスと空気の混合ガスを一様に加熱したときに、こ
　　の混合ガスが自然に燃え始める温度を発火温度または発火点という。（テキスト23
　　頁参照）

ハ・・・○ 設問のとおり。発火温度が常温以下のホスフィンやモノシランは、大気中に流出すると直ちに発火する性質がある。このようなガスを自然発火性ガスという。（テキスト23頁参照）

問7 金属材料に関する次の記述のうち正しいものはどれか。
イ．材料は外力の大きさに応じて変形するが、ある範囲内の外力に対してはこの外力を取り除くと、元の状態に戻る。この性質を塑性という。
ロ．機器を設計する場合、各部分の材料に生じる最大応力が一定の制限を超えないように設計しなければならない。この制限の応力を許容応力という。
ハ．クリープとは、一定温度のもとで材料に一定荷重を加えたとき、時間の経過とともに伸び（ひずみ）が増大する現象をいう。
ニ．一部の金属材料には低温になると脆くなるものがある。この脆くなる性質を低温脆性と呼ぶが、18-8ステンレス鋼は低温脆性を示さない。
　　　(1) イ、ロ　　(2) イ、ハ　　(3) ハ、ニ　　(4) イ、ロ、ニ　　(5) ロ、ハ、ニ

［正解］(5) ロ、ハ、ニ
［解説］
イ・・・× 材料は外力の大きさに応じて変形し、ある範囲を超えた外力に対しては外力を取り除いたとき、変形の一部はもとに復するが、塑性は、変形が残り完全に原形に戻らない性質をいう。（テキスト31頁参照）
ロ・・・○ 設問のとおり。（テキスト33頁参照）
ハ・・・○ 設問のとおり。クリープに対して強い材料としてクロム鋼、18-8ステンレス鋼、クロムモリブデン鋼がある。（テキスト36頁参照）
ニ・・・○ 設問のとおり。18-8ステンレス鋼の他、アルミニウム、アルミニウム合金も低温脆性を示さない材料のため低温装置に使用される。（テキスト36頁参照）

問8 高圧ガス容器に関する次の記述のうち正しいものはどれか。
イ．継目なし容器の製造方法として、継目なし鋼管の一端をスピニングなどで閉じ、底部を成型して製造する方式をマンネスマン式という。
ロ．容器の塗色は、その容器に充填するガスに応じて容器則に定められている。例えば、可燃性ガス容器の塗色の区分は赤色、酸素ガス容器の塗色の区分は緑色と定められている。
ハ．超低温容器は、内槽と外槽とで構成された二重殻構造を有し、その間に断熱材が充填されており、かつ、真空引きして外部からの熱の侵入を極力防ぐ措置が講じられている。
ニ．容器再検査は、容器が容器検査または前回の容器再検査ののち、一定の期間経過したときおよび容器が損傷を受けたときに、容器の安全性を確認するために行うものであり、その期間は容器の区分にかかわらず5年と規定されている。
　　　(1) イ、ハ　　(2) イ、ニ　　(3) ロ、ニ　　(4) イ、ロ、ハ　　(5) ロ、ハ、ニ

［正解］(1) イ、ハ
［解説］

イ・・・○　設問のとおり。継目なし容器の製造方法は、主にマンネスマン式である。他に、エルハルト式がある。（テキスト40頁）

ロ・・・×　容器の塗色が赤色と定められているのは、水素である。また、酸素ガスの容器の塗色は黒色である。（テキスト47頁参照）

ハ・・・○　設問のとおり。超低温容器は、－50℃以下の液化ガスを充填する容器で、内槽と外槽からなり、その間に断熱材を充填し真空にしてある。（テキスト44頁参照）

ニ・・・×　容器再検査の期間は容器の区分や経過年数等で異なる。（テキスト49頁参照）

問9　容器の附属品（バルブ、安全弁）に関する次の記述のうち正しいものはどれか。

イ．バルブの容器取付け部のねじには、テーパねじと平行ねじがあり、またバルブの充填口には、ねじがあるものと、ないものがある。

ロ．破裂板と溶栓を併用したものは、どちらか一方が作動しない場合があり非常に危険なので、安全弁として認められていない。

ハ．溶解アセチレン容器の安全弁（溶栓）は、溶栓が作動した場合、そのガスの噴出方向は容器の軸心に対して30度以内の上向きになる構造となっている。

　　　(1) ロ　　　(2) ハ　　　(3) イ、ロ　　　(4) イ、ハ　　　(5) ロ、ハ

［正解］(4) イ、ハ
［解説］

イ・・・○　設問のとおり。容器取付け部のねじは、大部分がテーパねじであるが、平行ねじもある。容器用バルブの充填口は、ねじがあるものが一般であるが、医療用小容器用やスクーバ容器用などのようにねじのないもの（ヨーク式）もある。（テキスト52頁参照）

ロ・・・×　破裂板と溶栓の併用式の安全弁は、容器内圧力が規定作動圧力に達したとき、破裂板が破壊してもガスが噴出しないように溶栓で抑え、安全性を高めた方式である。（テキスト53・54頁参照）

ハ・・・○　設問のとおり。溶解アセチレン容器の安全弁（溶栓）の噴出方向は容器の軸心に対して30度以内の上方にあることになっている。（テキスト53頁参照）

問10　高圧ガスの圧力調整器の取扱いに関する次の記述のうち正しいものはどれか。

イ．容器に圧力調整器を取り付ける際には、容器弁を十分清掃したのちに取り付ける。

ロ．圧力調整器は、使用する圧力範囲が適正であり最大消費量を満足すれば、ガスの種類に関係なくすべてのガスに共用できる。

ハ．圧力調整器取付け後は、検知液などを用いて、気密が保たれていることを確認する。

ニ．高圧ガスの使用を終了する際には、圧力調整ハンドルを緩めておけば、容器のバルブは閉じなくてもよい。

    (1) ロ　　(2) イ、ハ　　(3) ロ、ニ　　(4) イ、ロ、ハ　　(5) イ、ハ、ニ

［正解］(2) イ、ハ

［解説］

イ・・・〇　設問のとおり。ごみ等が存在するとフィルターの目詰まりやシート部を損傷して出流れを起こすなど不具合の原因となるので、清掃した後取り付ける。また、取付け後は検知液を用いて漏れがないことを確認する。（テキスト64頁参照）

ロ・・・×　圧力調整器はガスの性質により使用材料が異なるため、それぞれガスの種類にあったものを選択し、混用は避けなければならない。（テキスト64頁参照）

ハ・・・〇　設問のとおり。容器に圧力調整器を取り付けたあとは容器バルブを静かに開き、石鹸水等の検知液で漏れがないことを確認して使用する。（テキスト64頁参照）

ニ・・・×　作業を終了または中断する時は、供給源の容器バルブも閉じておくことを励行する。（テキスト65頁参照）

問11　高圧ガスの販売、貯蔵に関する次の記述のうち正しいものはどれか。

イ．販売業者が保安業務を管理する区域は、自社の販売所の高圧ガスの貯蔵部分のみである。

ロ．SDS（安全データシート）の配布は、新規販売時のみでよい。

ハ．貯蔵数量が常時5m³未満の販売所において、医療用の酸素ガス（在宅酸素療法用の液化酸素を除く。）を販売する場合、高圧ガス販売事業届書の提出は不要である。

ニ．事業所内に、空気と二酸化炭素を合計3000m³（30000kg）以上貯蔵して販売する販売事業者は、第一種貯蔵所の許可が必要である。

    (1) イ　　(2) ハ　　(3) イ、ロ　　(4) ロ、ニ　　(5) ハ、ニ

［正解］(5) ハ、ニ

［解説］

イ・・・×　販売業者が保安業務を管理する区域は、高圧ガスを積載する高圧ガス充填所あるいは他の販売所の貯蔵所から、高圧ガスを荷おろしする消費者の貯蔵所あるいは他の販売所の貯蔵所までの範囲にわたっている。（テキスト81・82頁参照）

ロ・・・×　SDSは、労働安全衛生法等により多くの毒性ガスやフルオロカーボン系の高圧ガスが配布義務の対象となっており、新規販売時の他、SDS更新時にも配布する。なお、法対象以外の高圧ガスも販売先への安全指導の一環として配布が行われている。（テキスト88頁参照）

ハ・・・〇　設問のとおり。医療用の高圧ガス（在宅酸素療法用の液化酸素を除く。）のみを常時 5 m³未満で貯蔵して販売するときは販売の届出が不要である。（テキスト83頁参照）

ニ・・・○　設問のとおり。第一種ガスである空気と二酸化炭素を合計3000m³（30000kg）
　　以上貯蔵する場合は、販売業届の他、第一種貯蔵所の許可が必要である。（テキス
　　ト97頁参照）

問12　高圧ガスの移動に関する次の記述のうち正しいものはどれか。
イ．充填容器等を車両に積載して移動するときは、特に定める場合を除き、車両の前
　　後の見やすい箇所に警戒標を掲げる。
ロ．酸素と不活性ガスの充填容器等を車両に積載して移動する際には、移動の数量に
　　関係なく、移動監視者による監視は不要である。
ハ．支燃性の酸素の充填容器等と可燃性のアセチレンの充填容器等は、同一の車両に
　　積載して移動してはならない。
ニ．可燃性ガスの充填容器等と酸素の充填容器等を同一の車両に積載して移動すると
　　きは、これらの充填容器等のバルブが相互に向き合わないようにする。
　　　　(1) イ、ロ　　　(2) イ、ニ　　　(3) ロ、ハ　　　(4) ハ、ニ　　　(5) イ、ロ、ニ

　［正解］(2) イ、ニ
　［解説］
イ・・・○　設問のとおり。充填容器等を車両に積載して移動するときは、特に定める
　　場合を除き、車両の前後の見やすい箇所に警戒標「高圧ガス」を掲げる。（テキス
　　ト102・103・227頁参照）
ロ・・・×　酸素を300m³（3000kg）以上、車両に積載して移動するときは、移動監視者
　　の資格を有する者を同乗させなければならない。（テキスト103頁参照）
ハ・・・×　可燃性ガスと酸素の充填容器等は、同一の車両に積載してもよい。ただし、
　　可燃性ガス容器と酸素容器のバルブの充填口は相互に向き合わないようにする。
　　（テキスト113頁参照）
ニ・・・○　設問のとおり。万一ガスが漏れたときの発火事故を防止するために、可燃
　　性ガスと酸素の充填容器の充填口は相互に向き合わないようにする。（テキスト
　　113頁参照）

問13　高圧ガスの消費と廃棄に関する次の記述のうち正しいものはどれか。
イ．特殊高圧ガスを貯蔵数量300m³未満で消費する場合は、特定高圧ガス消費者の届
　　出は不要である。
ロ．高圧ガスの消費設備を、使用開始時および使用終了時に消費施設の異常の有無を
　　点検するほか、1日に1回以上消費設備の作動状況について点検した。
ハ．カードルは、枠組容器ともいわれ、水素や酸素などの液化ガスの大量消費に対す
　　る供給に適している。
ニ．圧縮酸素を廃棄するとき、消費した容器内の残ガスをみだりに放出せず、圧力を
　　残したまま容器とともに廃棄した。
　　　　(1) ロ　　　(2) イ、ハ　　　(3) イ、ニ　　　(4) ロ、ハ　　　(5) ロ、ハ、ニ

［正解］⑴ ロ

［解説］

イ・・・× 特殊高圧ガスは数量にかかわらず特定高圧ガスに該当するため、特定高圧ガス消費者の届出が必要である。（テキスト19頁参照）

ロ・・・○ 設問のとおり。高圧ガスの消費設備は使用開始時、終了時の他、1日に1回以上消費設備の作動状況について点検し、異常のあるときは、補修その他の危険を防止する措置を講じる。（テキスト127頁参照）

ハ・・・× カードルは圧縮ガスの供給に用いられる。（テキスト115頁参照）

ニ・・・× 高圧ガスを容器とともに廃棄すると容器内のガス漏れなどで外部に危害を及ぼすおそれがあるので、容器はガスを放出してから処分する。（テキスト127頁参照）

問14 高圧ガス容器の取扱いに関する次の記述のうち正しいものはどれか。

イ．容器は、火災にあっても安全装置が作動し、破裂するおそれはほとんどないため、火災発生時に搬出したり、注水による冷却は必要ない。

ロ．使用済みの容器を返却するため、若干の圧力を残し容器のバルブを閉じ、キャップを取り付けて容器置場に収納した。

ハ．容器に充填された常温の液化ガスが大気中に放出された場合、液化ガスが低温になり凍傷を起こす危険性があるため、直接身体に触れさせないよう注意が必要である。

ニ．容器は厳密な熱処理を施してあるので、加熱するときは、電気ストーブ等で直接加熱してもよい。

　　　⑴ イ、ロ　　　⑵ イ、ハ　　　⑶ イ、ニ　　　⑷ ロ、ハ　　　⑸ ロ、ハ、ニ

［正解］⑷ ロ、ハ

［解説］

イ・・・× 火災等で容器の温度が上昇する場合には、安全な場所に移動させる。可燃性ガス、毒性ガスの容器は、安全弁からの噴出ガスによる二次災害が考えられるので、搬出不能の場合には、容器に直接散水して容器の温度が上昇しないようにする。（テキスト133頁参照）

ロ・・・○ 設問のとおり。容器内のガスは、0.1MPa程度の圧力を残して使用をやめる。完全に使い切ると空気を吸い込むことがあり、充填時に容器内のパージが必要になる。（テキスト131頁参照）

ハ・・・○ 設問のとおり。常温の液化ガスでも大気中に放出された場合には低温になるので注意する。（テキスト132頁参照）

ニ・・・× 容器を加熱するときは、熱湿布、40℃以下の湯温、もしくは所定の空気調和設備を使用する。（テキスト130頁参照）

問15 酸素に関する次の記述のうち正しいものはどれか。

イ．支燃性であるので、酸素だけでは燃焼も燃焼による爆発も起こらない。

ロ．可燃性ガスの燃焼・爆発は、空気中より酸素中のほうが発火に必要なエネルギーが大きくなるので危険性が増大する。

ハ．科学的に非常に活性な元素で、空気中では燃焼しない物質でも、酸素中で燃焼することがある。

ニ．酸素以外のガスに使用した古い配管を酸素用に転用する場合、油脂類が残っていても材質が金属であればそのまま使用してもよい。

 (1) イ、ハ (2) ロ、ニ (3) イ、ロ、ハ

 (4) イ、ハ、ニ (5) ロ、ハ、ニ

［正解］(1) イ、ハ

［解説］

イ・・・○ 設問のとおり。燃焼・爆発が起こるためには、可燃性物質が共存する必要がある。（テキスト135頁参照）

ロ・・・× 可燃性ガスの燃焼・爆発は、空気中より酸素中の方が発火に必要なエネルギーが小さくなる。（テキスト135頁参照）

ハ・・・○ 設問のとおり。例えば、鉄片は空気中では燃焼しないが、赤熱した鉄片は酸素中では燃焼する。（テキスト135頁参照）

ニ・・・× 油脂類が残っていると発火の原因となるので、油脂類が付着しているときは溶剤などで洗浄し、乾燥してから使用する。（テキスト137頁参照）

問16 可燃性ガスに関する次の記述のうち正しいものはどれか。

イ．アセチレンは燃焼すると発熱量が大きく、火炎が高温になるので、酸素―アセチレンバーナとして金属の溶接・溶断に利用されている。

ロ．水素は淡青色の炎をあげて燃えるので、漏えいし着火しても容易に火炎を確認することができる。

ハ．水素は還元性の強いガスで、金属の酸化物や塩化物に高温で作用して金属を遊離することがある。

ニ．メタンを充塡した高圧ガス容器はねずみ色に塗色し、ガスの名称の文字は白色で明示する。

 (1) イ、ハ (2) ロ、ニ (3) イ、ロ、ハ

 (4) イ、ハ、ニ (5) ロ、ハ、ニ

［正解］(1) イ、ハ

［解説］

イ・・・○ 設問のとおり。酸素―アセチレンの火炎温度は、3000℃以上になるので金属の溶接・溶断に利用される。（テキスト139頁参照）

ロ・・・× 水素は燃焼するとほとんど無色の炎なので、日中の屋外では全く炎が見えない。（テキスト144頁参照）

ハ・・・○ 設問のとおり。水素は、還元性の強いガスのため、金属の酸化物や塩化物に高温で作用し金属を遊離する。（テキスト145頁参照）

ニ・・・×　メタンは可燃性であり、容器の塗色はねずみ色、ガスの名称の文字は赤色、「燃」の文字を赤色で明示する。（テキスト147頁参照）

問17　塩素に関する次の記述のうち正しいものはどれか。
イ．水道水の殺菌にも使用され、毒性や刺激性は弱い。
ロ．市販されている塩素は、一般に食塩水を電気分解して製造される。
ハ．塩化ビニルや塩酸の製造原料として使用されている。
ニ．液化塩素を充填する高圧ガス容器の塗色は黄色で、安全弁は溶栓が使用されている。
　　　⑴　イ、ロ　　　⑵　ハ、ニ　　　⑶　イ、ロ、ハ
　　　⑷　イ、ハ、ニ　　　⑸　ロ、ハ、ニ

［正解］⑸　ロ、ハ、ニ
［解説］
イ・・・×　塩素は、水道水の滅菌や製紙工業などにおける漂白剤に使用されるが、許容濃度が0.5ppmの毒性ガスである。（テキスト148・149頁参照）
ロ・・・○　設問のとおり。工業的には、食塩水の電気分解から製造され、化学薬品の原料などになる。（テキスト149頁参照）
ハ・・・○　設問のとおり。他にも有機溶剤の製造原料として使用される。（テキスト149頁参照）
ニ・・・○　設問のとおり。液化塩素の容器の塗色は黄色、ガスの名称の文字は白色、「毒」の文字は黒色で明示する。また、安全弁は溶栓が使用されている。（テキスト149頁参照）

問18　可燃性・毒性ガスに関する次の記述のうち正しいものはどれか。
イ．アンモニア用のブルドン管圧力計のブルドン管には、銅および銅合金、アルミニウム及びアルミニウム合金は使用しない。
ロ．標準状態において、アンモニアのガス密度は、空気のガス密度より大きい。
ハ．クロルメチルは、無色でエーテルに似たにおいがある。
ニ．シアン化水素を高圧ガス容器に充填するときは、純度が98％以上のものに硫酸、リン酸などの安定剤を加えなければならない。
　　　⑴　イ、ロ　　　⑵　ハ、ニ　　　⑶　イ、ロ、ハ
　　　⑷　イ、ハ、ニ　　　⑸　ロ、ハ、ニ

［正解］⑷　イ、ハ、ニ
［解説］
イ・・・○　設問のとおり。アンモニアは、銅および銅合金、アルミニウム及びアルミニウム合金を著しく腐食するので圧力計などに使用できない。（テキスト152・153頁参照）

ロ・・・×　アンモニアは、空気＝１とした時の相対密度が0.588で空気より軽い気体である。（テキスト152頁参照）

ハ・・・○　設問のとおり。（テキスト154頁参照）

ニ・・・○　設問のとおり。工業的に製造されたシアン化水素は少量の水分を含むため重合しやすい。この重合反応は発熱反応であり、爆発を起こすことがある。そのため、容器に充填するときは純度が98％以上のものに硫酸、リン酸などの安定剤を加える。（テキスト157頁参照）

問19　特殊高圧ガスなどに関する次の記述のうち正しいものはどれか。

イ．アルシンは、還元性が強く、ハロゲン、硝酸、強い酸化剤と激しく反応する。

ロ．モノゲルマンは、自然発火性のガスで常温でも空気中に漏えいすれば自然発火する。

ハ．三フッ化窒素は、支燃性を有し、常温では安定であるが、高温では熱分解を起こす。

ニ．特殊高圧ガスや五フッ化ヒ素等は、いずれも毒性を有するので、吸入用保護具として空気呼吸器を備えた。

　　　(1)　イ、ロ　　　(2)　イ、ニ　　　(3)　ハ、ニ　　　(4)　イ、ハ、ニ　　　(5)　ロ、ハ、ニ

　［正解］(4)　イ、ハ、ニ

　［解説］

イ・・・○　設問のとおり。ハロゲンである塩素との反応では塩化水素とヒ素を生成する。（テキスト163頁参照）

ロ・・・×　モノゲルマンは、自己分解爆発性ガスである。（テキスト165頁参照）

ハ・・・○　設問のとおり。ただし、他の金属やカーボンなどの存在下では分解は低温でも起こる。（テキスト170頁参照）

ニ・・・○　設問のとおり。ガス漏えい時の処置、除害作業、修理などを行う時の保護具として空気呼吸器を備えておく。（テキスト173頁参照）

問20　ガスに関する次の記述のうち正しいものはどれか。

イ．窒素は安定なガスで、たとえ高温下でも他の元素と直接化合することはない。

ロ．フルオロカーボンは、冷媒として用いられてきたが、大気に放出されてもほとんど分解しないものやオゾン層の破壊に大きく影響するものがあり、環境への配慮が必要である。

ハ．二酸化硫黄（亜硫酸ガス）は、毒性の強い不燃性ガスである。

ニ．貴ガス（希ガス）類は、いずれも無色、無臭のガスである。

　　　(1)　イ、ロ　　　(2)　ハ、ニ　　　(3)　イ、ハ、ニ
　　　(4)　ロ、ハ、ニ　　　(5)　イ、ロ、ハ、ニ

　［正解］(4)　ロ、ハ、ニ

［解説］
イ・・・×　高温では、他の元素と直接化合し、また、多くの金属とも化合して窒化物をつくる。（テキスト176頁参照）

ロ・・・○　設問のとおり。主に冷媒で利用されているフルオロカーボンは、大気中の寿命が長いものがあり、地球温暖化に影響を及ぼすので、回収利用したり、使用量を削減するなど、環境に配慮した利用法が求められる。（テキスト181頁参照）

ハ・・・○　設問のとおり。二酸化硫黄（亜硫酸ガス）は、極めて毒性の強い不燃性ガスである。（テキスト191頁参照）

ニ・・・○　設問のとおり。（テキスト177頁参照）

第一種高圧ガス販売主任者試験問題と解説

定価３，４１０円（税込）

2024 年 4 月　印　　　　　刷
2024 年 4 月　改訂第 8 版発行

（ 不 許 複 製 ）

———————————◇———————————

発行所　公益社団法人 東京都高圧ガス保安協会

〒113-0033 東京都文京区本郷 5-23-13 タムラビル 3 階
電話　　０３（３８３０）０２５２
FAX　　０３（３８３０）０２６６

印刷所　日本印刷株式会社